中国科学院科学出版基金资助出版

现代物理基础丛书　69

量子系统的辛算法

丁培柱　编著

科学出版社

北京

内 容 简 介

本书介绍了量子系统的辛算法与简单应用，包括 Hamilton 系统辛算法的基本知识——辛积与辛结构，经典 Hamilton 系统的辛格式；分子系统经典轨迹的辛算法计算与简单分子系统微观反应和动力学的数值研究；定态 Schrödinger 方程的辛形式以及在充分远空间上计算分立态和连续态的辛算法，计算基态与低激发态的虚时间演化法；含时 Schrödinger 方程的辛离散与保结构计算以及在强激光场原子物理中的应用；立方非线性 Schrödinger 方程的辛离散与辛算法以及一维立方非线性 Schrödinger 方程的动力学性质和 Bose-Einstein 凝聚体干涉效应的数值研究；含时 Schrödinger 方程的对称分裂算符-快速 Fourier 变换方法；量子系统 Heisenberg 方程的保等时交换关系-辛算法。

本书可供物理与化学、材料、科学工程计算等学科的教师、科研工作者、研究生和大学生参考使用。

图书在版编目（CIP）数据

量子系统的辛算法/丁培柱编著. —北京：科学出版社，2015.7
（现代物理基础丛书；69）
ISBN 978-7-03-045201-6

Ⅰ. ①量… Ⅱ. ①丁… Ⅲ. ①量子—算法理论 Ⅳ. ①O4

中国版本图书馆 CIP 数据核字 (2015) 第 161218 号

责任编辑：钱　俊　裴　威／责任校对：邹慧卿
责任印制：徐晓晨　／封面设计：陈　敬

科 学 出 版 社 出版
北京东黄城根北街 16 号
邮政编码：100717
http://www.sciencep.com

北京京华虎彩印刷有限公司 印刷
科学出版社发行　各地新华书店经销
*
2015 年 7 月第 一 版　开本：720×1000 1/16
2015 年 11 月第二次印刷　印张：13 1/2
字数：270 000
定价：78.00 元
（如有印装质量问题，我社负责调换）

序　言

随着计算机技术的飞速发展, 科学计算越来越显示出其优越性和旺盛的生命力, 科学计算已经和理论研究、实验研究共同成为科学研究的三大支柱, 对国家发展科学技术和生产力, 提高科研水平, 以及增强国际竞争力都非常重要。在一些具体应用领域, 如天文、气象、海洋、地学、生物计算、原子与分子物理、分子化学等, 系统往往非常复杂, 计算量非常庞大, 积分时间也很长, 不仅需要多个学科共同参与, 计算机性能不断提高, 更需要好的数值方法作为基础。因此, 科学计算的研究人员设计了各种各样的数值算法, 不断地追求更高效、更稳定和长时间模拟能力更强的数值算法。在 "数值算法应尽可能多地保持原问题的本质特征" 的原则指导下, 冯康首先提出了 "保结构算法" 的思想, 他和他的研究小组在 Hamilton 系统辛算法的构造算法和理论分析方面取得了一系列成果。1997 年冯康等的《哈密尔顿系统的辛几何算法》获国家自然科学一等奖, 英文版 *Symplectic Geometric Algorithms for Hamiltonian Systems* 因保持高收费下载量 (不到 4 年得到一万一千多章节的下载量) 获 Springer 出版社年报通报。

丁培柱是吉林大学原子与分子物理所的教授、博士生导师, 长期从事物理中数学方法的教学与研究, 熟悉基础数学和量子物理, 在群论方面著有专著《群及其表示》, 这本书是研究理论物理及量子物理一个很重要的工具。1990 年初, 丁培柱将 Hamilton 系统的辛算法推广到量子系统, 他注意到量子系统的时间演化保持酉积守恒, 是一个无穷维 Hamilton 系统, 将含时 Schrödinger 方程转化、离散成有限维 Hamilton 正则方程并应用辛算法求解, 这是数值研究量子系统时间演化的合理途径。丁培柱与合作者的研究很快取得初步成果: ①构造了适合于量子系统的哈密顿量显含时间的辛格式, 应用于计算强激光场中一维模型势和氢原子, 数值研究了电离和高次谐波发射, 与已有结果和理论分析一致; 过去含时 Schrödinger 方程都是对时间应用传统的差分法, 不能保持量子系统时间演化的酉积守恒性, 只好在计算中不断调整和修正, 致使计算很繁难、时间加长, 譬如研究强场 (尤其是短脉冲强激光场) 与量子系统相互作用时要求时间步长很短、计算步数很多, 传统差分法可能使计算结果面目全非。②将 Hamilton 系统的辛算法推广到基于经典理论的分子物理, 应用辛格式计算 A_2B 模型分子和双原子分子的经典轨迹, 数值研究了振动和解离; 结果显示, 辛算法能够计算到分子系统微观反应和动力学理论研究需要的时间 $10^{-9} \sim 10^{-8}$s, 从根本上改进了经典轨迹方法, 而传统算法只能计算到 10^{-11}s, 距离分子系统理论研究所需的时间还差几个数量级, 致使数值结果常与实验和理论不符。此后，丁培柱与合作者除了在上述两个方向继续开展更为深入的研究之外，还扩展了研究方向，取得了新的很好的成果：③将定态 Schrödinger 方程转化成 Hamilton 正则方程，揭示出定态 Schrödinger 方程的解的空间分布具有辛群对称性，提出了计算分立态的辛 - 打靶法和连续态的保 Wronskian 算法，对理论研究强场原子分子物理和散射问题等有重要意义。④提出了立方非线性 Schrödinger 方程的辛算法，数值研究了立方非线性 Schrödinger 方程的动力学性质和 Bose-Einstien 凝聚体的干涉效应。

　　孙家钟曾向冯康介绍了丁培柱与合作者最初的研究工作，冯康对他们的研究方向表现出极高的热情。我记得，在天津召开的攀登计划项目 “大规模科学与工程计算的方法和理论” 启动会上，冯康告诉我，为了辛几何算法在应用方面的发展，特别吸收吉林大学丁培柱和南京大学天文系刘林参加 “大规模科学与工程计算的方法和理论” 下的 “辛几何算法” 课题组。

　　丁培柱与合作者的量子系统的辛算法研究开辟了一个新领域，取得了丰硕的成果，在辛算法的应用中做出了很大的贡献。

　　《量子系统的辛算法》主要取材于丁培柱与合作者们的研究结果。本书通俗好懂而又不失严谨，是一本难得而又实用的好书，特别适合从事原子分子物理、量子物理、理论化学、材料科学的教师、科研工作者、研究生和大学生使用。

秦孟兆

中国科学院数学与系统科学研究院

2015 年 7 月 21 日

前　言

　　量子系统的辛算法计算包括①将量子系统表述成适当的 Hamilton 形式——转化和离散成有限维 Hamilton 正则方程；②选择适当的辛格式进行数值计算和理论研究。

　　如所熟知，每个物理系统常有某些对称性，相应地有某些守恒量，这些守恒量反映了系统的内在结构和本质属性。譬如，系统有球对称性则角动量守恒；有平移对称性则线动量守恒；诸如此类。Hamilton 力学的基本原理指出，Hamilton 系统的正则方程在辛变换下形式不变，系统的时间演化是辛变换的演化，具有辛群对称性，相应地系统的 "辛结构" 守恒。20 世纪 80 年代初，冯康开始探索动力系统的计算方法，独立地提出了数值求解 Hamilton 系统的辛算法[1,2]—— 保持 Hamilton 系统辛结构守恒的差分法，紧接着他与合作者和学生们开展了系统深入地研究，提出了应用生成函数法、幂级数法构造辛格式的一般方法，研究了辛格式的守恒量，还研究了保体积算法、接触结构与接触算法等[1,3-13]；国内外几位学者也开展了一些研究，如 Sanz-Serna[14,15]、孙耿[16] 等研究了辛 Runge-Kutta 法和分块辛 Runge-Kutta 法，给出了 Runge-Kutta 方法是辛算法的充分条件；Yoshida 提出了构造可分 Hamilton 系统辛格式的对称幂方法[17]；秦孟兆、Sanz-Serna 等引进辅助变量，构造了适用于显含时间 Hamilton 系统的辛格式[15,18]。之后的应用研究和理论分析显示，Hamilton 系统的辛算法在天文、大气、海洋、等离子体物理、分子动力学和量子物理、地学和电磁学等领域的广泛应用中获得成功，特别在长时间、多步数的计算中和保持系统整体结构上较传统非辛算法具有明显的优越性 (见参考文献 [3] 相关章节引用的文献)，在国际上形成了一个新的 "保几何结构算法" 研究领域，受到国内国际计算数学和应用数学领域学者专家的关注与好评，譬如当今国际著名应用数学家 P. D. Lax(美国科学院院士、Courant 研究所教授、原美国总统科学顾问、美国数学会主席、Courant 研究所所长，曾获美国国家科学奖、Wolf 数学奖、美国数学会 Steele 终身成就奖、Abel 奖等重要奖项) 在 1993 年发表纪念文章，对冯康晚年关于 Hamilton 系统辛算法的开创性研究给予了极高的评价[19]，冯康因为提出和系统研究 Hamilton 系统的辛算法而做出的贡献于 1997 年荣获国家自然科学一等奖。20 世纪 90 年代中后期及以后的若干年，冯康研究组在他的长期合作者、研究组主要成员秦孟兆带领下继续深入工作，与国内外多位研究者一起，在微分方程 Lie 群算法与 Hamilton 偏微分方程多辛算法和广义 Hamilton 系统保结构算法 (Poission 流形上 Hamilton 系统的 Poission 算法、Birkhoff 系统的 Birkhoff 算法、体积守恒系统的保体积算法、接触系统的接触算法) 等广阔领域开展理论与应用研究[20-45]，将 Hamilton 系统辛算法的研究与应用推进到了一个新高度。(见参考文献 [3]、[31]、[35] 和 [43] 相关章节引用的文献。)

　　本书取材于作者与合作者和研究生们的研究工作。作者自 1961 年开始从事物理中数学方法的教学与研究，熟悉量子系统是一个无穷维 Hamilton 系统；20 世纪 80 年代末得知冯康提出了 Hamilton 系统的辛算法之后，就萌生了将辛算法推广到量子系统，研究量子系统辛算法的想法。量子系统的时间演化由含时 Schrödinger 方程描述，它的解，即波函数保持 "酉积" 守恒，这等价于波函数模方和辛积守恒。所以，量子系统是一个波函数模方守恒的无穷维 Hamilton 系统；应用辛算法——将含时 Schrödinger 方程离散成以离散波函数模方为守恒量的有限维 Hamilton 正则方程，并采用模方守恒-辛格式求解 —— 数值计算量子系统时间演化的合理途径[46]。20 世纪 90 年代初，作者与合作者开始采用辛算法求解含时 Schrödinger 方程，进而应用于理论研究强激光场原子分子物理[46-58]。求解含时 Schrödinger 方程的对称分裂算符-Fourier 变换方法保持酉积守恒，也是理论研究量子系统时间演化的保结构方法。进入 21 世纪后，作者的合作者将对称分裂算符-快速 Fourier 变换方法应用于数值研究超短脉冲强激光场原子物理，取得了很好的结果[59-61]。定态 Schrödinger 方程是量子力学的基本方程，强场原子物理与散射问题研究中需要在充分远空间上求解定态 Schrödinger 方程的本征值问题，特别是需要计算连续态。20 世纪 90 年代中期，作者注意到定态 Schrödinger 方程转化成的一阶微分方程组恰好是一个 Hamilton 正则方程，基于此，作者与合作者揭示出定态 Schrödinger 方程的解从空间一点到另一点是一个辛变换，提出了计算分立态的辛-打靶法和计算连续态的保 Wronskian 算法[58,62-65]。20 世纪 90 年代末，作者与合作者和研究生们将辛算法推广应用于立方非线性 Schrödinger 方程，理论研究一维立方非线性 Schrödinger 方程的动力学性质[66-71] 和 Bose-Einstein 凝聚体的干涉效应[72-75]。还是在 20 世纪 90 年代初，作者与合作者采用辛算法计算分子系统的经典轨迹[58,76,77]，继而应用于理论研究分子系统的动力学过程[58,78-81] 和微观反应[58,82,83]。分子系统的理论研究有三种方法，量子力学从头算方法，经典轨迹方法和量子-经典耦合方法。量子力学从头算方法理论上是精确的方法，但目前常应用于原子个数较少的分子系统。经典轨迹方法物理图像清晰，又简单可行，除了不能描述量子效应之外，能很好地描述分子系统的动力学过程和微观反应，计算动力学参量和反应速率等，至今仍然是分子系统理论研究中广泛采用的方法；但是，以往计算分子系统的经典轨迹采用 (非辛的)R-K 法和改进后的 Gear 法，只能计算到 10^{-11} 秒，距离分子系统理论研究所需要的时间 $10^{-9} \sim 10^{-8}$ 秒还差几个数量级，致使数值结果常与实验和理论不符。基于经典理论的经典轨迹方法，将分子系统看作经典力学系统：在分子系统微观反应研究中，将分子系统中的原子核看作在电子势能面上运动的经典粒子；在分子系统动力学研究中，将分子系统中的电子和原子核看作电子间、原子核间、电子与核间的 Coulomb 相互作用和外场作用下的经典粒子。这些经典粒子的运动由 Newton 方程或 Hamilton 正则方程描述；随机选取大量初态构成分子系统 Newton 方程或 Hamilton 正则方程的大量初值问题，数值求解这些初值问题得到大量经典轨迹，再经统计平均即可研究分子系统的动力学过程和微观反应，计算动力学参量和反应速率等。计算经典轨迹往往需要计算很长时间和很多步数，譬如计算几千万步。辛算法保持分子系统经典运动的辛结构守恒，在长时间、多步数计算和保持系统本质属性上较传统的非辛算法表现出明显的优越性，采用辛算法替代传统的非辛算法计算经典轨迹是合理和有效的，能够计算到分子系统微观反应和动力学理论研究需要的时间 $10^{-9} \sim 10^{-8}$ 秒，从根本上改进了经典轨迹方法[58,76-83]。

　　本书将介绍量子系统的辛算法与简单应用，包括 Hamilton 系统辛算法的基本知识 —— 辛积与辛结构，经典 Hamilton 系统的辛格式；分子系统经典轨迹的辛算法计算与简单应用 —— 简单分子系统微观反应和强激光场中简单分子系统动力学的数值研究[58,76-83]；定态 Schrödinger 方程的辛形式以及在充分远空间上计算分立态和连续态的辛算法[58,62-65]，计算基态与低激发态的虚时间演化法[84,85]；含时 Schrödinger 方程无穷空间初值问题基于 "伪分立态近似" 和渐近边界条件的辛离散与保结构计算以及在强激光场原子物理中的应用[46-58]；立方非线性 Schrödinger 方程的辛离散与辛算法以及一维立方非线性 Schrödinger 方程的动力学性质[66-71]和两个、三个 Bose-Einstein 凝聚体干涉效应的数值研究[72-75]；含时 Schrödinger 方程的对称分裂算符-快速 Fourier 变换方法[59-61] 等；量子系统 Heisenberg 方程的保等时交换关系-辛算法 [86,87]，这在量子物理的数值研究中是新尝试，是作者与合作者的初步探索，有可能推动量子系统在 Heisenberg 图景下的数值研究的发展，值得深入研究。

　　本书可供物理与化学、材料、科学工程计算等学科的教师、科研工作者、研究生和大学生参考使用。考虑到大多数读者的知识结构，本书对辛结构这个概念给出了通俗的表述，读者掌握了这个通俗的辛结构概念就可以顺利地阅读本书的全部内容。譬如，检验一个微分方程 (组) 的解是否保持辛结构守恒，进而判定这个微分方程 (组)是否描述一个 Hamilton 系统；证明线性 Hamilton 系统的辛结构守恒等价于辛积守恒，而对非线性 Hamilton 系统，辛结构守恒但辛积一般不守恒；检验一个格式是否是辛格式。此外，本书为需要进一步了解辛结构概念内涵的读者给出了参考文献。

作　者
2014 年 12 月

参 考 文 献

[1] Feng K. On difference schemes and symplectic geometry//Feng K. Proc. of the 1984 Beijing Symposium on Differential Geometry and Differential Equations Computation of Partial Differential Equations. Beijing: Science Press, 1985: 42–58.

[2] Ruth R D. A canonical integration technique. IEEE Trans, Nuclear Science, 1983, NS-30: 2669–2671.

[3] 冯康, 秦孟兆. 哈密尔顿系统的辛几何算法. 杭州: 浙江科学技术出版社，2003.

[4] Feng K. Difference schemes for Hamiltonian formalism and symplectic geometry. J. Comput. Math., 1986, 4 (3): 279–289.

[5] Feng K, Wu H M, Qin M Z, et al. Construction of canonical difference schemes for Hamiltonian formalism via generating functions. J. Comput. Math., 1989, 7 (1): 71–96.

[6] Feng K. Symplectic, contact and volume preserving algorithms//Shi Z C, Ushijima T. proc. fst China-Japan conf. on computation of differential equations and dynamical systems. Singapore: World Scientific, 1993: 1–28.

[7] Feng K, Shang Z J. Volume-preserving algorithms for source-free dynamical systems. Numer.Math., 1995, 71:451–463.

[8] 秦孟兆. 辛几何及计算哈密顿力学. 力学与实践, 1990, 12(2): 1–20.

[9] Qin M Z. Zhu W J. Volume-preserving schemes and numerical experiments. Computers Math. Apllic., 1993, 26:33–42.

[10] Tang Y F. The symplecticity of multi-step methods. Computers Math. Applic., 1993, 25: 83–90.

[11] Shu H B. A new approach to generating functions for contact systems. Computers Math. Applic, 1993, 25: 101–106.

[12] Shang Z. Generating functions for volume-presering mappings and Hamilton-Jacobi equations for source-free dynamical systems, Sci. China Ser. A 1994, 37: 1172–1188.

[13] Shang Z. Construction of volume-preserving difference schemes for source-free systems via generating functions, J. Comput. Math., 1994, 12:265–272.

[14] Sanz-Serna J M. Runge-Kutta schemes for Hamiltonian system. BIT, 1988, 28: 877–883.

[15] Sanz-Serna J M, Calvo M P. Numerical Hamiltonian Problem. London: Chapman and Hall, 1994.

[16] Sun G. Symplectic partitioned Runge-Kutta methods. J. Comput. Math., 1993, 11: 365–372.

[17] Yoshida H. Construction of higher order symplectic integrators. Phys. Lett. A, 1990, 150: 262–268.

[18] Qin M Z. Symplectic schemes for nonautonomous Hamiltonian system. Acta Mathematicae Applicatae Sinica ,1996 , 12 (3) :284–288.

[19] Lax P, 纪念冯康先生. SIAM NEWS, 1993，26(11).

[20] Tang Y F, Perez-Garcia V M, Vazquez L. Symplectic Methods for Ablowitz-Ladik model. Appl. Math. Comput, 1997, 82: 17–38.

[21] Shang Z. KAM theorem of symplectic algorithms for Hamiltonian systems, Numer. Math., 1999, 83: 477–496.

[22] Sun G. A simple way constructing symplectic Runge-Kutta methods. J. Comput. Math., 2000, 18: 61-68.

[23] Sun Y J, Qin M Z. Variational integrators for higher order differential equations. J. Comput. Math., 2003, 21(2): 135–144.

[24] Shang Z. Volume-preserving maps, source-free systems and their local structures. J. Phys. A, 2006, 39: 5601.

[25] Hong J L, Liu H Y, Sun G. The multi-symplecticity of partitioned Runge-Kutta methods for Hamiltonian PDEs. Math. Comp. 2006, 752(53): 167–181.

[26] Hong J L, Chun Li. Multi-symplectic Runge-Kutta methods for nonlinear Dirac equations. J. Comput. Phys. 2006, 211 (2): 448–472 .

[27] Sun Y J. Quadratic invariants and multi-symplecticity of partitioned Runge-Kutta methods for Hamiltonian PDEs. Numer. Math., 2007, 106(4): 691–715.

[28] Hong J L, Sun Y J. Generating functions of multi-symplectic RK methods via DW Hamilton-Jacobi equations. Numer. Math., 2008, 110 (4): 491.

[29] Hong J L, Sun Y J. Generating functions of multi-symplectic RK methods via DW Hamilton-Jacobi equations. Numer. Math., 2008, 110(4): 519.

[30] 王雨顺, 王斌, 秦孟兆. 偏微分方程的局部保结构算法. 中国科学 (A 辑: 数学), 2008, 38: 377–397.

[31] Feng K, Qin M Z. Symplectic geometric algorithms for Hamiltonian systems. Heidelberg, Hangzhou : Springer and Zhejiang Science and Technology Publishing House, 2010.

[32] Hong J, Kong L. Novel multisymplectic integrators for nonlinear fourth-order Schrödinger equation with trapped term. Commun. Comput. Phys., 2010, 7: 613–630.

[33] Hong J L, Zhai S X, Zhang J J. Discrete gradient approach to stochastic differential equations with a conserved quantity. SIAM J.Numer.Anal., 2011, 49(5): 2017–2038.

[34] Sun Y, Tse P. Symplectic and multisymplectic numerical methods for Maxwell's equations. J. Comput. Phys., 2011, 230: 2076–2094.

[35] 秦孟兆, 王雨顺. 偏微分方程中的保结构算法. 杭州: 浙江科学技术出版社, 2012.

[36] Munthe-Kaas H. Lie Butcher theory for Runge–Kutta methods. BIT, 1995, 35: 572–587.

[37] Munthe-Kaas H. Runge–Kutta methods on Lie groups. BIT, 1998, 38 : 92–111.

[38] Quispel G R W, Dyt C P. Volume-presrving integrators have linear error growth. Physics Letters A, 1998, 202: 25–30.

[39] Iserles A, Nørsett S P. On the solution of linear differential equations in Lie groups., R. Soc. Lond. Philos., Trans. Ser. A, Math. Phys. Eng. Sci., 1999,357: 983–1019.

[40] Munthe-Kaas H, Owren B. Computations in a free Lie algebra. Phil. Trans. Royal Soc. A, 1999, 357: 957–981.

[41] Iserles A, Munthe-Kaas H Z, Nørsett S P, et al. Lie-group methods. Acta Numerica, 2000: 215–365.

[42] Iserles A. On the global error of discretization methods for highly-oscilatory ordinary differential equations. BIT, 2002, 42: 561–599.

[43] Hairer H, Lubich C, Wanner G. Geometric Numerical Integration//Springer Series in Computational Mathematics, Vol. 31. Berlin: Springer-Verlag, 2002.

[44] Iserles A, Nørsett S P. On the numerical quadrature of highly-oscillating integrals I: Fourier transforms. IMA J. Numer. Anal., 2004, 24: 365–391.

[45] Sanz-Serna J M. Symplectic Runge-Kutta schemes for adjoint equations, automatic differentiation, optimal control and move. arXiv:1503.04021v1 [math.NA], 2015: 1–33.

[46] Ding P Z, Wu C X, Mu Y K, et al. Square-preserving and symplectic structure and scheme for quantum system. Chinese Phys. Lett., 1996, 13(4): 245–248.

[47] 吴承埙, 丁培柱, 陈植. 一个模型量子系统的辛差分格式. 吉林大学自然科学学报, 1995, 4: 46–48.

[48] Zhou Z Y, Ding P Z, Pan S P. Study of a symplectic scheme for the time evolution of an atom in an external field. J. Korean Phys. Soc., 1998, 32: 417.

[49] 刘晓艳, 刘学深, 周忠源, 等. 量子系统显式辛格式的优化//Structure Preserving Algorithm and Its Applications–Proceedings of CCAST (World Laboratory) Workshop, 1999.

[50] 周忠源, 朱颀人, 丁培柱, 等. 激光场中 H 原子的多光子电离速率. 强激光与粒子束, 2000, 12(2):169–171.

[51] 王乃宏, 周忠源, 朱颀人, 等. 激光场中 H 原子高次谐波. 原子与分子物理学报, 2000, 17(2):303–305.

[52] Liu X Y, Liu X S, Ding P Z, et al. The symplectic algorithm for use in a model of laser field//Rocca J J, et al. X-Ray Lasers 2002: 8th International Conference on X-Ray Lasers, AIP Conference Proceedings , 2002, 641: 265–270.

[53] Zhang C, Liu X, Qi Y, et al. The enhancement of efficiency of high-order harmonic in intense laser field based on asymptotic boundary conditions and symplectic algorithm. J. Math. Chem., 2006, 39: 451–463.

[54] 张春丽, 祁月盈, 刘学深, 等. 双色场中高次谐波转化效率的提高. 物理学报, 2007, 56: 774–780.

[55] Zhang C, Liu X, Ding P. The Quantitative analysis of enhancement of high-order harmonics in two-color intense laser fields. J. Math. Chem., 2008, 43:1429–1436.

[56] 张春丽, 祁月盈, 刘学深等. 双色场中高次谐波转化效率提高的数值研究. 物理学报, 2009, 58: 3078–3083.

[57] 刘学深, 丁培柱. 量子系统保结构计算新进展. 物理学进展, 2004, 24: 48.

[58] Liu X S, Qi Y Y, He J F, et al. Recent progress in symplectic algorithms for use in quantum systems. Commun. Comput. Phys., 2007, 2(1): 1–53.

[59] Li N N, Zhai Z, Liu X S. High-order harmonic generation from a model of Ar+ ionized clusters. Chin. Phys. Lett., 2008, 25: 2508–2510.

[60] Zhai Z, Yu R F, Liu X S, et al. Enhancement of high-order harmonic emission and intense sub-50 as pulse generation. Phys. Rev. A, 2008, 78: 041402(R).

[61] Zhang G T, Wu J, Xia C L et al. Enhanced high-order harmonics and an isolated short attosecond pulse by using a two-color laser and an extreme ultraviolet attosecond pulse. Phys. Rev. A, 2009, 80: 055404.

[62] Liu X S, Liu X Y, Zhou Z Y, et al. Numerical solution of one-dimensional time-independent Schrödinger equation by using symplectic schemes. Intern. J. of Quantum Chem., 2000, 79: 343–349.

[63] Liu X S, Su L W, Ding P Z. Symplectic algorithm for use in computing the time-independent Schrödinger equation. Intern. J. of Quantum Chem., 2002, 87: 1–11.

[64] Qi Y Y, Liu X S, Ding P Z. Continuum eigen-functions of 1-D time-independent Schrödinger equation solved by symplectic algorithm. Intern. J. of Quantum Chem., 2005, 101: 21–26.

[65] 刘学深, 丁培柱. 量子系统保结构计算新进展. 物理学进展, 2004, 24: 91.

[66] Liu X S, Ding P Z. Dynamic properties of cubic nonlinear Schrödinger equation with varying nonlinear parameter. J. Phys. A: Math. Gen., 2004, 37: 1589–1602.

[67] 刘学深, 花巍, 丁培柱. 非线性 Schrödinger 方程的动力学行为分析. 计算物理, 2004, 21(6): 495–500.

[68] Liu X S, Qi Y Y, Ding P Z. Periodic and chaotic breathers in the nonlinear Schrödinger equation. Chin. Phys. Lett., 2004, 21 (11): 2081–2084.

[69] Liu X S, Wei J Y, Ding P Z. Dynamic properties of the cubic nonlinear Schrödinger equation by symplectic method. Chin. Phys., 2005, 14: 231–237.

[70] 罗香怡, 刘学深, 丁培柱. 立方非线性 Schrödinger 方程的动力学性质研究及其解模式的漂移. 物理学报, 2007, 56(2): 604–610.

[71] 花巍, 刘学深. 立方五次方非线性 Schrödinger 方程的动力学性质研究, 物理学报, 2011, 60(11): 110210.

[72] 花巍, 李彬, 刘学深. 玻色-爱因斯坦凝聚体干涉效应的数值研究. 原子与分子物理学报, 2009, 26(4): 673–676.

[73] Hua W, Li B, Liu X S. Tunneling of Bose-Einstein condensate and interference effect in a harmonic trap with a Gaussian energy barrier. Chin. Phys. B, 2011, 20(6): 060308.

[74] 花巍. 刘学深. 改进打靶法求解 Gross-Pitaevskii 方程及三个凝聚体的干涉. 计算物理, 2011, 28(06): 922–926.

[75] Hua W, Lyu Y, Liu X S. Interference of two Bose–Einstein condensates with varying initial conditions. J. Math. Chem., 2015, 53: 128–136.

[76] 李延欣, 丁培柱, 吴承埙, 等. A_2B 模型分子经典轨迹的辛算法计算. 高等学校化学学报, 1994, 15(8): 1181–1186.

[77] 石爱民, 母英魁, 丁培柱. N_2 双原子系统经典轨迹的辛算法计算. 计算物理, 1997, 14: 433–434.

[78] 匙玉华, 刘学深, 丁培柱. 啁啾激光场中 HF 分子的经典解离. 物理学报, 2006, 55: 6320–6325.

[79] Guo J, Liu X S, Yan B, et al. Classical dynamics of 3D hydrogen molecular ion H2+ in intense laser field. J. Math. Chem., 2008, 43(3): 1052–1068.

[80] Guo J, Liu X S. Lithium ionization by intense laser fields with classical ensemble simulations. Phys. Rev. A, 2008, 78: 013401.

[81] Guo J, Yu W W, Liu X S. Double ionization of helium with classical ensemble simulations. Phys. Lett. A, 2008, 372: 5799–5803.

[82] He J F, Liu S X, Liu X S, et al. A quasiclassical trajectory study for the $N(^4S)$ + $O_2(X^3\Sigma^-g) \rightarrow NO(X^2\Pi) + O(^3P)$ atmospheric reaction based on a new ground potential energy surface. Chemical Physics, 2005, 315: 87–96.

[83] He J F, Hua W, Liu X S, et al. Computation of quasiclassical trajectories by symplectic algorithm for the $N(^4S) + O_2(X^3\Sigma^-g) \rightarrow NO(X^2\Pi) + O(^3P)$ reaction system. J. Math. Chem., 2005, 37: 127–138.

[84] Feit M D, Fleck J A Jr, Steiger A. Solution of the Schrödinger equation by a spectral method. J. Comput. Phys., 1982, 47: 412.

[85] Grobe R, Eberly J H. One-dimension model of a negative ion and its interaction with laser fields. Phys. Rev. A, 1993, 48: 4664.

[86] Yi H W, Zhou Z Y, Ding P Z, et al. Computation of quantum system by second-order matrix symplectic scheme. Intern. J. of Quantum Chem., 2003, 91: 591–596.

[87] 衣汉威, 丁培柱. Heisenberg 方程的保结构计算. 原子与分子物理学报, 2002, 19:351–354.

目　　录

第 1 章　辛结构与 Hamilton 系统的辛算法[1]

Hamilton 力学的基本定理指出, Hamilton 系统的正则方程在辛变换下形式不变, 系统的时间演化是辛变换的演化, 具有辛群对称性, 相应地 Hamilton 系统有守恒量——辛结构。基于此, 1980 年代初 Ruth[2] 和冯康[3] 各自独立地提出了数值求解 Hamilton 系统的辛算法。辛算法就是保持 Hamilton 系统辛结构的差分法, 它的第 n 步到第 $n+1$ 步的变换 $f: z^{n+1} = f(z^n)$ 是一个辛变换, 使离散化后的差分方程的辛结构守恒。辛算法具有长时间的计算稳定性和跟踪能力, 所以, 应用辛算法求解 Hamilton 系统的正则方程, 尤其在长时间、多步数的计算中和保持系统整体结构上较其他非辛算法有明显的优越性。

1.1　辛结构与 Hamilton 力学[4]

19 世纪英国天文学家 Hamilton 将在 Euclid 空间中研究的 Newton 力学转化成在辛流形上研究的 Hamilton 力学, 这无论在理论研究和应用上, 还是在数学表述上, 都是经典力学发展史上的重大突破。Newton 力学用质点 (组) 在三维 Euclid 空间中的位置描述运动, 它满足 Newton 运动方程。Lagrange 力学用广义坐标和广义速度描述运动, 它满足 Lagrange 方程。Hamilton 力学用正则坐标 $q(t) = (q_1(t), \cdots, q_n(t))^{\mathrm{T}}$ 和共轭正则动量 $p(t) = (p_1(t), \cdots, p_n(t))^{\mathrm{T}}$ 以及它们的可微函数 $H(q, p)$ 描述运动, $H(q, p)$ 是系统的总能量, 称为 Hamilton 函数, 系统的运动满足 Hamilton 正则方程

$$\frac{\mathrm{d}q_i}{\mathrm{d}t} = \frac{\partial H}{\partial p_i}, \quad \frac{\mathrm{d}p_i}{\mathrm{d}t} = -\frac{\partial H}{\partial q_i} \, (i = 1, 2, \cdots, n), \tag{1.1.1}$$

记 $q = (q_1, \cdots, q_n)^{\mathrm{T}}$, $p = (p_1, \cdots, p_n)^{\mathrm{T}}$, $H_q = (H_{q_1}, \cdots, H_{q_n})^{\mathrm{T}}$, $H_p = (H_{p_1}, \cdots, H_{p_n})^{\mathrm{T}}$, 式 (1.1.1) 可写成矩阵形式

$$\frac{\mathrm{d}}{\mathrm{d}t} \begin{pmatrix} q \\ p \end{pmatrix} = J \begin{pmatrix} H_q \\ H_p \end{pmatrix}, \quad J = \begin{pmatrix} O & I \\ -I & O \end{pmatrix}, \tag{1.1.2}$$

其中偏导数 $H_{q_i} = \dfrac{\partial H}{\partial q_i}$, $H_{p_i} = \dfrac{\partial H}{\partial p_i}$, O 和 I 分别是 $n \times n$ 零矩阵和单位矩阵, $2n \times 2n$ 矩阵 J 称为 ($2n$ 阶) 标准辛矩阵, 它满足 $J^{-1} = J^{\mathrm{T}} = -J$。在本书中,

上角标 T 表示向量和矩阵的转置。再记 $z = (q, p)^{\mathrm{T}} = (z_1, \cdots, z_n, z_{n+1}, \cdots, z_{2n})^{\mathrm{T}}$, $H_z = (H_q, H_p)^{\mathrm{T}} = (H_{z_1}, \cdots, H_{z_{2n}})^{\mathrm{T}}$, 正则方程 (1.1.1) 可写成更为紧凑的形式

$$\frac{\mathrm{d}z}{\mathrm{d}t} = J\frac{\partial H}{\partial z}, \quad J = \begin{pmatrix} O & I \\ -I & O \end{pmatrix}。 \tag{1.1.3}$$

因为

$$\frac{\mathrm{d}}{\mathrm{d}t}H(q,p) = (H_q, H_p)\frac{\mathrm{d}}{\mathrm{d}t}\begin{pmatrix} q \\ p \end{pmatrix} = H_q, \quad H_p J\begin{pmatrix} H_q \\ H_p \end{pmatrix} = 0,$$

所以这个 Hamilton 系统总能量守恒, 是保守系统。如果 Hamilton 函数 $H(q, p, t)$ 显含时间 t, 则

$$\frac{\mathrm{d}}{\mathrm{d}t}H(q,p,t) = (H_q, H_p)^{\mathrm{T}}\frac{\mathrm{d}}{\mathrm{d}t}\begin{pmatrix} q \\ p \end{pmatrix} + \frac{\partial}{\partial t}H(q,p,t) = \frac{\partial}{\partial t}H(q,p,t) \neq 0,$$

显含时间 Hamilton 系统的总能量不守恒, 不是保守系统。

本书中出现的变量 (如时间变量 t, τ, 空间变量 x, y 等) 和函数 (如正则坐标 $q_i(t)$, 正则动量 $p_i(t)$, Hamilton 函数 $H(q,p)$ 等) 都是实的; 如遇到复的, 将明确指出。上面使用的记号 $q, p, z, H_q, H_p, H_z,$ T 以及本节中使用的其他记号, 在本书后面的章节中使用时将不再一一说明。

线性 Hamilton 系统的 Hamilton 函数是 z 的二次型, 即 $H(z,t) = \frac{1}{2}z^{\mathrm{T}}A(t)z$, 其中 $A(t)^{\mathrm{T}} = A(t)$, 正则方程 (1.1.3) 特殊化成线性微分方程 (组)

$$\frac{\mathrm{d}z}{\mathrm{d}t} = B(t)z, \quad B(t) = JA(t)。 \tag{1.1.4}$$

如果 Hamilton 函数不显含时间, $H(z) = \frac{1}{2}z^{\mathrm{T}}Az$, $A^{\mathrm{T}} = A$, 正则方程 (1.1.3) 进一步简化成常系数线性微分方程

$$\frac{\mathrm{d}z}{\mathrm{d}t} = Bz, \quad B = JA。 \tag{1.1.5}$$

记 $\Re$ 为实数域, 设 $\Re^{2n}$ 是 $2n$ 维的实线性空间, 它的每个元素 $x = x_1e_1 + \cdots + x_{2n}e_{2n} = (x_1, \cdots, x_{2n})^{\mathrm{T}}$, $x_j \in \Re(j = 1, 2, \cdots, 2n)$, 称为向量, 其中的 $e_1, \cdots, e_{2n}$ 是 $\Re^{2n}$ 中 $2n$ 个线性无关的单位向量。描述 n 维 Hamilton 系统的每个运动的正则坐标和共轭正则动量组成的向量 $z(t) = (z_1(t), \cdots, z_{2n}(t))^{\mathrm{T}}$ 是 $\Re^{2n}$ 中的函数向量, 这个运动在每一时刻 t' 给出的状态 $z(t') = (z_1(t'), \cdots, z_{2n}(t'))^{\mathrm{T}}$ 是 $\Re^{2n}$ 中的向量。对时间步长 $\Delta t > 0$, 取 $t_0 = \Delta t$ 为时间原点建立新的时间坐标; 原 Hamilton 系统的运动在这个新的时间坐标中由 $\tilde{z}(t) = z(t + \Delta t)$ 描述。在 $\Re^{2n}$ 中引进变换 $S : \tilde{z} \to z = S(\tilde{z})$ 和逆变换 $S^{-1} : z \to \tilde{z} = S^{-1}(z)$。详写之, 变换

$$S : z_1 = S_1(\tilde{z}_1, \cdots, \tilde{z}_{2n}), \cdots, z_{2n} = S_{2n}(\tilde{z}_1, \cdots, \tilde{z}_{2n})$$

和逆变换

$$S^{-1}: \tilde{z}_1 = S_1^{-1}(z_1, \cdots, z_{2n}), \cdots, \tilde{z}_{2n} = S_{2n}^{-1}(z_1, \cdots, z_{2n})。$$

描述系统能量的 Hamilton 函数 $H(z)$ 在新坐标 $\tilde{z}$ 中变换成 $\tilde{H}(\tilde{z})$: $H(z) = H(S(\tilde{z})) = \tilde{H}(\tilde{z})$。因为 $\tilde{z}(t)$ 描述原 Hamilton 系统在新的时间坐标中的运动, 它应该满足正则方程 $\dfrac{d\tilde{z}}{dt} = J\dfrac{\partial \tilde{H}}{\partial \tilde{z}}$。将逆变换和变换分别代入正则方程 $\dfrac{d\tilde{z}}{dt} = J\dfrac{\partial \tilde{H}}{\partial \tilde{z}}$ 的左端和右端, 得到

$$\frac{d\tilde{z}}{dt} = \left(\frac{\partial \tilde{z}}{\partial z}\right)\frac{dz}{dt} = \left(\frac{\partial S}{\partial \tilde{z}}\right)^{-1}\frac{dz}{dt} \quad \text{和} \quad J\frac{\partial \tilde{H}}{\partial \tilde{z}} = J\left(\frac{\partial z}{\partial \tilde{z}}\right)^{T}\frac{\partial H}{\partial z} = J\left(\frac{\partial S}{\partial \tilde{z}}\right)^{T}\frac{\partial H}{\partial z},$$

其中 $\left(\dfrac{\partial S}{\partial \tilde{z}}\right)$ 和 $\left(\dfrac{\partial S^{-1}}{\partial z}\right) = \left(\dfrac{\partial S}{\partial \tilde{z}}\right)^{-1}$ 是变换 S 和逆变换 S^{-1} 的 Jacobi 矩阵。于是得到

$$\frac{dz}{dt} = \left(\frac{\partial S}{\partial \tilde{z}}\right)J\left(\frac{\partial S}{\partial \tilde{z}}\right)^{T}\frac{\partial H}{\partial z}。$$

与 $z(t)$ 满足的正则方程 (1.1.3) 比较可得 $\left(\dfrac{\partial S}{\partial \tilde{z}}\right)J\left(\dfrac{\partial S}{\partial \tilde{z}}\right)^{T} = J$。容易验证

$$\left(\frac{\partial S}{\partial \tilde{z}}\right)J\left(\frac{\partial S}{\partial \tilde{z}}\right)^{T} = J \Leftrightarrow \left(\frac{\partial S}{\partial \tilde{z}}\right)^{T}J\left(\frac{\partial S}{\partial \tilde{z}}\right) = J \Leftrightarrow \left(\left(\frac{\partial S}{\partial \tilde{z}}\right)^{-1}\right)^{T}J\left(\frac{\partial S}{\partial \tilde{z}}\right)^{-1} = J。$$

$$(1.1.6)$$

这里的符号 $\Leftrightarrow$ 表示等价, 即其前后的关系互为充分必要条件。若变换 S 的 Jacobi 矩阵满足 $\left(\dfrac{\partial S}{\partial \tilde{z}}\right)^{T}J\left(\dfrac{\partial S}{\partial \tilde{z}}\right) = J$, 则称变换 S 为辛变换。依据 (1.1.6), 若变换 S, S^{T} 和 S^{-1} 中之一为辛变换, 则另两个也是辛变换。若 $2n$ 阶矩阵 A 满足 $A^{T}JA = J$, 则称 A 为辛矩阵; 容易验证, 若矩阵 A, A^{T} 和 A^{-1} 中之一为辛矩阵, 则另两个也是辛矩阵。

Hamilton 力学基本定理 1　正则方程在辛变换下形式不变。详言之, 如果 S 是辛变换, $z = S(\tilde{z}), H(z) = H(S(\tilde{z})) = \tilde{H}(\tilde{z})$, 则在辛变换 S 之下正则方程 (1.1.3) 变为

$$\frac{d\tilde{z}}{dt} = J\frac{\partial \tilde{H}}{\partial \tilde{z}} = J\tilde{H}_{\tilde{z}}。$$

Hamilton 力学基本定理 2　正则方程的解由一个时刻到另一个时刻是一个辛变换。详言之, 设 $z(t)$ 是正则方程 (1.1.3) 的解, $\Delta t > 0$ 是时间步长, 则变换 $S: z(t) \to \tilde{z}(t) = z(t + \Delta t) = S(z(t))$ 是辛变换。特别地, 线性正则方程的解由一个时刻到另一个时刻是一个线性辛变换。

对 $\Re^{2n}$ 中任意二向量 $x=x_1,e_1+\cdots+x_{2n}e_{2n}=(x_1,\cdots,x_{2n})^{\mathrm{T}}$ 和 $y=y_1e_1+\cdots+y_{2n}e_{2n}=(y_1,\cdots,y_{2n})^{\mathrm{T}}$, $x_j,y_j\in\Re$, 定义 x 与 y 的辛积 (symplectic product)

$$\langle x,y\rangle = \sum_{i=1}^{n}(x_iy_{n+i}-x_{n+i}y_i)=x^{\mathrm{T}}Jy,\quad J=\begin{pmatrix} O & I \\ -I & O \end{pmatrix}。\tag{1.1.7}$$

容易验证, 辛积满足

(1) **双线性**　对 $x,y,z\in\Re^{2n}$ 和 $\alpha,\beta,\gamma\in\Re$,

$$\langle \alpha x+\beta y,z\rangle=\alpha\langle x,z\rangle+\beta\langle y,z\rangle,\quad \langle x,\alpha y+\beta z\rangle=\alpha\langle x,y\rangle+\beta\langle x,z\rangle;$$

(2) **反对称性**　对 $x,y\in\Re^{2n}$, $\langle x,y\rangle=-\langle y,x\rangle$; 特别地, $\langle x,x\rangle=0$;

(3) **非退化性**　对每一非零向量 $x\in\Re^{2n}$, 必有 $y\in\Re^{2n}$, 使 $\langle x,y\rangle\neq 0$。

偶数 $2n$ 维线性空间 $\Re^{2n}$ 上定义了辛积之后, 即 $\{\Re^{2n},\langle x,y\rangle\}$, 称为辛空间。

辛积有明确的几何意义。因 $x_iy_{n+i}-x_{n+i}y_i=\begin{vmatrix} x_i & x_{n+i} \\ y_i & y_{n+i} \end{vmatrix}$ 是 $\Re^{2n}$ 中由坐标向

量 e_i 与 e_{n+i} 张成的坐标面上的两个向量 (x_i,x_{n+i}) 与 (y_i,y_{n+i}) 张成的平行四边形的有向面积, 故辛积 $\langle x,y\rangle$ 是 $\Re^{2n}$ 中向量 x 与 y 张成的超平行多面体在 n 个坐标面 $e_1-e_{n+1},\cdots,e_n-e_{2n}$ 上投影而成的平行四边形的有向面积的代数和。

设 $\tilde{S}$ 是 $\Re^{2n}$ 上的线性变换, $\tilde{S}:z\to\tilde{z}=\tilde{S}(z)$, 它将 $\Re^{2n}$ 中的一组基 $\{e_1,\cdots,e_{2n}\}$ 变为 $\{\tilde{e}_1,\cdots,\tilde{e}_{2n}\}$, 设

$$\tilde{S}(e_j)=\tilde{e}_j=a_{1j}e_1+\cdots+a_{2nj}e_{2n}=(e_1,\cdots e_{2n})\begin{pmatrix} a_{1j} \\ \vdots \\ a_{2nj} \end{pmatrix},\quad j=1,\cdots,2n,$$

写成矩阵形式就是

$$\tilde{S}(e_1\cdots e_{2n})=(e_1,\cdots,e_{2n})\begin{pmatrix} a_{11} & \cdots & a_{12n} \\ \vdots & & \vdots \\ a_{2n1} & \cdots & a_{2n2n} \end{pmatrix}。$$

对 $\Re^{2n}$ 中任一向量

$$z=z_1e_1+\cdots+z_{2n}e_{2n}=(e_1,\cdots,e_{2n})\begin{pmatrix} z_1 \\ \vdots \\ z_{2n} \end{pmatrix},$$

一方面

$$\tilde{S}(z) = \tilde{z} = \tilde{z}_1 e_1 + \cdots + \tilde{z}_{2n} e_{2n} = (e_1, \cdots, e_{2n}) \begin{pmatrix} \tilde{z}_1 \\ \vdots \\ \tilde{z}_{2n} \end{pmatrix},$$

另一方面,

$$\tilde{S}(z) = \tilde{S} \left((e_1, \cdots, e_{2n}) \begin{pmatrix} z_1 \\ \vdots \\ z_{2n} \end{pmatrix} \right) = \tilde{S}(e_1, \cdots, e_{2n}) \begin{pmatrix} z_1 \\ \vdots \\ z_{2n} \end{pmatrix}$$

$$= (e_1, \cdots, e_{2n}) \begin{pmatrix} a_{11} & \cdots & a_{12n} \\ \vdots & & \vdots \\ a_{2n1} & \cdots & a_{2n2n} \end{pmatrix} \begin{pmatrix} z_1 \\ \vdots \\ z_{2n} \end{pmatrix} \text{。}$$

所以, 线性变换 $\tilde{S}$ 对应着一个变换矩阵 S,

$$\begin{pmatrix} \tilde{z}_1 \\ \vdots \\ \tilde{z}_{2n} \end{pmatrix} = \tilde{S} \begin{pmatrix} z_1 \\ \vdots \\ z_{2n} \end{pmatrix} = S \begin{pmatrix} z_1 \\ \vdots \\ z_{2n} \end{pmatrix}; \quad S = \begin{pmatrix} a_{11} & \cdots & a_{12n} \\ \vdots & & \vdots \\ a_{2n1} & \cdots & a_{2n2n} \end{pmatrix} \text{。}$$

变换矩阵 S 就是这个线性变换 $\tilde{S}$ 的 Jacobi 矩阵; 反之, 每个 $2n \times 2n$ 矩阵对应 $\Re^{2n}$ 中的一个线性变换。因此, 在不致引起混乱时, 本书对线性变换 $\tilde{S}$ 和对应的变换矩阵 S 不加区分, 都记作 S。特别地, 如果 $\tilde{S}$ 是 $\Re^{2n}$ 上的非异线性变换, 则它将 $\Re^{2n}$ 中的一组基 $\{e_1, \cdots, e_{2n}\}$ 变为另一组基 $\{\tilde{e}_1, \cdots, \tilde{e}_{2n}\}$, 它的 Jacobi 矩阵是非异矩阵。

若 S 为线性辛变换, 则它的变换矩阵满足 $S^T J S = J$, 故而是辛矩阵。可以验证, 线性辛变换保持辛积守恒。事实上, 若 S 是线性辛变换, 则对 $x, y \in \Re^{2n}$,

$$\langle Sx, Sy \rangle = (Sx)^T J(Sy) = x^T (S^T J S) y = x^T J y = \langle x, y \rangle \text{。}$$

Hamilton 力学基本定理 3 线性正则方程的任意两个解保持辛积守恒。详言之, 设 $z(t)$ 和 $\tilde{z}(t)$ 是线性正则方程的两个解, 则

$$\langle z(t), \tilde{z}(t) \rangle = \langle z(0), \tilde{z}(0) \rangle \text{。}$$

这只需证明 $\dfrac{d}{dt} \langle z(t), \tilde{z}(t) \rangle = 0$。因 $\langle z(t), \tilde{z}(t) \rangle = z(t)^T J \tilde{z}(t)$, 故而有

$$\frac{d}{dt} \langle z(t), \tilde{z}(t) \rangle = \frac{d}{dt} (z(t)^T J \tilde{z}(t))$$

$$= \left(\frac{d}{dt} z(t) \right)^T J \tilde{z}(t) + z(t)^T J \left(\frac{d}{dt} \tilde{z}(t) \right)$$

$$= (JA(t)z(t))^T J \tilde{z}(t) + z(t)^T J(JA(t)\tilde{z}(t))$$

$$= z(t)^T A(t)^T J^T J \tilde{z}(t) + z(t)^T J J A(t) \tilde{z}(t)$$

$$= z(t)^T A(t)^T \tilde{z}(t) - z(t)^T A(t) \tilde{z}(t) = 0 \text{。}$$

值得注意的是, 线性正则方程的两个解保持辛积守恒, 而一般的正则方程则不然! 这很容易验证。

考虑 $\Re^{2n}$ 上的辛变换, 规定两个辛变换 S 和 W 的相继进行为它们的乘积 SW, $(SW)(x) = S(W(x))$ $(x \in \Re^{2n})$, 则容易验证, 两个辛变换的乘积仍是辛变换、辛变换相乘满足结合律、恒等变换是辛变换、辛变换的逆变换是辛变换。所以, $\Re^{2n}$ 上的所有辛变换在规定两个辛变换的相继进行为它们的乘积之后构成 Lie 群, 称为 $2n$ 阶辛群, 记作 $\mathrm{sp}(2n)$。

如果 $2n$ 阶矩阵 B 满足 $JB + B^{\mathrm{T}}J = 0$, 则称 B 为无穷小辛矩阵。可以验证:

(1) 如果 $2n$ 阶矩阵 B 是无穷小辛矩阵, 则它的指数变换 $\exp(B)$ 是辛矩阵。

(2) 如果 $2n$ 阶矩阵 B 是无穷小辛矩阵, 且行列式 $|I + B| \neq 0$, I 是 $2n$ 阶单位矩阵, 则 $F = (I + B)^{-1}(I - B)$ 是辛矩阵。将对应的线性变换 F 称为 B 的 Cayley 变换。

可以验证, 所有 $2n$ 阶无穷小辛矩阵在矩阵加法和数乘下构成线性空间, 再添加对易子运算 $[A, B] = AB - BA$ 后构成 Lie 代数, 记作 $\mathrm{Sp}(2n)$, 它是辛群 $\mathrm{sp}(2n)$ 的 Lie 代数。

依据上述 Hamilton 力学基本定理 2 和常微分方程的解的存在与唯一性定理, 便得下面的定理.

Hamilton 力学基本定理 4　正则方程 (1.1.3) 的解由一个单参数辛群 $\{g_{\mathrm{H}}^t; -\delta < t < \delta\}$ 生成。详言之, 若 $z(0)$ 是初始条件, 则正则方程 (1.1.3) 的解 $z(t) = g_{\mathrm{H}}^t(z(0))$, 其中 g_{H}^t 是辛变换: g_{H}^0 是恒等变换, $g_{\mathrm{H}}^{t_1+t_2} = g_{\mathrm{H}}^{t_1} \cdot g_{\mathrm{H}}^{t_2}$。称 g_{H}^t 为正则方程 (1.1.3) 的相流。

Hamilton 力学基本定理 4 说明, 正则方程的解具有辛群对称性, 所以 Hamilton 系统应该有相应的守恒量! 这个守恒量就是 "辛结构"! 什么是 "辛结构" 呢?

首先引进 "外积"。设有实函数 $u = u(\xi)$, $v = v(\xi)$, $\xi = (\xi_1, \cdots, \xi_m)^{\mathrm{T}} \in \Re^m$, u, v 是 $\Re^m \to \Re$ 的变换, $m = 1$ 或 $m = 2, 3, \cdots$。定义 u 与 v 的外积[①]

$$u \wedge v = u \wedge v(\xi, \eta) = \begin{vmatrix} u(\xi) & v(\xi) \\ u(\eta) & v(\eta) \end{vmatrix}, \quad \xi \in \Re^m, \quad \eta = (\eta_1, \cdots, \eta_m)^{\mathrm{T}} \in \Re^m.$$

外积是一个实数, 它的数值依赖于 $\Re^m$ 中的两个向量 $\xi = (\xi_1, \cdots, \xi_m)^{\mathrm{T}}$ 和 $\eta = (\eta_1, \cdots, \eta_m)^{\mathrm{T}}$。从行列式的运算性质可知, 外积是双线性和反对称的:

$$(\alpha u + \beta v) \wedge w = \alpha(u \wedge w) + \beta(v \wedge w),$$
$$w \wedge (\alpha u + \beta v) = \alpha(w \wedge u) + \beta(w \wedge v), \tag{1.1.8}$$

$$u \wedge v = -v \wedge u, (\Rightarrow u \wedge u = 0). \tag{1.1.9}$$

① 这里关于外积的表述是通俗的, 不准确的, 关于外积的准确完整的表述可查阅文献 [1] 和 [4]。

设 u, v 是可微函数, $\mathrm{d}u, \mathrm{d}v$ 是关于某个自变量的微分, 譬如, 关于第一个变量 ξ_1 的微分, $\mathrm{d}u = \dfrac{\partial u}{\partial \xi_1}\mathrm{d}\xi_1$, $\mathrm{d}v = \dfrac{\partial v}{\partial \xi_1}\mathrm{d}\xi_1$。同样地, $\mathrm{d}u$ 与 $\mathrm{d}v$ 的外积

$$\mathrm{d}u \wedge \mathrm{d}v = \mathrm{d}u \wedge \mathrm{d}v(\xi, \eta) = \begin{vmatrix} \mathrm{d}u(\xi) & \mathrm{d}v(\xi) \\ \mathrm{d}u(\eta) & \mathrm{d}v(\eta) \end{vmatrix}。$$

记 $U = (u_1, \cdots, u_{2n})$ 为 $2n$ 个可微实函数 $u_1 = u_1(\xi), \cdots, u_{2n} = u_{2n}(\xi)$ 组成的 $2n$ 维可微实函数向量, $\mathfrak{S}$ 是所有 $2n$ 维可微实函数向量组成的集合 (显然, 对取定的一个 "自变量" 向量 $\xi^0 = (\xi_1^0, \cdots, \xi_m^0) \in \Re^m$, $\mathfrak{S}$ 中每一个 $2n$ 维可微实函数向量 $U = (u_1, \cdots, u_{2n})$ 都成为实线性空间 $\Re^{2n}$ 中的 $2n$ 维实数向量 $U(\xi^0) = (u_1(\xi^0), \cdots, u_{2n}(\xi^0)))$。对 $\mathfrak{S}$ 中的两个可微实函数向量 $U = (u_1, \cdots, u_{2n})$ 和 $V = (v_1 \cdots v_{2n})$ 以及由它们的各个分量函数的微分组成的向量 $\mathrm{d}U = (\mathrm{d}u_1, \cdots, \mathrm{d}u_{2n})$ 和 $\mathrm{d}V = (\mathrm{d}v_1, \cdots, \mathrm{d}v_{2n})$, 定义外积

$$U \wedge V = U \wedge V(\xi, \eta) = (u_1, \cdots, u_{2n}) \wedge \begin{pmatrix} v_1 \\ \vdots \\ v_{2n} \end{pmatrix}(\xi, \eta) = \sum_{j=1}^{2n} u_j \wedge v_j(\xi, \eta),$$

$$\mathrm{d}U \wedge \mathrm{d}V = \mathrm{d}U \wedge \mathrm{d}V(\xi, \eta) = (\mathrm{d}u_1, \cdots, \mathrm{d}u_{2n}) \wedge \begin{pmatrix} \mathrm{d}v_1 \\ \vdots \\ \mathrm{d}v_{2n} \end{pmatrix} = \sum_{j=1}^{2n} \mathrm{d}u_j \wedge \mathrm{d}v_j(\xi, \eta)。$$

特别地, 对 $\mathfrak{S}$ 中的一个可微实函数向量 $U = (u_1, \cdots, u_{2n})$, 定义

$$\omega = \frac{1}{2}\mathrm{d}U \wedge J\mathrm{d}U(\xi, \eta),$$

称 ω 为辛结构[①](symplectic structure), 其中 $J = \begin{pmatrix} 0 & I \\ -I & 0 \end{pmatrix}$ 是 $2n$ 阶标准辛矩阵。依据外积的反对称性,

$$\omega = \frac{1}{2}(\mathrm{d}u_1, \cdots, \mathrm{d}u_n, \mathrm{d}u_{n+1}, \cdots, \mathrm{d}u_{2n}) \wedge \begin{pmatrix} \mathrm{d}u_{n+1} \\ \vdots \\ \mathrm{d}u_{2n} \\ -\mathrm{d}u_1 \\ \vdots \\ -\mathrm{d}u_n \end{pmatrix}(\xi, \eta)$$

---

① 这里关于辛结构的表述是通俗的不准确的, 关于辛结构的准确完整的表述可查阅文献 [1] 和 [4]。

$$= \frac{1}{2} \sum_{j=1}^{n} (\mathrm{d}u_j \wedge \mathrm{d}u_{n+j} - \mathrm{d}u_{n+j} \wedge \mathrm{d}u_j)(\xi, \eta) = \sum_{j=1}^{n} \mathrm{d}u_j \wedge \mathrm{d}u_{n+j}(\xi, \eta)。$$

所以辛结构

$$\omega = \frac{1}{2}\mathrm{d}U \wedge J\mathrm{d}U = \sum_{j=1}^{n} \mathrm{d}u_j \wedge \mathrm{d}u_{n+j},$$

它是一个微分 2 形式 [1,4]。

　　$2n$ 维可微实函数向量组成的集合 $\Im$ 中定义了辛结构后, 即 $\{\Im, \omega\}$, 称为辛流形①。

　　容易验证, 辛变换保持辛结构守恒。

　　详言之, 若 S 为辛变换, 则对任意 $Z \in \Im$, 有 $\mathrm{d}S(Z) \wedge J\mathrm{d}S(Z) = \mathrm{d}Z \wedge J\mathrm{d}Z$。这是因为 $\mathrm{d}S(Z) = S_Z(Z)\mathrm{d}Z$, $S_Z(Z)$ 是辛变换 S 的 Jacobi 矩阵, $(S_Z(Z))^{\mathrm{T}} J S_Z(Z) = J$; 还可直接验证, 若 A 是 $2n \times 2n$ 实矩阵, $U, V \in \Im$, 则 $AU \wedge V = U \wedge A^{\mathrm{T}}V$。所以

$$\mathrm{d}S(Z) \wedge J\mathrm{d}S(Z) = (S_Z(Z)\mathrm{d}Z) \wedge J S_Z(Z)\mathrm{d}Z$$

$$= \mathrm{d}Z \wedge (S_Z(Z))^{\mathrm{T}} J S_Z(Z)\mathrm{d}Z = \mathrm{d}Z \wedge J\mathrm{d}Z。$$

　　本节的开头曾讲到, 在 Hamilton 力学中, n 维 Hamilton 系统的运动用 n 个正则坐标 $q(t) = (q_1(t), \cdots, q_n(t))^{\mathrm{T}}$ 和 n 个共轭正则动量 $p(t) = (p_1(t), \cdots, p_n(t))^{\mathrm{T}}$ 以及它们的可微函数 $H(q, p)$ 描述, 它们满足 Hamilton 正则方程 (1.1.1)。将 n 个正则坐标 $q(t) = (q_1(t), \cdots, q_n(t))^{\mathrm{T}}$ 和 n 个共轭正则动量 $p(t) = (p_1(t), \cdots, p_n(t))^{\mathrm{T}}$ 连接起来组成 $2n$ 维可微函数向量 $Z = (q_1, \cdots, q_n, p_1, \cdots, p_n)^{\mathrm{T}} = (z_1, \cdots, z_{2n})^{\mathrm{T}}$, $Z \in \Im$, 它满足 Hamilton 正则方程 (1.1.3), 并且这个 n 维 Hamilton 系统有辛结构

$$\omega_Z = \frac{1}{2}\mathrm{d}Z \wedge J\mathrm{d}Z = \sum_{j=1}^{n} \mathrm{d}q_j \wedge \mathrm{d}p_j = \sum_{j=1}^{n} \mathrm{d}z_j \wedge \mathrm{d}z_{n+j}。$$

依据 Hamilton 力学基本定理 2 给出的结论 "Hamilton 正则方程的解从一个时刻到另一个时刻是一个辛变换" 以及前面刚证明的结论 "辛变换保持辛结构守恒", 立即得到下面的定理。

　　Hamilton 力学基本定理 5　　正则方程的解保持辛结构守恒。详言之, 设 $Z(t)$ 是正则方程的解, 则

$$\omega_z = \frac{1}{2}\mathrm{d}Z(t) \wedge J\mathrm{d}Z(t) = \frac{1}{2}\mathrm{d}Z(0) \wedge J\mathrm{d}Z(0)。$$

　　我们也可直接验证 $\dfrac{\mathrm{d}\omega_z}{\mathrm{d}t} = 0$。因为 $\omega_z = \omega_z(t)$ 是 t 的函数, 可对 t 求导; 又

---

　　① 这里关于辛流形的表述是通俗的不准确的, 关于辛流形的准确完整的表述可查阅文献 [1] 和 [4]。

$dZ = (dq_1 \cdots dq_n dp_1 \cdots dp_n)^{\mathrm{T}}$ 中的 dq_j, dp_j 是通常的微分, 满足:

(1) $\dfrac{d}{dt}dz_j = d\dfrac{dz_j}{dt}$;

(2) $\dfrac{d}{dt}(dz_j \wedge dz_{n+j}) = \dfrac{d}{dt}dz_j \wedge dz_{n+j} + dz_j \wedge \dfrac{d}{dt}dz_{n+j}$。

依据上述 (1) 和 (2) 可得 $\dfrac{d}{dt}(dZ \wedge JdZ) = d\left(\dfrac{d}{dt}Z\right) \wedge JdZ + dZ \wedge Jd\left(\dfrac{d}{dt}Z\right)$,
再由外积的性质以及 $J^{-1} = J^{\mathrm{T}} = -J$ 和 $(H_{ZZ})^{\mathrm{T}} = H_{ZZ}$, 即可得到

$$2\frac{d\omega_z}{dt} = d\frac{dz(t)}{dt} \wedge Jdz(t) + dz(t) \wedge Jd\frac{dz(t)}{dt}$$

$$= d(JH_Z) \wedge Jdz(t) + dz(t) \wedge Jd(JH_Z)$$

$$= (JH_{ZZ})dz(t) \wedge Jdz(t) + dz(t) \wedge JJH_{ZZ}dz(t)$$

$$= dz(t) \wedge H_{ZZ}J^{\mathrm{T}}Jdz(t) + dz(t) \wedge JJH_{ZZ}dz(t) = 0。$$

综上所述可见, Hamilton 力学的基本定理说明, Hamilton 系统的时间演化具有辛群对称性, 相应地, Hamilton 系统有一个守恒量 —— 辛结构。Hamilton 力学是建立在辛流形 $\Im$ 上的, 系统的状态由辛流形 $\Im$ 中的可微实函数向量 $(q_1, \cdots, q_n, p_1, \cdots, p_n) = (z_1, \cdots, z_{2n})$ 描述, 它满足正则方程 (1.1.3), 并且从一个时刻到另一个时刻是一个辛变换, 保持辛结构守恒。Hamilton 系统的状态属于辛流形 $\Im$ 中保持辛结构守恒的子集 $\Im^{SY}$。辛算法就是基于 Hamilton 力学的基本定理而提出的保持 Hamilton 系统辛结构守恒的差分法, 它的第 n 步到第 $n+1$ 步的变换 f; $z^{n+1} = f(z^n)$ 是一个辛变换, 使离散化后的差分方程的离散辛结构守恒。

1.2 Hamilton 系统的辛格式

冯康院士 20 世纪 80 年代初开始探索动力系统的计算方法, 基于 Hamilton 力学的基本原理提出了数值求解 Hamilton 系统的辛算法 —— 保持 Hamilton 系统辛结构守恒的差分法。之后, 人们对辛算法及其应用进行了系统的研究, 冯康和他领导的小组提出了应用生成函数法、幂级数法构造辛格式的一般方法[1,5], 研究了辛格式的守恒量, 还研究了保体积算法、接触结构和接触算法等[6-8]; Sanz-Serna、孙耿等研究了辛 R-K 法和分块辛 R-K 法, 给出了 R-K 方法是辛算法的充分条件[9,10]; Yoshida 提出了构造可分 Hamilton 系统辛格式的对称幂方法[11]; 秦孟兆、Sanz-Seran 等引进辅助变量, 构造了适用于显含时间 Hamilton 系统的辛格式[9,12], 等等。Hamilton 系统的辛算法已在天文、大气、海洋、等离子体物理、分子动力学和量子物理、地学和电磁学等领域的广泛应用中获得成功, 特别在长时间、

多步数的计算中和保持系统整体结构上较非辛算法显示出明显的优越性[1], 很快在国际上形成了一个新的 "保结构算法" 研究领域。

1.2.1　一般经典 Hamilton 系统的辛格式

冯康提出 Hamilton 系统的辛算法之后, 又与他的合作者开展了系统的研究, 提出了构造一般 Hamilton 系统辛格式的生产函数法和幂级数法, 给出了一系列辛格式。例如, 对于一般经典 Hamilton 系统, Hamilton 函数 $H(z) = H(q, p)$, 正则方程是

$$\frac{\mathrm{d}q}{\mathrm{d}t} = \frac{\partial H}{\partial p}, \quad \frac{\mathrm{d}p}{\mathrm{d}t} = -\frac{\partial H}{\partial q} \quad \text{或} \quad \frac{\mathrm{d}z}{\mathrm{d}t} = J\frac{\partial H}{\partial z} = f(z)。 \tag{1.2.1}$$

方程 (1.2.1) 就是式 (1.1.3)。令 τ 是时间步长, 记 $z^n = z(n\tau)$, $n = 1, 2, \cdots$。

格式 1: Euler 中点格式

$$z^{n+1} = z^n + \tau JH_z\left(\frac{z^{n+1} + z^n}{2}\right) \tag{1.2.2}$$

是 2 阶隐式辛格式 (文献 [1], 198, 226 页)。

格式 2: 4 阶中点格式

$$z^{n+1} = z^n + \tau JH_z\left(\frac{z^{n+1} + z^n}{2}\right) - \frac{\tau^3}{24}J\nabla_z(H_z^{\mathrm{T}}JH_{zz}JH_z)\left(\frac{z^{n+1} + z^n}{2}\right) \tag{1.2.3}$$

也是隐式辛格式 (文献 [1], 227 页)。

这两个辛格式都保持原 Hamilton 系统的所有二次型守恒量守恒, 特别地, 保持模方守恒 (文献 [1], 199 页, 文献 [13]); 这两个辛格式都是隐格式, 每前进一个时间步都要进行迭代运算。

我们来考察 Euler 中点格式 (1.2.2), 它给出变换 $S: z^n \to z^{n+1} = S(z^n)$, 它的变换 Jacobi 矩阵 $\dfrac{\mathrm{d}S}{\mathrm{d}z^n} = \dfrac{\mathrm{d}z^{n+1}}{\mathrm{d}z^n}$。在 (1.2.2) 的两端对 z^n 求导数, 得到

$$\frac{\mathrm{d}z^{n+1}}{\mathrm{d}z^n} = I + \tau JH_{zz}\left(\frac{z^{n+1} + z^n}{2}\right)\left(\frac{1}{2}\frac{\mathrm{d}z^{n+1}}{\mathrm{d}z^n} + \frac{1}{2}I\right),$$

经简单推导便得

$$\frac{\mathrm{d}S}{\mathrm{d}z^n} = \frac{\mathrm{d}z^{n+1}}{\mathrm{d}z^n} = \left[I - \frac{\tau}{2}JH_{zz}\left(\frac{z^{n+1} + z^n}{2}\right)\right]^{-1}\left[I + \frac{\tau}{2}JH_{zz}\left(\frac{z^{n+1} + z^n}{2}\right)\right],$$

$$\tag{1.2.2$_{\mathrm{E}}$}$$

这里 $H_{zz}\left(\dfrac{z^{n+1}+z^n}{2}\right)$ 是 Hamilton 函数 $H(z)$ 在点 $\dfrac{z^{n+1}+z^n}{2}$ 的 Hessian 矩阵

$$H_{zz}(z) = \begin{pmatrix} \dfrac{\partial^2 H}{\partial z_1 \partial z_1} & \dfrac{\partial^2 H}{\partial z_1 \partial z_2} & \cdots \\[2mm] \dfrac{\partial^2 H}{\partial z_2 \partial z_1} & \dfrac{\partial^2 H}{\partial z_2 \partial z_2} & \cdots \\[2mm] \vdots & \vdots & \ddots \end{pmatrix}。$$

当步长 $\tau > 0$ 充分小时, 矩阵 $\left[I - \dfrac{\tau}{2} J H_{zz}\left(\dfrac{z^{n+1}+z^n}{2}\right)\right]$ 和 $\left[I + \dfrac{\tau}{2} J H_{zz}\left(\dfrac{z^{n+1}+z^n}{2}\right)\right]$ 是非奇异的, 式 $(1.2.2)_\mathrm{E}$ 的右端是一个 Cayley 变换。所以, $S: z^n \to z^{n+1} = S(z^n)$ 是辛变换, Euler 中点格式 (1.2.2) 是辛格式。

Euler 中点格式 (1.2.2) 还保持 Hamilton 系统 (1.2.1) 的所有二次型守恒量守恒。设 Hamilton 系统 (1.2.1) 的二次型守恒量 $f(z) = \dfrac{1}{2} z^\mathrm{T} A z$, $A^\mathrm{T} = A$, 于是有 $\dfrac{\mathrm{d}f}{\mathrm{d}t} = 0$, 但是

$$\frac{\mathrm{d}f}{\mathrm{d}t} = \frac{1}{2}\left(\left(\frac{\mathrm{d}z}{\mathrm{d}t}\right)^\mathrm{T} A z + z^\mathrm{T} A \frac{\mathrm{d}z}{\mathrm{d}t}\right) = \frac{1}{2}\left((JH_z)^\mathrm{T} A z + z^\mathrm{T} A J H_z\right),$$

因 $(JH_z)^\mathrm{T} A z$ 和 $z^\mathrm{T} A J H$ 都是实数, 故而

$$(JH_z)^\mathrm{T} A z = \left((JH_z)^\mathrm{T} A z\right)^\mathrm{T} = z^\mathrm{T} A^\mathrm{T} J H_z = z^\mathrm{T} A J H_z,$$

$$z^\mathrm{T} A J H_z = \frac{1}{2}\left((JH_z)^\mathrm{T} A z + z^\mathrm{T} A J H_z\right) = \frac{\mathrm{d}f}{\mathrm{d}t} = 0。$$

将 Euler 中点格式 (1.2.2) 改写成 $\dfrac{z^{n+1}-z^n}{\tau} = J H_z\left(\dfrac{z^{n+1}+z^n}{2}\right)$, 则有

$$\left(z^{n+1}+z^n\right)^\mathrm{T} A \left(\frac{z^{n+1}-z^n}{\tau}\right) = \left(z^{n+1}+z^n\right)^\mathrm{T} A J H_z\left(\frac{z^{n+1}+z^n}{2}\right) = 0,$$

另一方面

$$\left(z^{n+1}+z^n\right)^\mathrm{T} A \left(\frac{z^{n+1}-z^n}{\tau}\right) = \frac{1}{\tau}\left(z^{n+1}+z^n\right)^\mathrm{T} A z^{n+1} - \frac{1}{\tau}\left(z^{n+1}+z^n\right)^\mathrm{T} A z^n$$

$$= \frac{1}{\tau}\left(z^{n+1}\right)^\mathrm{T} A z^{n+1} + \frac{1}{\tau}\left(z^n\right)^\mathrm{T} A z^{n+1}$$

$$- \frac{1}{\tau}\left(z^{n+1}\right)^\mathrm{T} A z^n - \frac{1}{\tau}\left(z^n\right)^\mathrm{T} A z^n,$$

也是因 $(z^{n+1})^{\mathrm{T}}Az^n$ 是实数, 故而 $(z^{n+1})^{\mathrm{T}}Az^n = ((z^{n+1})^{\mathrm{T}}Az^n)^{\mathrm{T}} = (z^n)^{\mathrm{T}}Az^{n+1}$, 代入上式即得 $((z^{n+1})^{\mathrm{T}}Az^{n+1})^{\mathrm{T}} = (z^n)^{\mathrm{T}}A^{\mathrm{T}}z^n$, 即 $f(z^{n+1}) = \frac{1}{2}(z^{n+1})^{\mathrm{T}}Az^{n+1} = \frac{1}{2}(z^n)^{\mathrm{T}}Az^n = f(z^n)$, Euler 中点格式保持 Hamilton 系统的二次型守恒量守恒。模方 $M(z) = \frac{1}{2}z^{\mathrm{T}}z$ 是 Hamilton 系统 (1.2.1) 的一个特殊的守恒量, Euler 中点格式 (1.2.2) 保持模方 $M(z) = \frac{1}{2}z^{\mathrm{T}}z$ 守恒。

类似地可以证明, 4 阶中点格式 (1.2.3) 是辛格式, 它也保持 Hamilton 系统 (1.2.1) 的所有二次型守恒量守恒[1,13], 特别的, 保持模方守恒。

一般 Hamilton 系统正则方程 (1.2.1) 的 s 步 Runge-Kutta 法是

$$z^{n+1} = z^n + \tau(b_1 f(Y_1) + \cdots + b_s f(Y_s)),$$
$$Y_1 = z^n + \tau(a_{11}f(Y_1) + \cdots + a_{1s}f(Y_s)),$$
$$\cdots\cdots$$
$$Y_s = z^n + \tau(a_{s1}f(Y_1) + \cdots + a_{ss}f(Y_s)),$$

记 $s\times s$ 矩阵 $(a_{jk}) = A$ 和对角矩阵 $\mathrm{diag}[b_1,b_2,\cdots,b_s] = B$, 向量 $(b_1,b_2,\cdots,b_s)^{\mathrm{T}} = b$, Sanz-Serna 和 Calvo[9] 给出了 s 步 R-K 法是辛算法的充分条件

$$M = BA + A^{\mathrm{T}}B - bb^{\mathrm{T}} = 0。 \tag{1.2.4}$$

容易看出, 依据这个充分条件, 辛 R-K 法都是隐式的; 人们已经找到了多种隐式[9] 与对角隐式辛 R-K 格式和分块辛 R-K 格式[10]。

格式 3: 2 步 4 阶隐式辛 R-K 格式

$$z^{n+1} = z^n + \frac{\tau}{2}(f(Y_1) + f(Y_2)),$$
$$Y_1 = z^n + \tau\left(\frac{1}{4}f(Y_1) + \left(\frac{1}{4} - \frac{\sqrt{3}}{6}\right)f(Y_2)\right) \tag{1.2.5}$$
$$Y_2 = z^n + \tau\left(\left(\frac{1}{4} + \frac{\sqrt{3}}{6}\right)f(Y_1) + \frac{1}{4}f(Y_2)\right)。$$

格式 4: 2 步 2 阶对角隐式辛 R-K 格式

$$z^{n+1} = z^n + \frac{\tau}{2}(f(Y_1) + f(Y_2)),$$
$$Y_1 = z^n + \frac{\tau}{4}f(Y_1),$$
$$Y_2 = z^n + \frac{\tau}{2}f(Y_1) + \frac{\tau}{4}f(Y_2)。$$

物理学中还遇到 Hamilton 函数是 $H(z,t)$ 的显含时间的 Hamilton 系统[14-16], 正则方程是

$$\frac{\mathrm{d}z}{\mathrm{d}t} = J\frac{\partial H(z,t)}{\partial z} = f(z,t)。 \tag{1.2.6}$$

1996 年秦孟兆等提出了引入辅助变量将显含时间 Hamilton 系统转化成不显含时间的方法[12]。引进辅助正则坐标 Q 和辅助正则动量 P 以及 $Z = (q,Q,p,P)^{\mathrm{T}} = (z,Q,P)^{\mathrm{T}}$, 再引进不显含时间的 Hamilton 函数 $\tilde{H}(z,Q,P) = H(z,Q) + P = \tilde{H}(Z)$ 和正则方程

$$\frac{\mathrm{d}Z}{\mathrm{d}t} = J\tilde{H}_Z(Z)。 \tag{1.2.7}$$

(若式 (1.2.6)) 中的 J 是 $2n$ 的, 则式 (1.2.7) 中的 J 是 $2n+2$ 的。) 将这个正则方程详细写为

$$\frac{\mathrm{d}z}{\mathrm{d}t} = J\tilde{H}_z(Z) = J\frac{\partial H(z,Q)}{\partial z}, \quad \frac{\mathrm{d}Q}{\mathrm{d}t} = \tilde{H}_P(Z) = 1, \quad \frac{\mathrm{d}P}{\mathrm{d}t} = -\tilde{H}_Q(Z) = -H_Q(z,Q)。$$

(上式中的 J 是 $2n$ 的。) 从不显含时间 Hamilton 系统 (1.2.7) 的辛格式即可推导出显含时间的 Hamilton 系统 (1.2.6) 的辛格式。譬如, 不显含时间 Hamilton 系统 (1.2.7) 的 2 阶 Euler 中点格式 $Z^{n+1} = Z^n + \tau J\tilde{H}_Z\left(\frac{Z^{n+1}+Z^n}{2}\right)$, 详细写出来就是

$$z^{n+1} = z^n + \tau JH_z\left(\frac{z^{n+1}+z^n}{2}, \frac{Q^{n+1}+Q^n}{2}\right),$$

$$Q^{n+1} = Q^n + \tau, \quad P^{n+1} = P^n - \tau H_Q\left(\frac{z^{n+1}+z^n}{2}, \frac{Q^{n+1}+Q^n}{2}\right),$$

从 $Q^0 = t_0$ 可见, $Q^1 = Q^0 + \tau = t_1$, $Q^2 = Q^1 + \tau = t_2, \cdots, Q^n = t_n$, 进而可得显含时间 Hamilton 系统 (1.2.6) 的下述辛格式。

格式 5: 2 阶 Euler 中点格式

$$z^{n+1} = z^n + \tau JH_z\left(\frac{z^{n+1}+z^n}{2}, t_n + \frac{\tau}{2}\right)。 \tag{1.2.8}$$

1.2.2 不显含时间的线性 Hamilton 系统与可分 Hamilton 系统的辛格式

不显含时间线性 Hamilton 系统 [13] 的 Hamilton 函数是 z 的二次型 $H(z) = \frac{1}{2}z^{\mathrm{T}}Az$, $A^{\mathrm{T}} = A$, 正则方程是常系数线性微分方程

$$\frac{\mathrm{d}z}{\mathrm{d}t} = Bz, \quad B = JA。 \tag{1.2.9}$$

如果 Hamilton 函数 $H(z) = H(q,p) = U(p) + V(q)$, 则称 Hamilton 系统是 (不显含时间) 可分 Hamilton 系统[13], 正则方程是

$$\frac{\mathrm{d}q}{\mathrm{d}t} = \frac{\partial U(p)}{\partial p}, \quad \frac{\mathrm{d}p}{\mathrm{d}t} = -\frac{\partial V(q)}{\partial q}。 \tag{1.2.10}$$

譬如, 基于经典理论的双原子微观反应系统是一个不显含时间可分 Hamilton 系统 (见 2.1 节), 系统的动能 $U(p) = \dfrac{p^2}{2M}$, 势能 $V(q)$ 取 Morse 势, Hamilton 函数 $H(q,p) = \dfrac{p^2}{2M} + V(q)$, 正则方程是

$$\frac{\mathrm{d}q}{\mathrm{d}t} = \frac{\partial U(p)}{\partial p} = \frac{p}{M}, \quad \frac{\mathrm{d}p}{\mathrm{d}t} = -\frac{\partial V(q)}{\partial q}。$$

如果 Hamilton 函数 $H(q,p) = \dfrac{1}{2}\left(q^{\mathrm{T}}, p^{\mathrm{T}}\right) A \begin{pmatrix} q \\ p \end{pmatrix}, A = \begin{pmatrix} V & 0 \\ 0 & U \end{pmatrix}$, U 是正定的且 $U = U^{\mathrm{T}}, V = V^{\mathrm{T}}$, 则 $A^{\mathrm{T}} = A$, $H(q,p) = \dfrac{1}{2}(q^{\mathrm{T}}Vq + p^{\mathrm{T}}Up)$, Hamilton 系统是 (不显含时间) 可分线性 Hamilton 系统, 正则方程是

$$\frac{\mathrm{d}q}{\mathrm{d}t} = Up, \quad \frac{\mathrm{d}p}{\mathrm{d}t} = -Vq。 \tag{1.2.11}$$

线性 Hamilton 系统和可分 Hamilton 系统都是特殊的 Hamilton 系统, 可从一般 Hamilton 系统的辛格式得到线性 Hamilton 系统和可分 Hamilton 系统的辛格式; 也可针对线性 Hamilton 系统和可分 Hamilton 系统的特殊性寻求更有效的辛格式。下面给出 (不显含时间) 线性 Hamilton 系统 (1.2.9) 的几种辛差分格式。

格式 6: Euler 中点格式

$$z^{n+1} = z^n + \tau B \frac{z^{n+1} + z^n}{2} = z^n + \tau JA \frac{z^{n+1} + z^n}{2} \tag{1.2.12}$$

是 2 阶隐式辛格式。

事实上, Euler 中点格式 (1.2.12) 给出 z^n 到 z^{n+1} 的变换

$$z^{n+1} = F_\tau z^n, \quad F_\tau = \left(I - \frac{\tau}{2}B\right)^{-1}\left(I + \frac{\tau}{2}B\right) = \psi\left(-\frac{\tau}{2}B\right),$$

其中, $\psi(\lambda) = \dfrac{1-\lambda}{1+\lambda}$, $\psi\left(-\dfrac{\tau}{2}B\right)$ 是无穷小辛矩阵 B 的 Cayley 变换, 所以 $F_\tau = \psi\left(-\dfrac{\tau}{2}B\right)$ 是辛矩阵。

格式 7: 4 阶中点隐式辛格式

$$z^{n+1} = z^n + \frac{\tau B}{2}(z^n + z^{n+1}) + \frac{\tau^2 B^2}{12}(z^n - z^{n+1})。 \tag{1.2.13}$$

这两个辛格式都可由对角 Padé逼近构造出来 (文献 [1], 192 页)。Euler 中点格式 (1.2.12) 给出的变换

$$z^{n+1} = F_\tau z^n, \quad F_\tau = \left(I - \frac{\tau}{2}B\right)^{-1}\left(I + \frac{\tau}{2}B\right) = \psi\left(-\frac{\tau}{2}B\right),$$

其中, $\psi(\lambda) = \dfrac{1-\lambda}{1+\lambda}$ 是 e^{λ} 的 2 阶对角 Padé 逼近。4 阶中点隐式辛格式 (1.2.13) 给出变换 $z^{n+1} = F_{\tau}z^n$, $F_{\tau} = \varphi(\tau B)$, 其中

$$\phi(\lambda) = \frac{1 + \dfrac{\lambda}{2} + \dfrac{\lambda^2}{12}}{1 - \dfrac{\lambda}{2} + \dfrac{\lambda^2}{12}}$$

是 e^{λ} 的 4 阶对角 Padé 逼近。顺便指出，应用对角 Padé 逼近构造的辛格式保持 Hamilton 系统的所有二次型守恒量守恒，上面的 2 阶 Euler 中点格式 (1.2.12) 和 4 阶中点隐式辛格式 (1.2.13) 都可应用对角 Padé 逼近构造出来，它们都保持 Hamilton 系统 (1.2.11) 的所有二次型守恒量守恒[1,13]，特别地，保持模方守恒。

对于一般不显含时间可分 Hamilton 系统 (1.2.10), Euler 中点格式 (1.2.2) 成为格式 8:

$$q^{n+1} = q^n + \tau \frac{\partial}{\partial p} U\left(\frac{p^n + p^{n+1}}{2}\right), p^{n+1} = p^n - \tau \frac{\partial}{\partial q} V\left(\frac{q^n + q^{n+1}}{2}\right)。 \quad (1.2.14)$$

Yoshida[11] 提出了构造一般不显含时间可分 Hamilton 系统显式辛格式的对称幂方法, 得到了一系列显式辛格式, 如下所述。

格式 9: 1 阶显式辛格式

$$q^{n+1} = q^n + \tau \frac{\partial}{\partial p} U(p^n), \quad p^{n+1} = p^n - \tau \frac{\partial}{\partial q} V(q^{n+1})$$

和

$$p^{n+1} = p^n - \tau \frac{\partial}{\partial q} V(q^n), \quad q^{n+1} = q^n + \tau \frac{\partial}{\partial p} U(p^{n+1})。 \quad (1.2.15)$$

格式 10: 2 阶显式辛格式

$$\begin{aligned} x &= q^n, & y &= p^n - \frac{\tau}{2}\frac{\partial}{\partial q} V(x), \\ q^{n+1} &= x + \tau \frac{\partial}{\partial p} U(y), & p^{n+1} &= y - \frac{\tau}{2}\frac{\partial}{\partial q} V(q^{n+1}) \end{aligned}$$

和

$$\begin{aligned} y &= p^n, & x &= q^n + \frac{\tau}{2}\frac{\partial}{\partial p} U(y), \\ p^{n+1} &= y - \tau \frac{\partial}{\partial q} V(x), & q^{n+1} &= x + \frac{\tau}{2}\frac{\partial}{\partial p} U(p^{n+1})。 \end{aligned} \quad (1.2.16)$$

格式 11: 4 阶显式辛格式

$$x^1 = q^n + c_1\tau\frac{\partial}{\partial p}U(p^n), \qquad y^1 = p^n - d_1\tau\frac{\partial}{\partial q}V(x^1),$$

$$x^2 = x^1 + c_2\tau\frac{\partial}{\partial p}U(y^1), \qquad y^2 = y^1 - d_2\tau\frac{\partial}{\partial q}V(x^2),$$

$$x^3 = x^2 + c_3\tau\frac{\partial}{\partial p}U(y^2), \qquad y^3 = y^2 - d_3\tau\frac{\partial}{\partial q}V(x^3),$$

$$q^{n+1} = x^3 + c_4\tau\frac{\partial}{\partial p}U(y^3), \qquad p^{n+1} = y^3 - d_4\tau\frac{\partial}{\partial q}V(q^{n+1})$$

和

$$y^1 = p^n - c_1\tau\frac{\partial}{\partial q}V(q^n), \qquad x^1 = q^n + d_1\tau\frac{\partial}{\partial p}U(y^1),$$

$$y^2 = y^1 - c_2\tau\frac{\partial}{\partial q}V(x^1), \qquad x^2 = x^1 + d_2\tau\frac{\partial}{\partial p}U(y^2),$$

$$y^3 = y^2 - c_3\tau\frac{\partial}{\partial q}V(x^2), \qquad x^3 = x^2 + d_3\tau\frac{\partial}{\partial p}U(y^3),$$

$$p^{n+1} = y^3 - c_4\tau\frac{\partial}{\partial q}V(x^3), \qquad q^{n+1} = x^3 + d_4\tau\frac{\partial}{\partial p}U(p^{n+1}), \tag{1.2.17}$$

其中系数

$$c_1 = 0, \quad c_2 = c_4 = \alpha, \quad c_3 = \beta, \quad d_1 = d_4 = \alpha/2, \quad d_2 = d_3 = (\alpha + \beta)/2,$$

或

$$c_1 = c_4 = \alpha/2, \quad c_2 = c_3 = (\alpha + \beta)/2, \quad d_1 = d_3 = \alpha, \quad d_2 = \beta, \quad d_4 = 0,$$

这里 $\alpha = (2 - 2^{1/3})^{-1}$, $\beta = 1 - 2\alpha$。

以 1 阶显式辛格式 (1.2.15) 为例, 可以验证, $\begin{pmatrix} p^n \\ q^n \end{pmatrix}$ 到 $\begin{pmatrix} p^{n+1} \\ q^{n+1} \end{pmatrix}$ 的变换的 Jacobian

$$\begin{pmatrix} \dfrac{\partial p^{n+1}}{\partial p^n} & \dfrac{\partial p^{n+1}}{\partial q^n} \\ \dfrac{\partial q^{n+1}}{\partial p^n} & \dfrac{\partial q^{n+1}}{\partial q^n} \end{pmatrix} = \begin{pmatrix} I & -\tau V_{qq}(q^n) \\ \tau U_{pp}(p^{n+1}) & I - \tau^2 U_{pp}(p^{n+1})V_{qq}(q^n) \end{pmatrix}$$

是辛矩阵。

不显含时间可分线性 Hamilton 系统 (1.2.11) 是特殊的线性 Hamilton 系统, 也是特殊的可分 Hamilton 系统, 故它的辛格式可由线性和可分 Hamilton 系统的辛格式得到。

格式 12: Euler 中点格式 ——2 阶辛格式

$$q^{n+1} = q^n + U\frac{\tau}{2}(p^{n+1} + p^n), \quad p^{n+1} = p^n - V\frac{\tau}{2}(q^{n+1} + q^n)。 \qquad (1.2.18)$$

格式 13: 1 阶显式辛格式

$$q^{n+1} = q^n + \tau U p^n, \quad p^{n+1} = p^n - \tau V q^{n+1}$$

和

$$p^{n+1} = p^n - \tau V q^n, \quad q^{n+1} = q^n + \tau U p^{n+1}。 \qquad (1.2.19)$$

再由 4 阶隐式辛格式 (1.2.13) 以及 2 阶和 4 阶显式辛格式 (1.2.16) 和 (1.2.17) 即可得到不显含时间可分线性 Hamilton 系统的 4 阶隐式辛格式以及 2 阶和 4 阶显式辛格式。

1.2.3 显含时间可分 Hamilton 系统的辛格式

量子物理中经常遇到 Hamilton 函数 $H(q, p, t) = V(q, t) + U(p, t)$ 的显含时间可分 Hamilton 系统[14−17], 正则方程是

$$\frac{\mathrm{d}q}{\mathrm{d}t} = \frac{\partial}{\partial p}U(p, t), \quad \frac{\mathrm{d}p}{\mathrm{d}t} = -\frac{\partial}{\partial q}V(q, t)。 \qquad (1.2.20)$$

应用秦孟兆[12] 等提出的方法, 引进辅助正则坐标 Q_1, Q_2 和辅助正则动量 P_1, P_2 以及 $Z = (q, Q_1, Q_2, p, P_1, P_2)^{\mathrm{T}} = (z, Q_1, Q_2, P_1, P_2)^{\mathrm{T}}$ 和 Hamilton 函数 $\tilde{H}(q, Q_1, Q_2, p, P_1, P_2) = V(q, Q_1) - Q_2 + U(p, P_2) + P_1$, 可将显含时间可分 Hamilton 系统的正则方程 (1.2.20) 转化成不显含时间的正则方程

$$\frac{\mathrm{d}q}{\mathrm{d}t} = \tilde{H}_p(q, Q_1, Q_2, p, P_1, P_2) = U_p(p, P_2),$$

$$\frac{\mathrm{d}p}{\mathrm{d}t} = -\tilde{H}_q(q, Q_1, Q_2, p, P_1, P_2) = -V_q(q, Q_1),$$

$$\frac{\mathrm{d}Q_1}{\mathrm{d}t} = \tilde{H}_{P_1}(q, Q_1, Q_2, p, P_1, P_2) = 1,$$

$$\frac{\mathrm{d}P_1}{\mathrm{d}t} = -\tilde{H}_{Q_1}(q, Q_1, Q_2, p, P_1, P_2) = -V_{Q_1}(q, Q_1),$$

$$\frac{\mathrm{d}Q_2}{\mathrm{d}t} = \tilde{H}_{P_2}(q, Q_1, Q_2, p, P_1, P_2) = U_{P_2}(p, P_2),$$

$$\frac{\mathrm{d}P_2}{\mathrm{d}t} = -\tilde{H}_{Q_2}(q, Q_1, Q_2, p, P_1, P_2) = 1。$$

再如式 (1.2.1) 那样即可得到像 (1.2.14)~(1.2.17) 的辛格式。

格式 14: Euler 中点格式 ——2 阶隐式辛格式

$$q^{n+1} = q^n + \tau \frac{\partial}{\partial p} U \left(\frac{p^n + p^{n+1}}{2}, t_n + \frac{h}{2} \right),$$

$$p^{n+1} = p^n - \tau \frac{\partial}{\partial q} V \left(\frac{q^n + q^{n+1}}{2}, t_n + \frac{h}{2} \right)。 \qquad (1.2.21)$$

格式 15: 1 阶显式辛格式

$$q^{n+1} = q^n + \tau \frac{\partial}{\partial p} U(p^n, t_n), \quad p^{n+1} = p^n - \tau \frac{\partial}{\partial q} V(q^{n+1}, t_{n+1})$$

和

$$p^{n+1} = p^n - \tau \frac{\partial}{\partial q} V(q^n, t_n), \quad q^{n+1} = q^n + \tau \frac{\partial}{\partial p} U(p^{n+1}, t_{n+1})。 \qquad (1.2.22)$$

格式 16: 2 阶显式辛格式

$$
\begin{aligned}
& x = q^n, && y = p^n - \frac{\tau}{2} \frac{\partial}{\partial q} V(x, \xi), \\
& \xi = t_n, && \eta = t_n + \frac{\tau}{2}, \\
& q^{n+1} = x + \tau \frac{\partial}{\partial p} U(y, \eta), && p^{n+1} = y - \frac{\tau}{2} \frac{\partial}{\partial q} V(q^{n+1}, t_{n+1}), \\
& Q_1^{n+1} = \xi + \tau = t_{n+1}, && P_2^{n+1} = \eta + \frac{\tau}{2} = t_{n+1}
\end{aligned}
$$

和

$$
\begin{aligned}
& y = p^n, && x = q^n + \frac{\tau}{2} \frac{\partial}{\partial p} U(y, \eta), \\
& \eta = t_n, && \xi = t_n + \frac{\tau}{2}, \\
& p^{n+1} = y - \tau \frac{\partial}{\partial q} V(x, \xi), && q^{n+1} = x + \frac{\tau}{2} \frac{\partial}{\partial p} U(p^{n+1}, t_{n+1}), \\
& P_2^{n+1} = \eta + \tau = t_{n+1}, && Q_1^{n+1} = \xi + \frac{\tau}{2} = t_{n+1}。
\end{aligned}
\qquad (1.2.23)
$$

格式 17: 4 阶显式辛格式

$$
\begin{aligned}
& x_1 = q^n + c_1 \tau \frac{\partial}{\partial p} U(p^n, t_n), && y_1 = p^n - d_1 \tau \frac{\partial}{\partial q} V(x_1, \xi_1), \\
& \xi_1 = t_n + c_1 \tau, && \eta_1 = t_n + d_1 \tau, \\
& x_2 = x_1 + c_2 \tau \frac{\partial}{\partial p} U(y_1, \eta_1), && y_2 = y_1 - d_2 \tau \frac{\partial}{\partial q} V(x_2, \xi_2), \\
& \xi_2 = \xi_1 + c_2 \tau, && \eta_2 = \eta_1 + d_2 \tau, \\
& x_3 = x_2 + c_3 \tau \frac{\partial}{\partial p} U(y_2, \eta_2), && y_3 = y_2 - d_3 \tau \frac{\partial}{\partial q} V(x_3, \xi_3),
\end{aligned}
$$

$$\xi_3 = \xi_2 + c_3\tau, \qquad\qquad \eta_3 = \eta_2 + d_3\tau,$$

$$q^{n+1} = x_3 + c_4\tau\frac{\partial}{\partial p}U(y_3, \eta_3), \qquad p^{n+1} = y_3 - d_4\tau\frac{\partial}{\partial q}V(q^{n+1}, t_{n+1}),$$

$$Q_1^{n+1} = \xi_3 + c_4\tau = t_{n+1}, \qquad P_2^{n+1} = \eta_3 + d_4\tau = t_{n+1},$$

和

$$y_1 = p^n - c_1\tau\frac{\partial}{\partial q}V(q^n, t_n), \qquad x_1 = q^n + d_1\tau\frac{\partial}{\partial p}U(y_1, \eta_1),$$

$$\eta_1 = t_n + c_1\tau, \qquad\qquad \xi_1 = t_n + d_1\tau,$$

$$y_2 = y_1 - c_2\tau\frac{\partial}{\partial q}V(x_1, \xi_1), \qquad x_2 = x_1 + d_2\tau\frac{\partial}{\partial p}U(y_2, \eta_2),$$

$$\eta_2 = \eta_1 + c_2\tau, \qquad\qquad \xi_2 = \xi_1 + d_2\tau,$$

$$y_3 = y_2 - c_3\tau\frac{\partial}{\partial q}V(x_2, \xi_2), \qquad x_3 = x_2 + d_3\tau\frac{\partial}{\partial p}U(y_3, \eta_3),$$

$$\eta_3 = \eta_2 + c_3\tau, \qquad\qquad \xi_3 = \xi_2 + d_3\tau,$$

$$p^{n+1} = y_3 - c_4\tau\frac{\partial}{\partial q}V(x_3, \xi_3), \qquad q^{n+1} = x_3 + d_4\tau\frac{\partial}{\partial p}U(p^{n+1}, t_{n+1})$$

$$P_2^{n+1} = \eta_3 + c_4\tau = t_{n+1}, \qquad Q_1^{n+1} = \xi_3 + d_4\tau = t_{n+1}, \qquad (1.2.24)$$

其中系数 c_j, d_j 同辛格式 (1.2.17) 中的。

量子物理中还经常遇到 Hamilton 函数 $H(q, p, t) = V(q, t) + U(p)$ 的显含时间可分 Hamilton 系统, 正则方程是

$$\frac{\mathrm{d}q}{\mathrm{d}t} = \frac{\partial}{\partial p}U(p), \quad \frac{\mathrm{d}p}{\mathrm{d}t} = -\frac{\partial}{\partial q}V(q, t)。 \qquad (1.2.25)$$

譬如, 2.3 节中计算经典轨迹研究激光场中双原子分子的振动和解离时, Hamilton 函数 $H(q, p, t) = U(p) + V(q, t)$, 其中动能 $U(p) = \dfrac{p^2}{2M}$, 势能 $V(q, t) = V(q) - E(t)Q_e(q)q$, $-E(t)Q_e(q)q$ 是双原子分子系统与激光场的相互作用势。又如 3.1 节中的一维定态 Schrödinger 方程 $-\dfrac{1}{2}\dfrac{\mathrm{d}^2\psi}{\mathrm{d}x^2} + V(x)\psi = E\psi$, 它转化成显含时间 "$x$" 的 Hamilton 系统 ——Hamilton 函数 $H(\psi, \varphi, x) = \dfrac{\varphi^2}{2} + \dfrac{1}{2}B(x)\psi^2$, 动能 $U(\varphi) = \dfrac{\varphi^2}{2}$, 势能 $V(\psi, x) = \dfrac{1}{2}B(x)\psi^2$, 其中 $B(x) = 2[E - V(x)]$。它们的正则方程都形如 (1.2.25), 都是一般显含时间可分 Hamilton 系统正则方程 (1.2.20) 的特殊情况, 所以将 $V(q, t)$ 和 $U(p)$ 替换到 Hamilton 函数 $H(q, p, t) = V(q, t) + U(p, t)$ 中, 即可由辛格式 (1.2.22)~(1.2.24) 得到正则方程 (1.2.25) 的辛格式。

格式 18: 1 阶显式辛格式

$$q^{n+1} = q^n + \tau\frac{\partial}{\partial p}U(p^n), \quad Q^{n+1} = t_n + \tau = t_{n+1};$$

$$p^{n+1} = p^n - \tau\frac{\partial}{\partial q}V(q^{n+1}, t_{n+1})$$

和

$$p^{n+1} = p^n - \tau \frac{\partial}{\partial q} V(q^n, t_n);$$

$$q^{n+1} = q^n + \tau \frac{\partial}{\partial p} U(p^{n+1}), \quad Q^{n+1} = t_n + \tau = t_{n+1}。 \tag{1.2.26}$$

格式 19: 2 阶显式辛格式

$$x = q^n, \qquad\qquad y = p^n - \frac{\tau}{2} \frac{\partial}{\partial q} V(x, \xi),$$

$$\xi = t_n;$$
$$q^{n+1} = x + \tau \frac{\partial}{\partial p} U(y), \quad p^{n+1} = y - \frac{\tau}{2} \frac{\partial}{\partial q} V(q^{n+1}, t_{n+1})$$
$$Q^{n+1} = \xi + \tau = t_{n+1};$$

和

$$y = p^n; \qquad\qquad x = q^n + \frac{\tau}{2} \frac{\partial}{\partial p} U(y),$$
$$\xi = t_n + \frac{\tau}{2},$$
$$p^{n+1} = y - \tau \frac{\partial}{\partial q} V(x, \xi); \quad q^{n+1} = x + \frac{\tau}{2} \frac{\partial}{\partial p} U(p^{n+1}),$$
$$Q^{n+1} = \xi + \frac{\tau}{2} = t_{n+1}。 \tag{1.2.27}$$

格式 20: 4 阶显式辛格式

$$x_1 = q^n + c_1 \tau \frac{\partial}{\partial p} U(p^n), \qquad y_1 = p^n - d_1 \tau \frac{\partial}{\partial q} V(x_1, \xi_1),$$
$$\xi_1 = t_n + c_1 \tau;$$
$$x_2 = x_1 + c_2 \tau \frac{\partial}{\partial p} U(y_1), \qquad y_2 = y_1 - d_2 \tau \frac{\partial}{\partial q} V(x_2, \xi_2),$$
$$\xi_2 = \xi_1 + c_2 \tau;$$
$$x_3 = x_2 + c_3 \tau \frac{\partial}{\partial p} U(y_2), \qquad y_3 = y_2 - d_3 \tau \frac{\partial}{\partial q} V(x_3, \xi_3),$$
$$\xi_3 = \xi_2 + c_3 \tau;$$
$$q^{n+1} = x_3 + c_4 \tau \frac{\partial}{\partial p} U(y_3), \quad p^{n+1} = y_3 - d_4 \tau \frac{\partial}{\partial q} V(p^{n+1}, t_{n+1})$$
$$Q^{n+1} = \xi_3 + c_4 \tau = t_{n+1};$$

和

$$y_1 = p^n - c_1 \tau \frac{\partial}{\partial q} V(q^n, t_n); \quad x_1 = q^n + d_1 \tau \frac{\partial}{\partial p} U(y_1),$$
$$\eta_1 = t_n + d_1 \tau,$$
$$y_2 = y_1 - c_2 \tau \frac{\partial}{\partial q} V(x_1, \eta_1); \quad x_2 = x_1 + d_2 \tau \frac{\partial}{\partial p} U(y_2),$$
$$\eta_2 = \eta_1 + d_2 \tau,$$

$$y_3 = y_2 - c_3\tau\frac{\partial}{\partial q}V(x_2, \eta_2); \qquad x_3 = x_2 + d_3\tau\frac{\partial}{\partial p}U(y_3),$$

$$\eta_3 = \eta_2 + d_3\tau,$$

$$p^{n+1} = y_3 - c_4\tau\frac{\partial}{\partial q}V(x_3, \eta_3); \quad q^{n+1} = x_3 + d_4\tau\frac{\partial}{\partial p}U(p^{n+1}),$$

$$Q^{n+1} = \eta_3 + d_4\tau = t_{n+1}, \tag{1.2.28}$$

其中系数 c_j, d_j 同辛格式 (1.2.17) 中的。

1.2.4 显含时间可分线性 Hamilton 系统的辛格式

量子物理中还经常遇到显含时间的可分线性 Hamilton 系统。详言之, 含时 Schrödinger 方程的零边值初值问题离散成可分线性 Hamilton 系统 ——Hamilton 函数

$$H(q, p, t) = V(q, t) + U(p, t) = \frac{1}{2}q^{\mathrm{T}}H(t)q + \frac{1}{2}p^{\mathrm{T}}H(t)p, \quad H(t)^{\mathrm{T}} = H(t),$$

正则方程是

$$\frac{\mathrm{d}q}{\mathrm{d}t} = \frac{\partial U}{\partial p} = H(t)p, \quad \frac{\mathrm{d}p}{\mathrm{d}t} = -\frac{\partial V}{\partial q} = -H(t)q, \tag{1.2.29}$$

它的解保持模方守恒, 应该采用模方守恒的辛格式数值求解。含时 Schrödinger 方程的非零边值初值问题离散成显含时间可分线性 Hamilton 系统 ——Hamilton 函数

$$H(q, p, t) = V(q, t) + U(p, t),$$

$$V(q, t) = \frac{1}{2}q^{\mathrm{T}}H(t)q + Y_1(t)^{\mathrm{T}}q, \quad U(p, t) = \frac{1}{2}p^{\mathrm{T}}H(t)p + Y_2(t)^{\mathrm{T}}p,$$

正则方程是非齐的

$$\frac{\mathrm{d}q}{\mathrm{d}t} = \frac{\partial U}{\partial p} = H(t)p + Y_2(t), \quad \frac{\mathrm{d}p}{\mathrm{d}t} = -\frac{\partial V}{\partial q} = -H(t)q - Y_1(t)。 \tag{1.2.30}$$

正则方程 (1.2.29) 和正则方程 (1.2.30) 的辛格式可直接应用秦孟兆[12] 等提出的引进辅助正则坐标和辅助正则动量的方法, 由不显含时间可分 Hamilton 系统的辛格式而得到, 也可将一般显含时间可分 Hamilton 系统正则方程 (1.2.20) 的辛格式 (1.2.21)~(1.2.24) 经特殊化而得到。下面列出量子物理中常用的一些辛格式。

对含时 Schrödinger 方程零边值初值问题离散成的正则方程 (1.2.29), 如下。

格式 21: Euler 中点格式 ——2 阶模方守恒辛格式

$$q^{n+1} = q^n + \frac{\tau}{2}H\left(t_n + \frac{\tau}{2}\right)(p^n + p^{n+1})$$

$$p^{n+1} = p^n - \frac{\tau}{2}H\left(t_n + \frac{\tau}{2}\right)(q^n + q^{n+1})。 \tag{1.2.31}$$

格式 22: 2 步 2 阶 "模方守恒优化" 的显式辛格式[18,19]

$$u = q^n + \left(1 - \frac{1}{\sqrt{2}}\right)\tau H\left(t_n + \frac{\tau}{2}\right)p^n, \quad v = p^n - \frac{1}{\sqrt{2}}\tau H\left(t_n + \frac{\tau}{2}\right)u,$$

$$q^{n+1} = u + \frac{1}{\sqrt{2}}\tau H\left(t_n + \frac{\tau}{2}\right)v, \quad p^{n+1} = v - \left(1 - \frac{1}{\sqrt{2}}\right)\tau H\left(t_n + \frac{\tau}{2}\right)q^{n+1}。 \quad (1.2.32)$$

应用辛格式 (1.2.32) 计算离散波函数模方的局部误差是 $O(\tau^4)$, 较格式的局部误差高一阶。

格式 23: 4 步 4 阶显式辛格式

$$x_1 = q^n + c_1\tau H(t_n)p^n, \qquad y_1 = p^n - d_1\tau H(\xi_1)x_1,$$

$$\xi_1 = Q_1^n + c_1\tau = t_n + c_1\tau, \quad \eta_1 = P_2^n + d_1\tau = t_n + d_1\tau,$$

$$x_2 = x_1 + c_2\tau H(\eta_1)y_1, \qquad y_2 = y_1 - d_2\tau H(\xi_2)x_2,$$

$$\xi_2 = \xi_1 + c_2\tau, \qquad\qquad \eta_2 = \eta_1 + d_2\tau,$$

$$x_3 = x_2 + c_3\tau H(\eta_2)y_2, \qquad y_3 = y_2 - d_3\tau H(\xi_3)x_3,$$

$$\xi_3 = \xi_2 + c_3\tau, \qquad\qquad \eta_3 = \eta_2 + d_3\tau,$$

$$q^{n+1} = x_3 + c_4\tau H(\eta_3)y_3, \quad p^{n+1} = y_3 - d_4\tau H(t_{n+1})q^{n+1},$$

$$Q_1^{n+1} = \xi_3 + c_4\tau = t_{n+1}, \qquad P_2^{n+1} = \eta_3 + d_4\tau = t_{n+1}, \qquad (1.2.33)$$

这里 $\{x_j, y_j, \xi_j, \eta_j, j = 1,2,3\}$ 是中间变量; 刘晓艳 [14,18−20] 证明了, 如果系数 c_1, c_2, c_3, c_4 和 d_1, d_2, d_3, d_4 采用 Gray 等提出的 "半酉性" 格式的系数[17]

$$\begin{pmatrix} c_1 \\ c_2 \\ c_3 \\ c_4 \end{pmatrix} = \begin{pmatrix} 0.1118965355841512 \\ 0.7035015731785551 \\ -0.1465431690690314 \\ 0.3311450603063251 \end{pmatrix}, \begin{pmatrix} d_1 \\ d_2 \\ d_3 \\ d_4 \end{pmatrix} = \begin{pmatrix} 0.3311450603063251 \\ -0.1465431690690314 \\ 0.7035015731785551 \\ 0.1118965355841512 \end{pmatrix},$$

$$(1.2.34)$$

则这个显式辛格式是 "模方守恒优化" 的, 用它计算离散波函数模方的局部误差是 $O(\tau^6)$, 较格式的局部误差高 1 阶。也可采用辛格式 (1.2.17) 中的系数, 但计算离散波函数模方的误差是 $O(\tau^5)$ 与格式的误差同阶。

对含时 Schrödinger 方程非零边值初值问题离散成的非齐正则方程 (1.2.30), 应用秦孟兆[12] 等提出的引进辅助正则坐标和辅助正则动量的方法, 或者将一般显含时间可分 Hamilton 系统的辛格式特殊化 —— 将 Hamilton 函数 $H(q,p,t) = V(q,t) + U(p,t)$ 换成 $V(q,t) = \frac{1}{2}q^T H(t)q + Y_1(t)^T q$, $U(p,t) = \frac{1}{2}p^T H(t)p + Y_2(t)^T p$, 即可得到适用于非齐正则方程 (1.2.30) 的辛格式。

格式 24: Euler 中点格式 ——2 阶隐式辛格式

$$q^{n+1} = q^n + \tau \frac{\partial}{\partial p} U\left(\frac{p^{n+1} + p^n}{2}, t_n + \frac{\tau}{2}\right)$$

$$= q^n + \tau \left\{ H\left(t_n + \frac{\tau}{2}\right) \frac{p^{n+1} + p^n}{2} + Y_2\left(t_n + \frac{\tau}{2}\right) \right\},$$

$$p^{n+1} = p^n - \tau \frac{\partial}{\partial q} V\left(\frac{q^{n+1} + q^n}{2}, t_n + \frac{\tau}{2}\right)$$

$$= p^n - \tau \left\{ H(t_n + \frac{\tau}{2}) \frac{q^{n+1} + q^n}{2} + Y_1\left(t_n + \frac{\tau}{2}\right) \right\}. \tag{1.2.35}$$

格式 25: 1 阶显式辛格式

$$q^{n+1} = q^n + \tau \frac{\partial}{\partial p} U(p^n, t_n) = q^n + \tau \{H(t_n)p^n + Y_2(t_n)\},$$

$$p^{n+1} = p^n - \tau \frac{\partial}{\partial q} V(q^{n+1}, t_{n+1}) = p^n - \tau \{H(t_{n+1})q^{n+1} + Y_1(t_{n+1})\}. \tag{1.2.36}$$

格式 26: 2 阶显式辛格式

$$x = q^n; \; y = p^n - \frac{\tau}{2} \frac{\partial}{\partial q} V(x, t_n) = p^n - \frac{\tau}{2} \{H(t_n)x + Y_1(t_n)\},$$

$$q^{n+1} = x + \tau \frac{\partial}{\partial p} U\left(y, t_n + \frac{\tau}{2}\right) = x + \tau \left\{ H\left(t_n + \frac{\tau}{2}\right) y + Y_2(t_n + \frac{\tau}{2}) \right\};$$

$$p^{n+1} = y - \frac{\tau}{2} \frac{\partial}{\partial q} V(q^{n+1}, t_{n+1}) = y - \frac{\tau}{2} \{H(t_{n+1})q^{n+1} + Y_1(t_{n+1})\}. \tag{1.2.37}$$

格式 27: 4 阶显式辛格式

$$x_1 = q^n + c_1 \tau \frac{\partial}{\partial p} U(p^n, t_n) = q^n + c_1 \tau \{H(t_n)p^n + Y_2(t_n)\}, \quad \xi_1 = t_n + c_1 \tau;$$

$$y_1 = p^n - d_1 \tau \frac{\partial}{\partial q} V(x_1, \xi_1) = p^n - d_1 \tau \{H(\xi_1)x_1 + Y_1(\xi_1)\}, \quad \eta_1 = t_n + d_1 \tau;$$

$$x_2 = x_1 + c_2 \tau \frac{\partial}{\partial p} U(y_1, \eta_1) = x_1 + c_2 \tau \{H(\eta_1)y_1 + Y_2(\eta_1)\}, \quad \xi_2 = \xi_1 + c_2 \tau;$$

$$y_2 = y_1 - d_2 \tau \frac{\partial}{\partial q} V(x_2, \xi_2) = y_1 - d_2 \tau \{H(\xi_2)x_2 + Y_1(\xi_2)\}, \quad \eta_2 = \eta_1 + d_2 \tau;$$

$$x_3 = x_2 + c_3 \tau \frac{\partial}{\partial p} U(y_2, \eta_2) = q^n + c_3 \tau \{H(\eta_2)y_2 + Y_2(\eta_2)\}, \quad \xi_3 = \xi_2 + c_3 \tau;$$

$$y_3 = y_2 - d_3 \tau \frac{\partial}{\partial q} V(x_3, \xi_3) = y_2 - d_3 \tau \{H(\xi_3)x_3 + Y_1(\xi_3)\}, \quad \eta_3 = \eta_2 + d_3 \tau;$$

$$q^{n+1} = x_3 + c_4 \tau \frac{\partial}{\partial p} U(y_3, \eta_3) = x_3 + c_4 \tau \{H(\eta_3) y_3 + Y_2(\eta_3)\},$$

$$Q_1^{n+1} = \xi_3 + c_4 \tau = t_{n+1},$$

$$p^{n+1} = y_3 - d_4 \tau \frac{\partial}{\partial q} V(q^{n+1}, t_{n+1}) = y_3 - d_4 \tau \{H(t_{n+1}) q^{n+1} + Y_1(t_{n+1})\},$$

$$P_2^{n+1} = \eta_3 + d_4 \tau = t_{n+1}, \tag{1.2.38}$$

其中系数 c_j, d_j 同辛格式 (1.2.17) 中的。

本节的最后介绍更为特殊的显含时间可分线性 Hamilton 系统, Hamilton 函数

$$H(q, p) = \frac{1}{2} q^{\mathrm{T}} V(t) q + \frac{1}{2} p^{\mathrm{T}} U p, \tag{1.2.39}$$

其中 $U = U^{\mathrm{T}}$ 是不含时间实对称矩阵, $V(t) = V(t)^{\mathrm{T}}$ 是含时间实对称矩阵, Hamilton 正则方程是

$$\frac{\mathrm{d}q}{\mathrm{d}t} = Up, \quad \frac{\mathrm{d}p}{\mathrm{d}t} = -V(t)q。 \tag{1.2.40}$$

譬如 3.1 节中的一维定态 Schrödinger 方程 $-\frac{1}{2} \frac{\mathrm{d}^2 \psi}{\mathrm{d}x^2} + V(x)\psi = E\psi$, 令 $\frac{\mathrm{d}\psi}{\mathrm{d}t} = \varphi$, 转化成一维 Hamilton 正则方程

$$\frac{\mathrm{d}\psi}{\mathrm{d}x} = \frac{\partial H}{\partial \varphi} = \varphi, \quad \frac{\mathrm{d}\varphi}{\mathrm{d}x} = -\frac{\partial H}{\partial \psi} = -B(x)\psi, \tag{1.2.41}$$

其中 $B(x) = 2[E - V(x)]$。如前, 应用秦孟兆[12] 等提出的引进辅助正则坐标和辅助正则动量的方法, 或者将一般显含时间可分 Hamilton 系统特殊化即可得到适用于正则方程 (1.2.40) 的辛格式。

格式 28: Euler 中点格式 ——2 阶隐式辛格式

$$q^{n+1} = q^n + \frac{\tau}{2} U(p^{n+1} + p^n), \quad p^{n+1} = p^n - \frac{\tau}{2} V\left(t_n + \frac{\tau}{2}\right)(q^{n+1} + q^n)。 \tag{1.2.42}$$

格式 29: 1 阶显式辛格式

$$q^{n+1} = q^n + \tau U p^n, \quad p^{n+1} = p^n - \tau V(t_{n+1}) q^{n+1}$$

和

$$p^{n+1} = p^n - \tau V(t_n) q^n, \quad q^{n+1} = q^n + \tau U p^{n+1}。 \tag{1.2.43}$$

格式 30: 2 阶显式辛格式

$$x = q^n, \qquad\qquad y = p^n - \frac{\tau}{2} V(t_n) x,$$

$$q^{n+1} = x + \tau U y, \quad p^{n+1} = y - \frac{\tau}{2} V(t_{n+1}) q^{n+1}$$

和

$$x = p^n, \qquad\qquad y = q^n + \frac{\tau}{2}Ux,$$
$$p^{n+1} = x - \tau V\left(t_n + \frac{\tau}{2}\right)y, \quad q^{n+1} = y + \frac{\tau}{2}Up^{n+1}。 \qquad (1.2.44)$$

格式 31: 4 阶显式辛格式

$$x_1 = q^n + c_1\tau Up^n, \qquad\qquad y_1 = p^n - d_1\tau V(\xi_1)x_1,$$
$$\xi_1 = t_n + c_1\tau;$$
$$x_2 = x_1 + c_2\tau Uy_1, \qquad\qquad y_2 = y_1 - d_2\tau V(\xi_2)x_2,$$
$$\xi_2 = \xi_1 + c_2\tau;$$
$$x_3 = x_2 + c_3\tau Uy_2, \qquad\qquad y_3 = y_2 - d_3\tau V(\xi_3)x_3,$$
$$\xi_3 = \xi_2 + c_3\tau;$$
$$q^{n+1} = x_3 + c_4\tau Uy_3, \qquad\qquad p^{n+1} = y_3 - d_4\tau V(t_{n+1})p^{n+1}$$
$$Q^{n+1} = \xi_3 + c_4\tau = t_{n+1};$$

和

$$y_1 = p^n - c_1\tau V(t_n)q^n; \qquad x_1 = q^n + d_1\tau Uy_1,$$
$$\eta_1 = t_n + d_1\tau,$$
$$y_2 = y_1 - c_2\tau V(\eta_1)x_1; \qquad x_2 = x_1 + d_2\tau Uy_2,$$
$$\eta_2 = \eta_1 + d_2\tau,$$
$$y_3 = y_2 - c_3\tau V(\eta_2)x_2; \qquad x_3 = x_2 + d_3\tau Uy_3,$$
$$\eta_3 = \eta_2 + d_3\tau, \qquad\qquad (1.2.45)$$
$$p^{n+1} = y_3 - c_4\tau V(\eta_3)x_3; \qquad q^{n+1} = x_3 + d_4\tau Up^{n+1},$$
$$Q^{n+1} = \eta_3 + d_4\tau = t_{n+1},$$

其中系数 c_j, d_j 同辛格式 (1.2.17) 中的。

最后给出一个辛格式, 3.2 节中将应用它建立定态 Schrödinger 方程本征值问题的辛矩阵法。

格式 32: 1 阶显式辛格式

$$q^{n+1} = q^n + \tau Up^n, \qquad\qquad p^{n+1} = p^n - \tau V\left(t_n + \frac{\tau}{2}\right)q^{n+1}$$

和

$$p^{n+1} = p^n - \tau V\left(t_n + \frac{\tau}{2}\right)q^n, \quad q^{n+1} = q^n + \tau Up^{n+1}。 \qquad (1.2.46)$$

容易直接验证, 这个格式的变换矩阵是辛矩阵, 譬如, 后一个格式的变换矩阵

$$\begin{pmatrix} \dfrac{\partial p^{n+1}}{\partial p^n} & \dfrac{\partial p^{n+1}}{\partial q^n} \\[3mm] \dfrac{\partial q^{n+1}}{\partial p^n} & \dfrac{\partial q^{n+1}}{\partial q^n} \end{pmatrix} = \begin{pmatrix} 1 & -\tau V\left(t_n + \dfrac{\tau}{2}\right) \\[3mm] \tau U & 1 - \tau^2 UV\left(t_n + \dfrac{\tau}{2}\right) \end{pmatrix}$$

是辛矩阵；应用 $p(t_n + \tau)$ 和 $q(t_n + \tau)$ 以及 $V\left(t_n + \dfrac{\tau}{2}\right)$ 的 Taylor 展开式与格式比较，即可验证格式的局部误差是 $O(\tau^2)$，所以格式是 1 阶辛格式。

致谢

　　感谢中国科学院科学与工程计算国家重点实验室孙雅娟研究员，孙老师多次仔细审阅了第 1 章，对多处提出了宝贵的修改意见和建议。

参 考 文 献

[1] 冯康, 秦孟兆. 哈密尔顿系统的辛几何算法. 杭州: 浙江科学技术出版社, 2003.

[2] Ruth R D. A Canonical integration technique. IEEE Trans. Nuclear Science, 1983, NS-30: 2669–2671.

[3] Feng K. On difference schemes and symplectic geometry. Proc. of the 1984 Beijing Symposium on Differential Geometry and Differential Equations-Computation of Partial Differential Equations. Feng K ed. Beijing: Science Press, 1985, 42–58.

[4] Arnold V I. Mathematical Method of Classical Mechanics. New York: Springer, Verlag, 1978//В И 阿诺尔德. 经典力学的数学方法. 齐民友, 译. 北京: 高等教育出版社, 1992.

[5] Feng K, Wu H M, Qin M Z, Wang D L. Construction of canonical difference schemes for Hamiltonian formalism via generating functions. J. Comput. Math., 1989, 7 (1): 71–96.

[6] Feng K, Shang Z J. Volume-preserving algorithms for source-free dynamical systems. Numer. Math., 1995, 71:451–463.

[7] Qin M Z, Zhu W J. Volume-preserving schemes and numerical experiments、Computers Math. Apllic., 1993, 26:33–42.

[8] Feng K. Symplectic, contact and volume preserving algorithms//Shi Z C, shijima T U, ed. proc. fst China-Japan conf. on computation of differential equations and dynamical systems, pages 1-28. Singapore: World Scientific, 1993.

[9] Sanz-Serna J M, Calvo M P. Numerical Hamiltonian Problem. London: Chapman and Hall, 1994.

[10] Sun G. Symplectic partitioned Runge-Kutta methods. J. Comput. Math., 1993, 11: 365.

[11] Yoshida H. Construction of higher order symplectic integrators. Phys. Lett. A, 1990, 150: 262–268.

[12] Qin M Z. Symplectic schemes for nonautonomous Hamiltonian system. Acta Mathematicae Applicatae Sinica, 1996, 12 (3): 284–288.

[13] 秦孟兆. 辛几何及计算哈密顿力学. 力学与实践, 1990, 12(2): 1–20.

[14] 刘晓艳. 强激光与原子相互作用的保结构计算. 吉林大学原子与分子物理研究所博士学位论文, 2001.

[15] Zhou Z Y, Ding P Z, Pan S F. Study of a symplectic scheme for the time evolution of an atom in anexternal field. J. Korean Phys. Soc., 1998, 32: 417.

[16] Zhu W S, Zhao X S, Tang Y Q. Numerical methods with a high order of accuracy Applied in the quantum system. J. Chem. Phys., 1996, 104(6): 2275–2286.

[17] Gray S K, Manolopoulos D E. Symplectic integrators tailored to the time-dependent Schrödinger equation. J. Chem. Phys., 1996, 104(18): 7099–7112.

[18] 刘晓艳, 刘学深, 周忠源, 丁培柱. 量子系统显式辛格式的优化. Structure Preserving Algorithm and Its Applications–Proceedings of CCAST (World Laboratory) Workshop, 1999.

[19] Liu X Y, Hong J L, Ding P Z, Wang L J. Optimization of explicit symplectic schemes for time-dependent Schrödinger equations. Computers and mathematics with application, 2005, 50: 637–644.

[20] 刘晓艳, 刘学深, 周忠源, 丁培柱. 1 维强场模型研究中的非齐线性正则方程的辛算法. 计算物理, 2002, 19: 62–66.

第2章 分子系统经典轨迹的辛算法计算

分子动力学的理论研究有三种方法, 量子力学从头算方法、经典轨迹方法和量子 - 经典耦合方法。量子力学从头算方法理论上是精确的方法, 但目前只能应用于原子个数很少的分子系统。经典轨迹方法物理图像直观清晰, 数学处理简单可行, 能很好地描述分子系统微观反应和电离、解离等动力学过程, 给出反应速率和电离、解离几率分布等动力学参量, 至今仍然是理论研究分子系统广泛采用的有效方法。但是经典轨迹方法将反应系统中的原子核和电子看成经典粒子违背了量子力学中的测不准原理, 故而不能描述反应系统的量子效应, 如干涉效应、隧道贯穿等。人们将量子力学从头算方法与经典轨迹方法相结合建立了量子 - 经典耦合方法。基于经典理论的分子动力学经典轨迹方法, 将分子系统看成经典力学系统, 详言之, 若研究分子系统的电离、解离等动力学过程, 将分子系统中的电子和原子核看成电子间、原子核间、电子与核间的 Coulomb 作用和外场作用下的经典粒子, 这些电子和原子核的运动由 Newton 方程或 Hamilton 正则方程描述; 若研究微观反应, 则需要选取或计算出分子系统的电子势能函数, 将原子核看成电子势函数作用下的经典粒子, 这些原子核的运动由 Newton 方程或 Hamilton 正则方程描述。随机选取大量初态, 数值求解 Newton 方程或 Hamilton 正则方程的初值问题得到大量经典轨迹, 再经统计平均即可研究分子系统的存活、电离、解离、Coulomb 爆炸等动力学过程, 或者得到系统各成分的反应几率和反应速率等动力学参量。经典轨迹方法需要计算大量经典轨迹, 每条经典轨迹都需要进行长时间、多步数的计算, 如计算几千万步。此前经多年探索, 采用改进的高阶 R-K 方法 (Gear 方法) 将经典轨迹的理论计算从 10^{-15}s 推进到了 $10^{-12}\sim10^{-11}$s, 但是距分子动力学研究所需考虑的时间 ($10^{-9}\sim10^{-8}$s) 仍相差几个数量级, 致使数值结果常与实验和理论存在差异。辛算法保持分子系统经典运动的辛结构, 在长时间、多步数计算中和保持系统本质属性上较非辛算法表现出明显的优越性, 采用辛算法替代传统的非辛算法计算经典轨迹, 能够计算到分子动力学研究所需考虑的时间 10^{-9}s, 从根本上改进了经典轨迹方法。2.1 节与 2.2 节应用辛算法计算了具有 C_{2v} 对称性的 A_2B 模型分子和双原子分子 CO 的经典轨迹和总能量的时间演化, 并与 R-K 法进行了比较。2.3 节应用辛算法计算了激光场中双原子分子 CO 的 $X^1\Sigma$ 态的经典轨迹, 并讨论了振动和解离。2.4 节和 2.5 节分别介绍激光场中一维和三维氢分子离子基于经典理论的数值研究, 包括基态的选取, 经典轨迹的辛算法计算, 依据电离和解离判据做统计平均, 数值研究存活、电离、解离和 Coulomb 爆炸, 还数值研究了双色激光场中氢分子离子的动力学行为, 包括双色激光场的相对相位不同时电子和核的运动。2.6 节中, 以 2 粒子系统, 具有 C_{2v} 对称性的 3 粒子系统和氢分子离子系统为例, 介绍了质心坐标系中独立坐标的选取和约化质量的推导, 所采用的思路和方法可推广应用于其他经典粒子系统。

2.1　A₂B 模型分子经典轨迹的辛算法计算[1]

考虑 A₂B 模型分子体系在电子势能面上保持 C_{2v} 对称性的经典运动。设原子 A 与 B 的质量分别为 $m_1 = 1$ 和 $m_2 = 2$。在 A₂B 模型分子平面上以质心 O 为原点, 以对称轴 C_2 为 z 轴取定平面直角坐标系 yOz, 分别记两个 A 原子和 B 原子的坐标为 $A(y_1, z_1)$, $A(y_2, z_2)$ 和 $B(y_3, z_3)$。依据 2.6.2 节 (或采用 Banerjee[2] 的循环坐标分离法) 可求得 A₂B 模型分子独立的正则坐标

$$Q_1 = z_1 - 2z_3 + z_2, \quad Q_2 = y_1 - y_2, \qquad (2.1.1)$$

和相应的约化质量 (又称广义质量、正则质量)$M_1 = \dfrac{1}{4}$, $M_2 = \dfrac{1}{2}$, 正则坐标 Q_2 描述两个 A 原子间的振荡在 y 轴上的投影, Q_1 描述两个A 原子与 B 原子间的振荡在 z 轴上投影之和, 与 Q_1 和 Q_2 相应的共轭正则动量 $P_1 = \dfrac{1}{4}\dfrac{\partial Q_1}{\partial t}$, $P_2 = \dfrac{1}{2}\dfrac{\partial Q_2}{\partial t}$, A₂B模型分子体系的动能

$$K(P) = 2P_1^2 + P_2^2; \qquad (2.1.2)$$

电子势函数采用 Banerjee 等采用过的[2]

$$V(Q) = 5\pi^2\left(D - 5D + \frac{13}{2}\right) + \frac{4}{D} + \frac{\pi^2}{2}\left(|Q_2| - \frac{3}{2}\right)^2 + \frac{1}{|Q_2|}, \qquad (2.1.3)$$

其中 $D = (Q_1^2 + Q_2^2)^{1/2}$。所以 A₂B 模型分子体系的 Hamilton 函数

$$H(P, Q) = K(P) + V(Q), \qquad (2.1.4)$$

经典运动的正则方程为

$$\frac{\mathrm{d}P_1}{\mathrm{d}t} = -\frac{\partial V}{\partial Q_1} = -f_1(Q_1, Q_2), \quad \frac{\mathrm{d}Q_1}{\mathrm{d}t} = \frac{\partial K}{\partial P_1} = g_1(P_1, P_2),$$

$$\frac{\mathrm{d}P_2}{\mathrm{d}t} = -\frac{\partial V}{\partial Q_2} = -f_2(Q_1, Q_2), \quad \frac{\mathrm{d}Q_2}{\mathrm{d}t} = \frac{\partial K}{\partial P_2} = g_2(P_1, P_2), \qquad (2.1.5)$$

其中

$$f_1(Q_1, Q_2) = 5\pi^2 Q_1 \left(2 - \frac{5}{D}\right) - \frac{4Q_1}{D^3},$$

$$f_2(Q_1, Q_2) = 5\pi^2 Q_2 \left(2 - \frac{5}{D}\right) - \frac{4Q_2}{D^3} + \begin{cases} \pi^2 \left(Q_2 - \dfrac{3}{2}\right) - \dfrac{1}{Q_2^2}, & Q_2 > 0, \\ \pi^2 \left(Q_2 + \dfrac{3}{2}\right) + \dfrac{1}{Q_2^2}, & Q_2 < 0, \end{cases}$$

$$g_1(P_1, P_2) = 4P_1, \quad g_2(P_1, P_2) = 2P_2。$$

$$\text{(2.1.6)}$$

采用 Banerjee 等的初始条件[2]

$$Q_1 = 3, \quad Q_2 = \frac{3}{2}, \quad P_1 = 0, \quad P_2 = 0, \tag{2.1.7}$$

即 B 原子和两个 A 原子分别位于分子平面上的点 $(0, -3/4)$ 和 $(-3/4, 3/4)$, $(3/4, 3/4)$, 而初始速度为 0; 于是初始时刻的势能、动能和总能量分别是 50.192, 0.0 和 50.192a.u.。

　　体系的 Hamilton 函数 (2.1.4) 是可分的, 可采用 4 阶显式辛格式 (1.2.17) 与 4 阶 Runge-Kutta 法数值解初值问题 (2.1.5) 和 (2.1.7) 计算经典轨迹并进行比较。取步长 4.5×10^{-16}s, 经 1400 万步计算经典轨迹 $Q_1(t)$, $Q_2(t)$ 到 6.23×10^{-9}s, 转换成分子平面上的运动轨迹后绘制成图 2.1.1。图 2.1.1 中子图 (a)、(c)、(e) 和 (b)、(d)、(f) 分别是辛格式和 R-K 法的结果; 图 (a) 和 (b)、(c) 和 (d)、(e) 和 (f) 分别是 $10^6 \sim 10^6 + 10^3$ 步、$2 \times 10^6 \sim 2 \times 10^6 + 10^3$ 步、$1.4 \times 10^7 \sim 1.4 \times 10^7 + 10^3$ 步 A_2B 模型分子体系在分子平面上的运动轨迹。从理论上分析, A_2B 模型分子中的 B 原子和两个 A 原子做准周期振动, 周期性构型反转永无休止, 详细地说, 当 B 原子自最低点向上运动到最高点时, 两个 A 原子对称振荡着自上向下运动, 而后各自向相反的方向运动, B 原子和两个 A 原子同时经过 y 轴时 A_2B 模型分子发生构型反转。从图中可以看出, 辛算法的结果与理论分析一致; 而 R-K 法的结果则不然, A_2B 模型分子的振动范围不断缩小, 计算到 $2 \times 10^6 \sim 2 \times 10^6 + 10^3$ 步时不再发生构型反转, 计算到 $1.4 \times 10^7 \sim 1.4 \times 10^7 + 10^3$ 步时, B 原子和两个 A 原子各自在一个很小的范围振荡, 与理论分析不符, 不能正确描述 A_2B 模型分子的运动。这些结果显示, 辛算法保持 Hamilton 系统的辛结构, 是一种适于多步数, 长时间计算分子体系经典轨迹的方法, 采用辛算法替代传统的非辛算法计算经典轨迹可将计算推进到分子动力学研究所需的时间 10^{-9}s, 从根本上改进经典轨迹方法。图 2.1.2 是辛算法与 R-K 法算得的总能量的时间演化与比较, 计算到 6.23×10^{-9}s, 辛算法的结果与精确值符合得很好, R-K 法算得的总能量迅速减小。这是因为 R-K 法计算总能量时, 计算误差发生负向单向积累; 辛算法计算总能量时, 由于保持辛结构守恒, 避免了误差长时间单向 (正向或负向) 积累, 算得的总能量虽然不能保持精确守恒, 但在精确值附近振荡, 并且随着辛格式步长的减小, 振荡的振幅逐渐减小。2.5 节中应用 4 阶辛格式计算了三维氢分子离子的总能量, 将能量标度随步长减小而"放大"绘制成图 2.5.5。结果显示, 算得的总能量分布在精确值附近, 与精确值的误差随步长的减小而减小。所以, 对于给定的精度范围, 只要选取适当小的步长即可在给定的精度范围内保持总能量守恒。

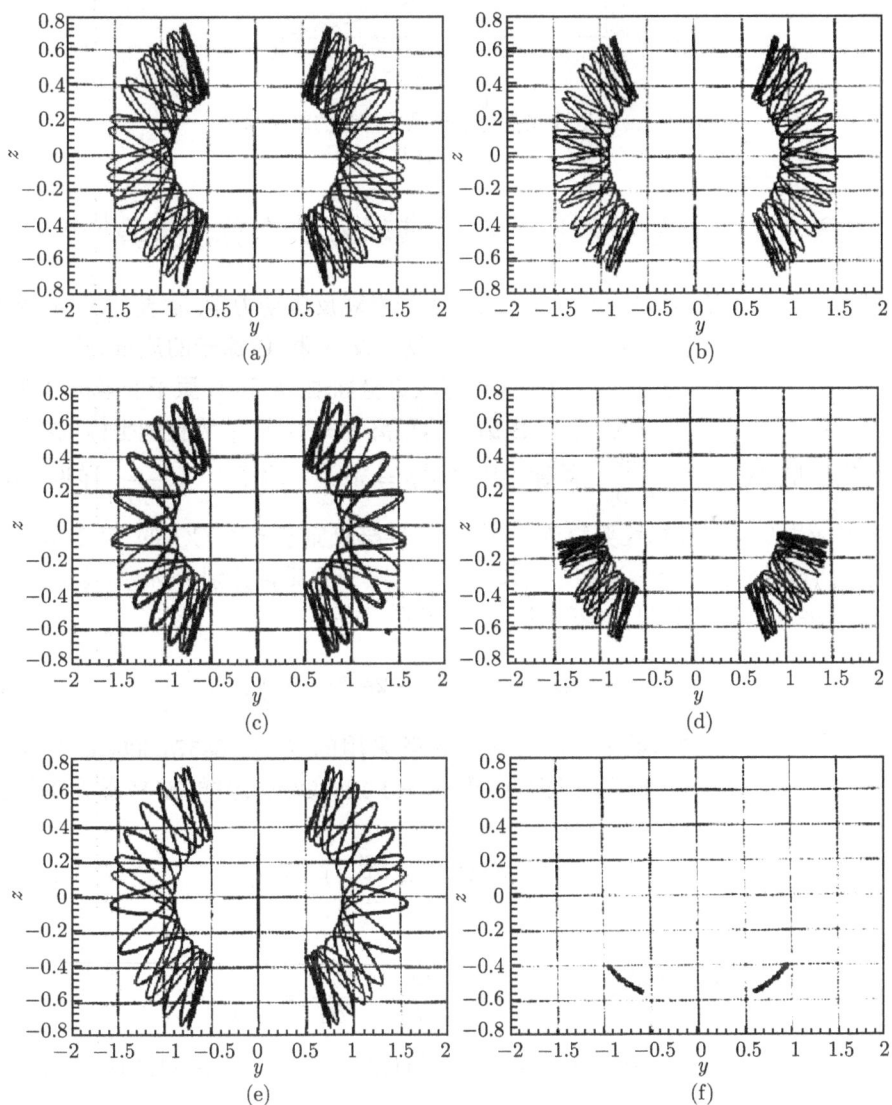

图 2.1.1　A₂B 模型分子体系在分子平面上的运动轨迹

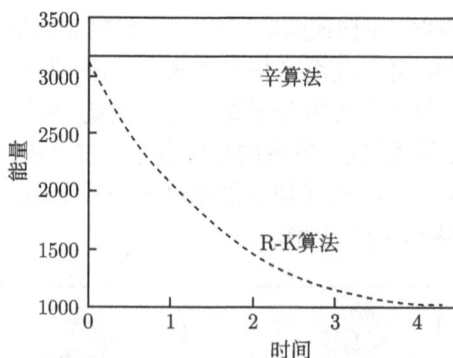

图 2.1.2　A$_2$B 模型分子体系总能量的时间演化

2.2　双原子分子反应系统经典轨迹的辛算法计算[3,4]

基于经典理论研究双原子分子系统 AB 的微观反应动力学, 需要计算 A 原子和 B 原子在电子势能面 (函数) 上的经典运动. 设 A 和 B 原子的质量分别为 m_1 和 m_2, 在 A 和 B 原子连线上以质心为原点取定坐标轴, A 和 B 原子的坐标分别为 x_1 与 $-x_2$, $m_1x_1 = m_2x_2$. 取 A 与 B 原子的距离 $q = x_1 + x_2$ 为正则坐标, 相应于 q 的约化质量 $M = \dfrac{m_1 m_2}{m_1 + m_2}$, 共轭正则动量 $p = M\dfrac{\mathrm{d}q}{\mathrm{d}t}$, 动能 $U = \dfrac{p^2}{2M}$, 详见 2.6.1 节. 下面应用辛算法计算经典轨迹, 数值研究异核双原子分子 CO 的 X$^1\Sigma$ 态在电子势能面 (函数) 上的经典运动. 已知 C 和 O 原子的质量分别为 $m_1 = 22036$a.u. 和 $m_2 = 29376$a.u., 电子势能函数取 Morse 势[5]

$$V(q) = -D\left\{\mathrm{e}^{-2a(q-q_\mathrm{e})} - 2\mathrm{e}^{-a(q-q_\mathrm{e})}\right\}, \tag{2.2.1}$$

Morse 势 (2.2.1) 中的参数取 E. Ley-Koo 等采用的 $D = 88575.905\mathrm{cm}^{-1}$, $a = 2.3423473$Å^{-1} 以及 C 与 O 的平衡核间距 $q_\mathrm{e} = 1.128323$Å. 这样, X$^1\Sigma$ 态 CO 的总能量

$$H(q,p) = U(p) + V(q) = \frac{p^2}{2M} + V(q), \tag{2.2.2}$$

经典运动的正则方程为

$$\frac{\mathrm{d}q}{\mathrm{d}t} = \frac{\partial H}{\partial p} = \frac{\partial U}{\partial p} = \frac{p}{M}, \quad \frac{\mathrm{d}p}{\mathrm{d}t} = -\frac{\partial H}{\partial q} = -\frac{\partial V}{\partial q}. \tag{2.2.3}$$

这是一个不显含时间的可分 Hamilton 系统, 可以应用显式辛格式 (1.2.14)~(1.2.17) 数值求解. 取初始状态

$$q(0) = q_e, \quad p(0) = \sqrt{2MD} - 0.01, \tag{2.2.4}$$

于是初始能量 $H(q(0), p(0)) = -8.001501 \times 10^{-5}$a.u.。下面应用 4 阶辛格式 (1.2.17) 和 4 阶 R-K 法，取步长 $\tau=0.005$a.u.，数值求解正则方程的初值问题 (2.2.3) 和 (2.2.4)，计算 $X^1\Sigma$ 态 CO 分子的经典轨迹，总能量、核间距的时间演化和 q-p 平面上的相轨道。计算结果绘制成图 2.2.1 和图 2.2.2。图 2.2.1(a)~(c) 和图 2.2.2(a)~(c) 分别是辛格式与 R-K 法计算的系统的总能量、核间距随时间的演化和 q-p 相平面上的相轨道。图 2.2.1 和图 2.2.2 显示，采用辛算法计算到 1×10^9 步时系统的总能量保持守恒，核间距做往复振荡，与理论分析和实验一致；R-K 法则不然，算得的总能量，核间距的振幅和振动周期都逐渐变小，q-p 相平面轨道沿 q 方向变扁，与实验和理论不符。图中只画到 10^6 步。这再次说明，应用辛算法计算双原子分子的经典轨迹是可靠的，可以计算到分子动力学研究所需的时间 10^{-9}s。

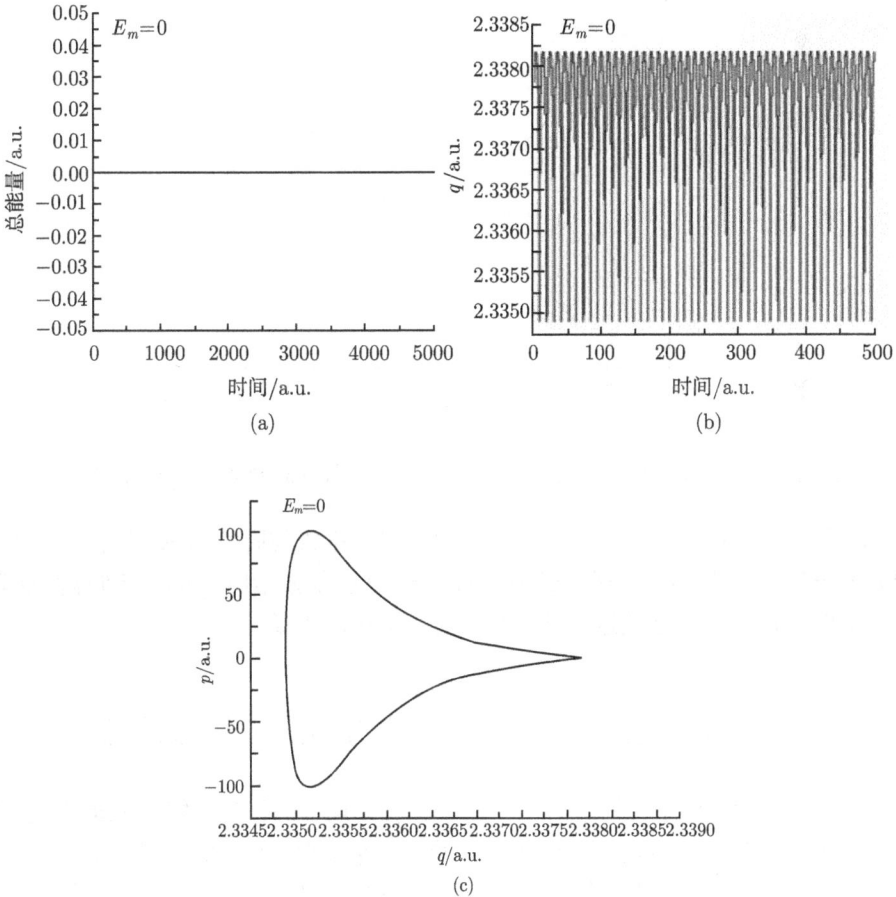

图 2.2.1 辛格式算得的无激光场时 CO 的 (a) 总能量, (b) 核间距, (c) q-p 相轨道

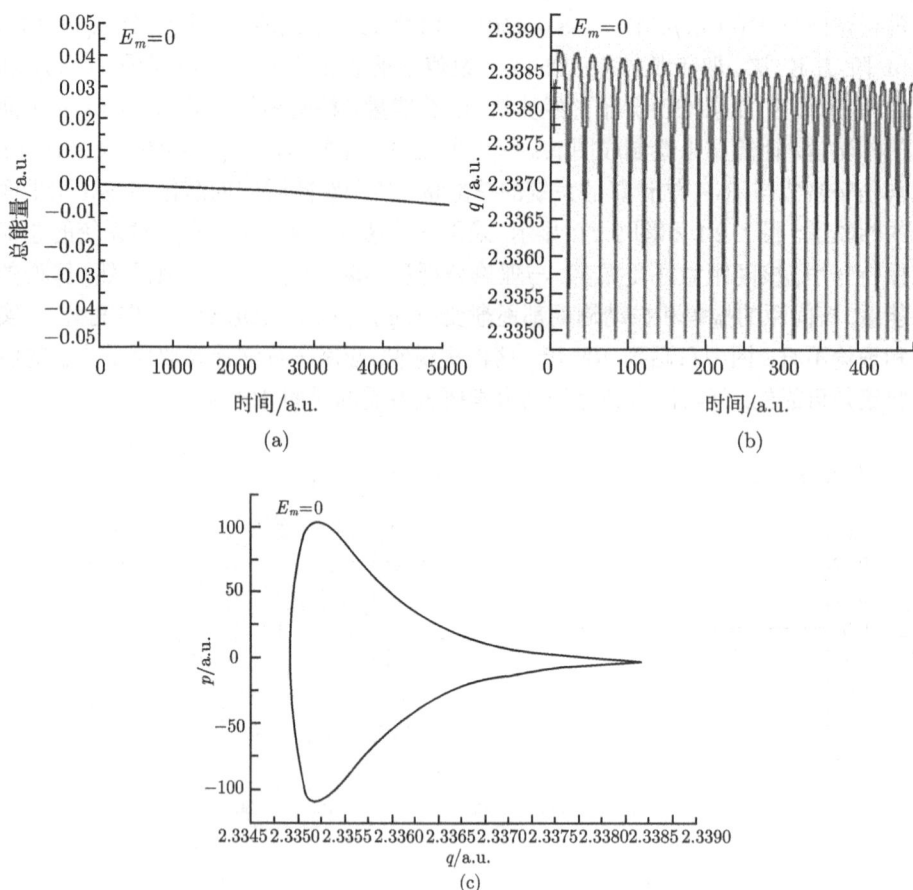

图 2.2.2　R-K 法算得的无激光场时 CO 的 (a) 总能量, (b) 核间距, (c) q-p 相轨道

石爱民等[3] 和匙玉华等[6-7] 分别应用显式辛格式与同阶 R-K 法计算了同核双原子分子 N_2 和异核双原子分子 HF 的经典轨迹, 都显示出辛算法较非辛算法有明显的优越性, 从根本上改进了分子系统的经典轨迹计算。

2.3　强激光场中双原子分子动力学的辛算法计算[8]

随着强激光技术的飞速发展, 研究分子在激光场中的行为, 譬如, 光解离, 已成为分子动力学研究中的热点课题。双原子分子是最简单、基本的分子体系, 激光场中双原子分子动力学的量子力学研究已有了很好的研究结果。本节计算激光场中 $X^1\Sigma$ 态 CO 的经典轨迹, 并讨论振动和解离。

例如, 2.2 节选取质心坐标系和正则坐标、约化质量与共轭正则动量, 电子势

能函数 $V(q)$ 取 Morse 势 (2.2.1)[5]。设时刻 $t=0$ 时引入电场方向沿着 C 原子和 O 原子连线的激光场 $\varepsilon(t) = E_m f(t) \sin(\omega_0 t)$，其中 $f(t) = \sin^2(\omega t)$ 是激光脉冲包络函数，$\omega = \dfrac{\omega_0}{10}$，$E_m$ 是激光场强，ω_0 是激光的频率；激光与 CO 的相互作用势是 $-\varepsilon(t)Q_e(q)q$，其中 $Q_e(q)$ 是 CO 的有效电荷[9]

$$Q_e(q) = \frac{\partial D(q)}{\partial q}, \quad D(q) = 0.4541q \exp[-0.0064q^4]。 \tag{2.3.1}$$

激光场 $\varepsilon(t)$ 中 CO 的总能量

$$H(q,p,t) = U(p) + V(q) - \varepsilon(t)Q_e(q)q, \tag{2.3.2}$$

其中动能 $U(p) = \dfrac{p^2}{2M}$，经典运动的正则方程为

$$\begin{aligned}
\frac{dq}{dt} &= \frac{\partial U(p)}{\partial q} = \frac{p}{M} = g(p), \\
\frac{dp}{dt} &= -\frac{\partial V(q)}{\partial q} + \varepsilon(t)q\frac{\partial Q_e(q)}{\partial q} + \varepsilon(t)Q_e(q) = f(q,t)。
\end{aligned} \tag{2.3.3}$$

由式 (2.3.2) 易见，激光场中的 CO 是一个形如式 (1.2.25) 的显含时间可分 Hamilton 系统，可以采用辛格式 (1.2.26)~(1.2.28) 数值求解，譬如，4 阶显式辛格式 (1.2.28)

$$\begin{aligned}
u_1 &= q^n + c_1\tau\frac{p^n}{M}, & v_1 &= p^n - d_1\tau f(u_1, t^1), \\
t^1 &= t_n + c_1\tau, \\
u_2 &= u_1 + c_2\tau\frac{v_1}{M}, & v_2 &= w_1 - d_1\tau f(u_2, t^2), \\
t^2 &= v_1 + c_2\tau, \\
u_3 &= u_2 + c_3\tau\frac{v_2}{M}, & v_3 &= w_2 - d_1\tau f(u_3, t^3), \\
t^3 &= v_2 + c_3\tau, \\
q^{n+1} &= u_3 + c_4\tau\frac{v_3}{M}, & p^{n+1} &= w_3 - d_4\tau f(q^{n+1}, t_{n+1}), \\
t^4 &= v_3 + c_4\tau = t_{n+1},
\end{aligned} \tag{2.3.4}$$

这里 $u_j, v_j, j = 1,2,3$ 是中间变量，格式的系数 (见式 (1.2.17))

$$c_1 = 0, \quad c_2 = c_4 = \alpha, \quad c_3 = \beta, \quad d_1 = d_4 = \alpha/2, \quad d_2 = d_3 = (\alpha+\beta)/2,$$

或

$$c_1 = c_4 = \alpha/2, \quad c_2 = c_3 = (\alpha+\beta)/2, \quad d_1 = d_3 = \alpha, \quad d_2 = \beta, \quad d_4 = 0,$$

其中 $\alpha = (2 - 2^{1/3})^{-1}$，$\beta = 1 - 2\alpha$。

下面如 2.2 节中, 取 CO 分子 Morse 势中的参数 $D = 88575.905\text{cm}^{-1}$, $a = 2.3423473\text{Å}^{-1}$, C 与 O 原子的平衡核间距 $q_e = 1.128323\text{Å}$, 初始状态

$$q(0) = q_e, \quad p(0) = \sqrt{2MD} - 0.01, \tag{2.3.5}$$

于是初始能量 $H(q(0), p(0)) = -8.001501 \times 10^{-5}\text{a.u.}$。取激光频率 $\omega_0 = 0.055\text{a.u.}$, 激光场强 E_m 分别取为 0.05a.u., 0.2a.u. 和 0.3a.u.。应用上述 4 阶显式辛格式 (2.3.4), 取时间步长 τ=0.005a.u., 数值求解正则方程的初值问题 (2.3.3) 和 (2.3.5), 计算激光场中 $X^1\Sigma$ 态 CO 分子的经典运动轨迹和总能量随时间的演化及场强为 0.3a.u. 时 q-p 相平面上的轨道, 计算到 10^5 步。计算结果绘制成图 2.3.1~ 图 2.3.4。

图 2.3.1(a) 和图 2.3.2(a) 显示, 在激光场场强较小时, 由于场强不足以将两个原子核分开, 分子中的两个原子做往复振荡, 但振荡的振幅随激光场强的增加而缓慢变大。图 2.3.1(b)、图 2.3.2(b) 显示, 系统总能量受激光场的作用不再守恒 —— 随激光场的振荡而相应变化。当激光场强增大到一定程度, 如 0.3a.u., CO 分子不再保持往复振荡, 在这个激光脉冲的后期, 核间距逐渐明显地变大, 最后趋于无穷, CO 分子解离, 如图 2.3.3(a) 所示; 图 2.3.3(b) 显示, 在激光场很强时, 系统的总能量更明显地随激光场变化; 图 2.3.4 显示, 相平面轨道也不再是闭合曲线, 并且在解离过程中, C 和 O 原子的相对运动速度大体上保持不变。

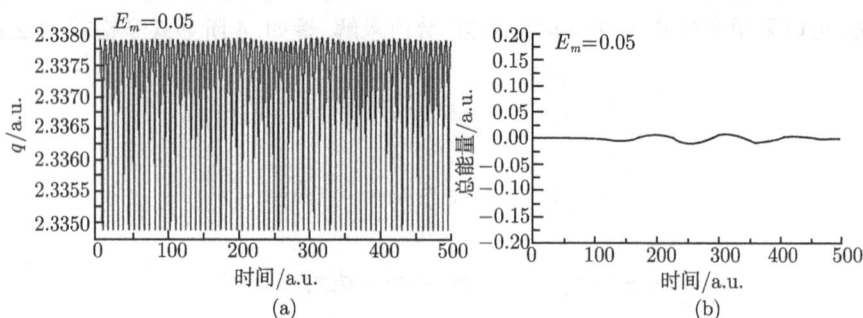

图 2.3.1　(a) 核间距和 (b) 总能量的时间演化 (E_m=0.05a.u.)

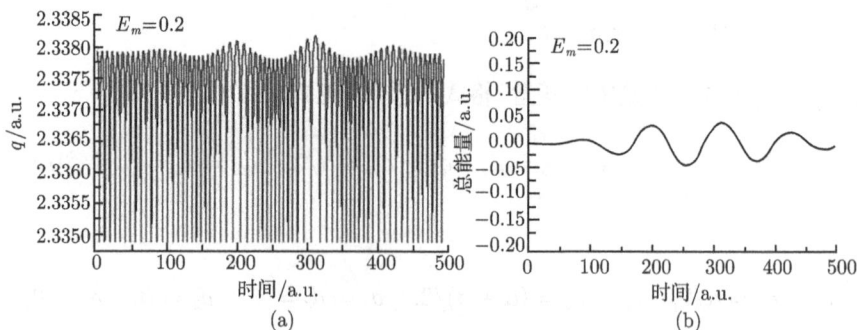

图 2.3.2　(a) 核间距和 (b) 总能量的时间演化 (E_m=0.2a.u.)

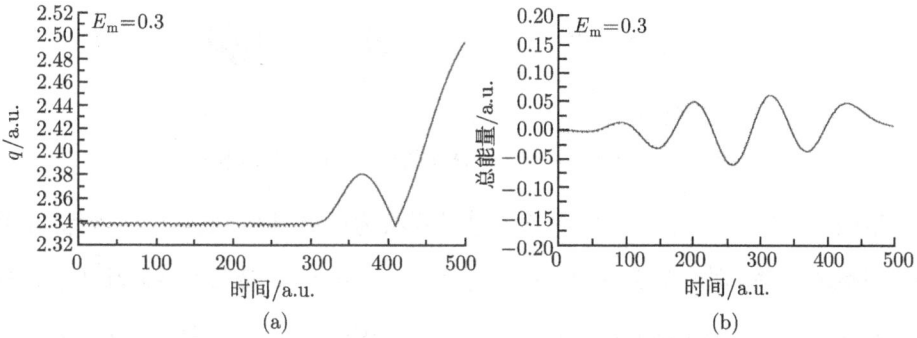

图 2.3.3　(a) 核间距和 (b) 总能量的时间演化 (E_m=0.3a.u.)

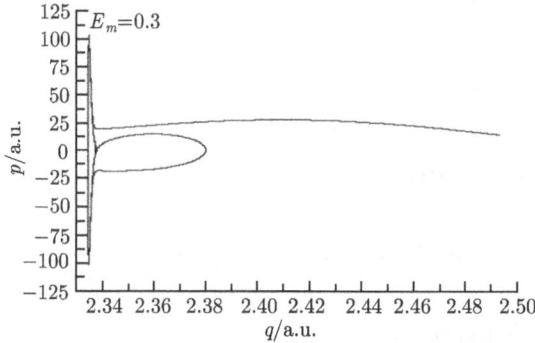

图 2.3.4　q-p 相空间中的轨道 (E_m=0.3a.u.)

2.4　激光场中一维共线氢分子离子 (H$_2^+$) 动力学的辛算法计算[8,10]

2.4.1　经典理论模型

随着强激光技术的飞速发展, 研究分子在激光场中的行为, 如光解离, 已成为分子动力学研究中的热点课题。H$_2^+$ 由一个电子和两个核组成, 每个核是一个质子, 电子在两个核的 Coulomb 引力场中运动, 两个核在相互的 Coulomb 斥力和电子的 Coulomb 引力下运动, 是一个稳定的三体 Coulomb 系统。H$_2^+$ 是最简单的分子系统, 已有准确的实验数据和精确的计算结果可资比较, 因此常用来作为理论研究的模型。假定氢核与电子的质量分别为 M 与 m, 激光场的电场方向沿着两个氢原子核连线的方向。因为电子在激光电场方向上受到的作用远大于其他方向, 所以电子与两个氢核共线的一维模型 (图 2.4.1) 能很好地描述激光场中氢分子离子的动力学行为, 本节数值研究激光场中一维共线氢分子离子的动力学。

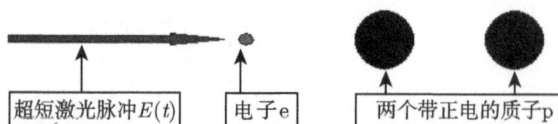

图 2.4.1　激光场中氢分子离子的一维共线模型示意图

取两个氢核的连线为 x 轴, 两个氢核的质心为原点, 记 x 是电子的坐标, R 是两个氢核的距离, 则两个氢核的坐标是 $\dfrac{R}{2}$ 和 $-\dfrac{R}{2}$, R 和 x 是此一维共线 H_2^+ 系统独立的正则坐标, 相应的共轭正则动量 $P = \mu_{\mathrm{p}}\dfrac{\mathrm{d}R}{\mathrm{d}t}$ 和 $p = \mu_{\mathrm{e}}\dfrac{\mathrm{d}x}{\mathrm{d}t}$, 其中约化质量 $\mu_{\mathrm{p}} = \dfrac{M}{2}$ 和 $\mu_{\mathrm{e}} = \dfrac{2Mm}{2M+m}$, 详见 2.6.3 节。于是激光场 $\varepsilon(t)$ 中一维共线 H_2^+ 系统的 Hamilton 函数

$$H\left(x, p; R, P; t\right) = \frac{P^2}{2\mu_{\mathrm{p}}} + \frac{p^2}{2\mu_{\mathrm{e}}} + V_c\left(x, R\right) + V_{\mathrm{ex}}\left(x, t\right), \tag{2.4.1}$$

其中 H_2^+ 系统的 Coulomb 相互作用势

$$V_c\left(x, R\right) = \frac{1}{R} - \frac{1}{|x - R/2|} - \frac{1}{|x + R/2|}, \tag{2.4.2}$$

激光场 $\varepsilon(t)$ 与 H_2^+ 的相互作用势

$$V_{\mathrm{ex}}(x, t) = -\sigma x \cdot E(x), \tag{2.4.3}$$

式中, $\sigma = \dfrac{2(M+m)}{2M+m}$ 是约化参数, 见 2.6.3 节。因为在一维共线模型下, Coulomb 势 (2.4.2) 有奇点, 数值积分发散, 并且电子不能越过氢核, 从而只能在两个氢核之间而不能电离或只能在两个氢核的一侧; 为克服这些困难, 人们采用屏蔽 Coulomb 势近似

$$V_{\mathrm{sc}}\left(x, R\right) = \frac{1}{R} - \frac{1}{\sqrt{\left(x - R/2\right)^2 + Q_{\mathrm{e}}}} - \frac{1}{\sqrt{\left(x + R/2\right)^2 + Q_{\mathrm{e}}}}, \tag{2.4.4}$$

其中 Q_{e} 为屏蔽参数, 一维 Coulomb 势的屏蔽参数 $Q_{\mathrm{e}}=1\mathrm{a.u.}$。这样, 激光场中一维共线模型氢分子离子系统的 Hamilton 正则方程为

$$\frac{\mathrm{d}x}{\mathrm{d}t} = \frac{p}{\mu_{\mathrm{e}}} = g_1(p), \quad \frac{\mathrm{d}p}{\mathrm{d}t} = -\frac{\partial V_{\mathrm{sc}}}{\partial x} - \frac{\partial V_{\mathrm{ex}}}{\partial x} = -f_1(x, R, t),$$

$$\frac{\mathrm{d}R}{\mathrm{d}t} = \frac{P}{\mu_{\mathrm{p}}} = g_2(P), \quad \frac{\mathrm{d}P}{\mathrm{d}t} = -\frac{\partial V_{\mathrm{sc}}}{\partial R} = -f_2(x, R, t). \tag{2.4.5}$$

任意给定初态 $(x(0), p(0), R(0), P(0))$, 数值求解正则方程 (2.4.5) 的初值问题, 就可以求得与该初态相应的电子坐标和核间距随时间的演化 $x(t)$ 和 $R(t)$, 以及电子总能量 $E_c(t)$。电子总能量有多种描述, 本节采用电子的补偿能[11]

$$E_c(t) = V_p + \frac{1}{2\mu_e} \left(\mu_e \frac{dx(t)}{dt} - \sigma \int_0^t E(t') dt' \right)^2, \tag{2.4.6}$$

其中电子受到两个原子核作用的 Coulomb 相互作用势

$$V_p(x, R) = -\frac{1}{\sqrt{(x - R/2)^2 + Q_e}} - \frac{1}{\sqrt{(x + R/2)^2 + Q_e}} = V_{sc}(x, R) - \frac{1}{R}。$$

在系统的演化过程中, 当电子的总能量 $E_c(t) > 0$ 时, 电子电离; 当两核间距 $R(t) > R_D = 10.0\text{a.u.}$[12]($R_D$ 是氢分子离子的最大核间距) 时, 两核解离。根据这两个判据, 一维共线 H_2^+ 系统在强激光脉冲作用下可能产生如下四种动力学过程 (通道):

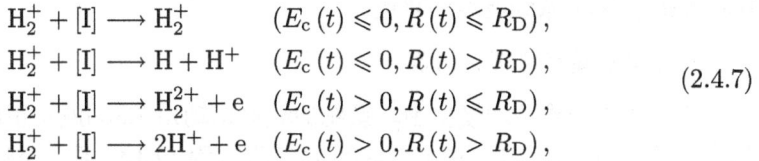

$$\begin{aligned}
H_2^+ + [\text{I}] &\longrightarrow H_2^+ & (E_c(t) \leqslant 0, R(t) \leqslant R_D),\\
H_2^+ + [\text{I}] &\longrightarrow H + H^+ & (E_c(t) \leqslant 0, R(t) > R_D),\\
H_2^+ + [\text{I}] &\longrightarrow H_2^{2+} + e & (E_c(t) > 0, R(t) \leqslant R_D),\\
H_2^+ + [\text{I}] &\longrightarrow 2H^+ + e & (E_c(t) > 0, R(t) > R_D),
\end{aligned} \tag{2.4.7}$$

其中 [I] 代表激光场的作用。将激光场中一维共线 H_2^+ 系统的上述四种动力学过程 (通道) 分别称为存活、解离、电离和 Coulomb 爆炸。

2.4.2 激光场中一维共线 H_2^+ 系统经典运动的辛算法计算

1. 初态的选取

激光场中一维共线 H_2^+ 系统的一个初态确定 H_2^+ 系统的一个经典运动。应用文献 [12] 和 [13] 中的方法选取初态: 无激光场时氢分子离子系统处于基态 —— 稳定平衡态, 所以取氢分子离子的基态能量 $E_0 = -0.60132\text{a.u.}$ 为初始能量, 取平衡核间距 $R^0 = 2.0\text{a.u.}$ 为初始核间距, 并令 $P(0) = P^0 = 0$, 再随机选取电子的 N 个初始位置 $x_i(0) = x_i^0 (i = 1, \cdots, N)$, 对电子的每个初始位置 $x_i(0) = x_i^0$, 利用无激光场时一维共线 H_2^+ 系统的 Hamilton 函数

$$H(x, p, R, P) = \frac{p^2}{2\mu_e} + \frac{P^2}{2\mu_p} + V_{sc}(x, R) = E_0,$$

可以计算得到对应于 x_i^0 和 R^0, P^0 的初始动量 $p_i(0) = p_i^0$。这样就得到 N 组初态

$$\{x_i^0, p_i^0, R_i^0 = R^0, P_i^0 = P^0 = 0;\ i = 1, 2, \cdots, N\}。$$

对于这 N 组初态中的每一个初态采用辛算法数值求解无激光场时一维共线 H_2^+ 系统的正则方程的初值问题

$$\frac{\mathrm{d}x}{\mathrm{d}t} = \frac{p}{\mu_e}, \quad \frac{\mathrm{d}p}{\mathrm{d}t} = -\frac{\partial V_{sc}}{\partial x},$$

$$\frac{\mathrm{d}R}{\mathrm{d}t} = \frac{P}{\mu_p}, \quad \frac{\mathrm{d}P}{\mathrm{d}t} = -\frac{\partial V_{sc}}{\partial R},$$

$$x(0) = x_i^0, \quad R(0) = R_i^0 = R^0, \quad p(0) = p_i^0, \quad P(0) = P_i^0 = P^0 = 0,$$

可得到相空间中的一条曲线 $S_i : (x_i(t), p_i(t), R_i(t), P_i(t))$；对应这 N 组初态就得到相空间中的 N 条曲线 $\{S_i : (x_i(t), p_i(t), R_i(t), P_i(t)); i = 1, 2, \cdots, N\}$。因为无外场时一维共线 H_2^+ 系统的演化过程保持能量守恒，在每一条曲线 S_i 上随机选取 M 个点作为激光脉冲与 H_2^+ 系统开始作用时的 M 个初态。这样就得到激光场中一维共线 H_2^+ 系统初始能量为 E_0 的 $NM = N \times M$ 个初态。数值求解激光场中一维共线 H_2^+ 系统正则方程 (2.4.5) 的 NM 个初值问题，便可得到激光场中一维共线 H_2^+ 系统的 NM 条经典运动轨迹。

2. 经典轨迹的辛算法计算

激光场中一维共线模型 H_2^+ 系统的经典运动由 Hamilton 正则方程 (2.4.5) 的初值问题描述。由于 V_{es} 中显含时间 t，正则方程 (2.4.5) 是一个形如式 (1.2.25) 的显含时间可分 Hamilton 系统的正则方程，计算激光场中一维共线 H_2^+ 系统的经典运动轨迹，应采用相应的显含时间可分 Hamilton 系统的辛格式 (1.2.26)~(1.2.28)，譬如，4 步 4 阶显式辛格式 (1.2.28)，具体到正则方程 (2.4.5) 则为

$$
\begin{cases}
u_1^1 = p^n - hc_1 f_1(x^n, R^n, t_n), \\
u_2^1 = P^n - hc_1 f_2(x^n, R^n, t_n),
\end{cases}
\qquad
\begin{cases}
v_1^1 = x^n + \tau d_1 g_1(u_1^1), \\
v_2^1 = R^n + \tau d_1 g_2(u_2^1), \\
t^1 = t_n + \tau d_1,
\end{cases}
$$

$$
\begin{cases}
u_1^2 = u_1^1 - hc_2 f_1(v_1^1, v_2^1, t^1), \\
u_2^2 = u_2^1 - hc_2 f_2(v_1^1, v_2^1, t^1),
\end{cases}
\qquad
\begin{cases}
v_1^2 = v_1^1 + \tau d_2 g_1(u_1^2), \\
v_2^2 = v_2^1 + \tau d_2 g_2(u_2^2), \\
t^2 = t^1 + \tau d_2
\end{cases}
$$

$$
\begin{cases}
u_1^3 = u_1^2 - hc_3 f_1(v_1^2, v_2^2, t^2), \\
u_2^3 = u_2^2 - hc_3 f_2(v_1^2, v_2^2, t^2),
\end{cases}
\qquad
\begin{cases}
v_1^3 = v_1^2 + \tau d_3 g_1(u_1^3), \\
v_2^3 = v_2^2 + \tau d_3 g_2(u_2^3), \\
t^3 = t^2 + \tau d_3,
\end{cases}
$$

$$
\begin{cases}
p^{n+1} = u_1^3 - hc_4 f_1(v_1^3, v_2^3, t^3), \\
P^{n+1} = u_2^3 - hc_4 f_2(v_1^3, v_2^3, t^3),
\end{cases}
\qquad
\begin{cases}
x^{n+1} = v_1^3 + \tau d_4 g_1(p^{n+1}), \\
R^{n+1} = v_2^3 + \tau d_4 g_2(P^{n+1}), \\
t_{n+1} = t^3 + \tau d_4 = t_n + \tau,
\end{cases}
$$

$$(2.4.8)$$

这里 u_i^j, v_i^j, $i = 1, 2$, $j = 1, 2, 3$ 是中间变量, 格式的系数见式 (1.2.17) 或式 (2.3.4)。

3. 激光场中一维共线模型 H$_2^+$ 系统的存活、解离、电离和 Coulomb 爆炸

设激光脉冲长度为 T_D, 取充分大的正整数 Z 和时间步长 $\tau = \dfrac{T_D}{Z}$, 记 $t_k = k\tau$, $k = 0, 1, 2, \cdots, Z$。应用上述显式辛格式 (2.4.8) 数值求解正则方程 (2.4.5) 的 NM 个初值问题即可算得激光场中一维共线模型 H$_2^+$ 系统初始能量为 E_0 的 NM 条经典轨迹。对每一个时刻 t_k, 按照判据 (2.4.7) 计算存活、解离、电离和 Coulomb 爆炸的经典轨迹数 $S_{\text{sur}}(t_k)$, $S_{\text{dis}}(t_k)$, $S_{\text{ion}}(t_k)$, $S_{\text{exp}}(t_k)$; 求算术平均, 便得到 t_k ($k = 1, \cdots, Z$) 时刻存活、解离、电离和 Coulomb 爆炸的几率分别为

$$P_{\text{s}}(t_k) = \frac{S_{\text{sur}}(t_k)}{NM}, \quad P_{\text{d}}(t_k) = \frac{S_{\text{dis}}(t_k)}{NM}, \quad P_{\text{i}}(t_k) = \frac{S_{\text{ion}}(t_k)}{NM}, \quad P_{\text{ex}}(t_k) = \frac{S_{\text{exp}}(t_k)}{NM},$$

进行数值拟合即可得到激光场中一维共线模型 H$_2^+$ 系统的存活、解离、电离和 Coulomb 爆炸的几率的时间演化曲线。

4. 数值结果与理论研究

计算中取激光场 $\varepsilon(t) = \varepsilon_0 f(t) \sin \omega_0 t$, 脉冲包络函数 (图 2.4.2)

$$f(t) = \begin{cases} \sin^2 \dfrac{\pi t}{20T} & 0 < t < T_D, \\ 0, & t \geqslant T_D, \end{cases}$$

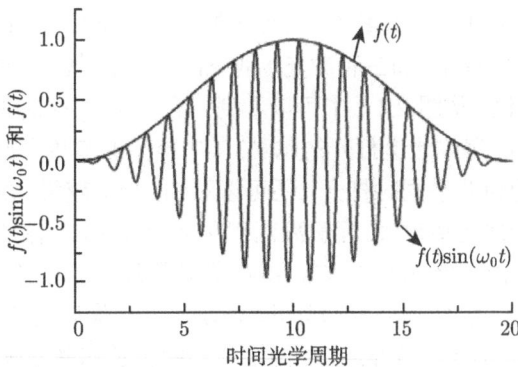

图 2.4.2 激光场 $\varepsilon(t) = \varepsilon_0 f(t) \sin \omega_0 t$

激光场强分别取 $\varepsilon_0 = 3.0 \times 10^{14} \text{W/cm}^2$, $5.0 \times 10^{14} \text{W/cm}^2$ 和 $7.0 \times 10^{14} \text{W/cm}^2$, 激光波长 λ 分别取 532nm($\omega_0 = 0.085605$a.u.) 和 300nm($\omega_0 = 0.0482706$a.u.), 激光脉冲长度 $T_D = 20T$, $T = \dfrac{2\pi}{\omega_0}$ 是激光的光学周期, 如 2.4.2 节所述, 取氢分子离子的基态

能量 $E_0 = -0.60132$a.u. 为初始能量, 取平衡核间距 $R^0 = 2.0$a.u. 为初始核间距, $N = 8$, $M = 500$, 采用 4 阶显式辛格式 (2.4.8), 取时间步长 $\tau = 0.005$a.u., 计算了激光场 $\varepsilon(t)$ 中一维共线 H_2^+ 系统的 $NM = 4000$ 条经典运动轨迹, 继而计算了存活、解离、电离和 Coulomb 爆炸的几率演化曲线, 结果绘制成图 2.4.3 和图 2.4.4。

图 2.4.3 显示, 在第 8~14 个光学周期的时间范围内, 核因为质量大、运动慢, 电子振荡着运动到远离原子核的地方, 当电子离两个核的距离大于 20a.u. 时发生电离 ($H_2^{2+} + e$); 在 14 个光学周期以后, 随着电子的电离, 两个核在 Coulomb 斥力作用下迅速分开, 发生 Coulomb 爆炸 ($2H^+ + e$), 或者迅速分开的两个核中的一个核 H^+ 靠近已电离的电子并俘获它而重新复合形成氢原子 (H), 发生解离 ($H + H^+$)。

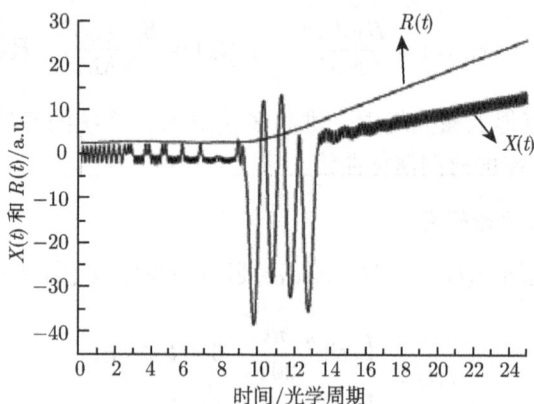

图 2.4.3　电子坐标和核间距随时间的变化

图 2.4.4 是激光场中一维共线 H_2^+ 在激光波长分别为 532nm($\omega_0 = 0.085605$a.u.)、300nm($\omega_0 = 0.0482706$a.u.) 和三种激光场强 ε_0 下存活、解离、电离和 Coulomb 爆炸几率随时间的演化。从图 2.4.4 中可以看到: 场强越强, 存活通道关闭的越早, 电离、解离和 Coulomb 爆炸通道打开的越早, 其中电离通道最早打开, 而后解离通道和 Coulomb 爆炸通道几乎同时打开。还可以看到, 场强越强, 存活几率越小, 电离几率和 Coulomb 爆炸几率越大, 而解离几率几乎没有变化。图 2.4.4 中还显示一个规律 —— 当电离几率达到峰值时 Coulomb 爆炸通道开始打开, 随后, 电离几率迅速下降, 最后趋于 0, 而 Coulomb 爆炸几率迅速上升, 最后达到几乎与电离几率同样的峰值, 之后保持不变。另外, 在相同场强不同波长的激光脉冲作用下, 电离通道几乎同时打开, 但波长越短, H_2^+ 寿命即 "电离通道存在的时间" 越长, 而解离和 Coulomb 爆炸通道打开的越晚。

上述数值结果启示我们, 可应用选取激光场强和控制激光脉冲与 H_2^+ 的作用时间的方法来获得高价 H_2^{2+} 或获得 H 和 H^+。譬如, 对激光场强 $I = 7.0 \times 10^{14}$W/cm², 波长 $\lambda = 532$nm($\omega_0 = 0.085605$a.u.), 作用时间取 11 个光学周期, 即可得到大量的

H$_2^{2+}$；取时间为 14 个光学周期, 则可得到大量的 H$^+$。另外由于激光脉冲的波长对于电离几率的影响, 波长越短, H$_2^{2+}$ 的寿命越长, 因此可以采用较短波长的激光脉冲来获得高价 H$_2^{2+}$；而需要较早地获得较多的 H 和 H$^+$, 则建议采用较长波长的激光脉冲。

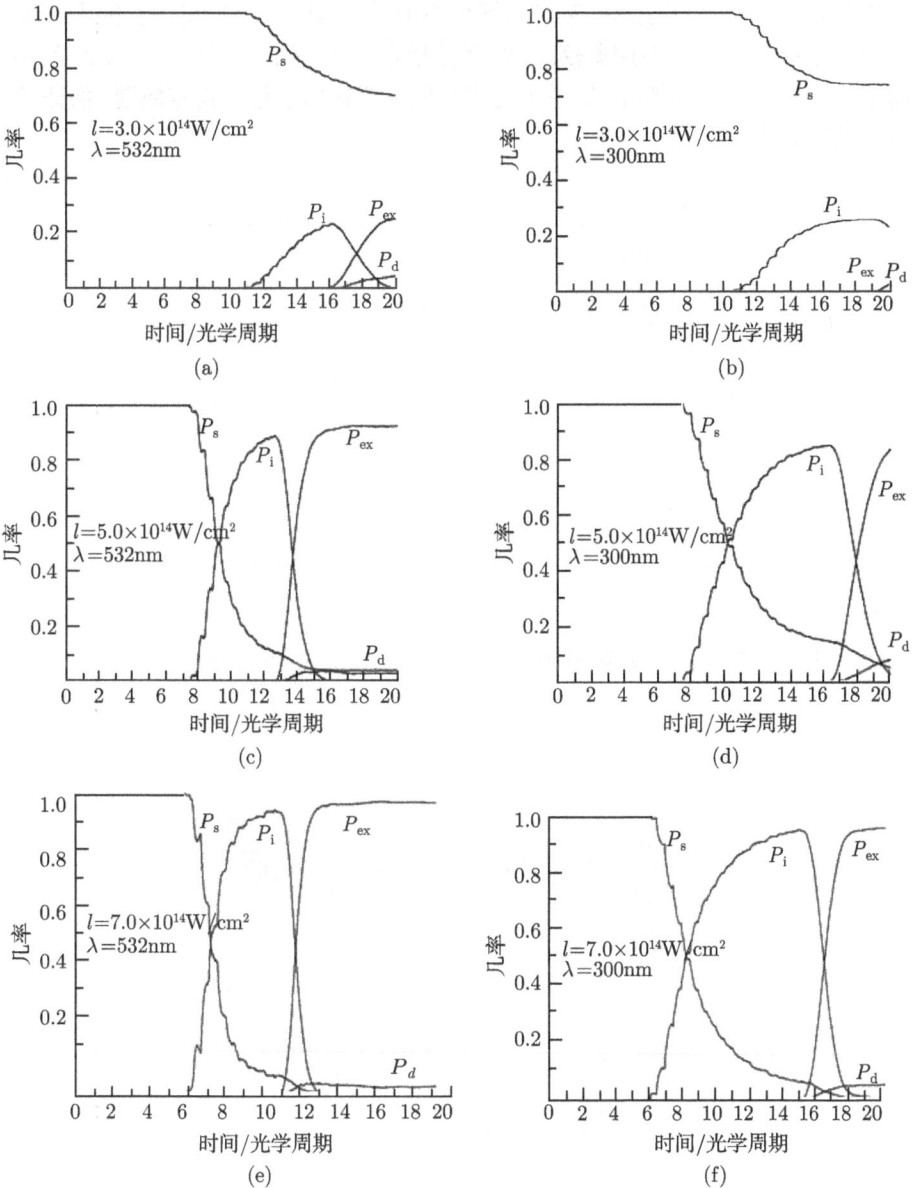

图 2.4.4　不同场强、不同波长的激光场中一维共线 H$_2^+$ 的存活几率 P_s、解离几率 P_d、电离几率 P_i、Coulomb 爆炸几率 P_{ex} 随时间的演化

本节最后, 取初始能量 $E_0 = -0.78$a.u., 初始核间距 $R^0 = 2.5$a.u., 按照 2.4.2 节中的方法, 采用前面所述步长和辛格式计算无激光场时一维共线 H_2^+ 的总能量和电子位置与核间距的时间演化, 结果如图 2.4.5 和图 2.4.6 所示。图 2.4.5 显示, R-K 法算得的无激光场时一维共线 H_2^+ 的总能量逐渐减小, 与理论不符, 而辛格式算得的总能量守恒。图 2.4.6 显示, 辛格式算得的无激光场时一维共线 H_2^+ 的电子和核在各自的平衡位置附近周期振荡, 系统保持稳定。这些结果说明, 如 2.4.2 节那样, 应用辛算法计算和选取初态, 解决了初态选取中的初始能量不稳定问题, 保证了计算结果的可靠性。

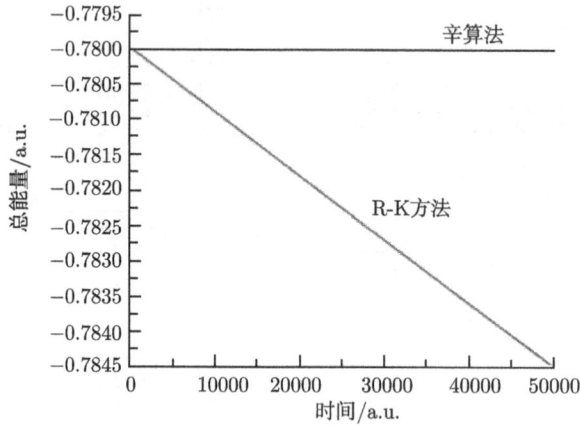

图 2.4.5　无激光场时一维共线 H_2^+ 的总能量的时间演化

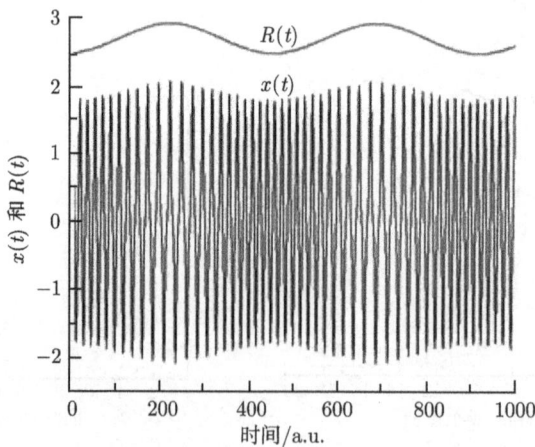

图 2.4.6　无激光场时一维共线 H_2^+ 的电子与核间距的时间演化

2.4.3 双色激光场中一维共线 H$_2^+$ 的动力学行为

应用 2.4.2 节中的方法, 数值研究添加强度比 $\frac{1}{2}$ 的 2 倍频光的双色激光场

$$\varepsilon(t) = \varepsilon_0 f(t) \left[\cos(\omega t) + \frac{1}{2}\cos(2\omega t + \phi) \right]$$

中一维共线 H$_2^+$ 的动力学过程, 激光脉冲包络函数 $f(t)$, 激光场强 ε_0, 激光波长 λ(频率 ω_0) 和激光脉冲长度 T_D, 初始能量 E_0 和初始核间距 R_0, 辛格式和步长, 都与 2.4.2 节中的相同, 计算双色激光场 $\varepsilon(t)$ 中一维共线 H$_2^+$ 系统的存活、解离、电离和 Coulomb 爆炸几率随时间的演化, 双色场的相对相位 ϕ 不同 $\left(\phi=0 \text{与} \phi=\frac{\pi}{2}\right)$ 时的影响, 还与单色场中的结果进行比较, 部分结果绘制成图 2.4.7 和图 2.4.8。

图 2.4.7 是激光场强 ε_0 =3.0×10^{14}W/cm^2, 波长 λ =532nm($\omega = 0.085605$a.u.), 相位 $\phi = 0$ 和 $\phi = \frac{\pi}{2}$ 的双色激光场中一维共线 H$_2^+$ 的存活几率 P_s、电离几率 P_i、解离几率 P_d、Coulomb 爆炸几率 P_{ex} 的时间演化。从图 2.4.7 看出, 在激光场强相同、波长相同, 相对相位不同的双色激光场中, 一维共线 H$_2^+$ 的动力学行为没有明显的不同; 与具有相同激光场强、相同波长的单色激光场中的动力学行为 (图 2.4.4) 相比较, 双色场中的存活、电离、解离和 Coulomb 爆炸通道打开的时间提前了很多, 电离、解离和 Coulomb 爆炸几率也增大了很多。因此, 可以得出这样的结论: 利用较低强度的双色激光场来代替较高强度的单色激光场可以得到相同数量的电离、解离产物, 而各产物的产量与相对相位的改变无关。

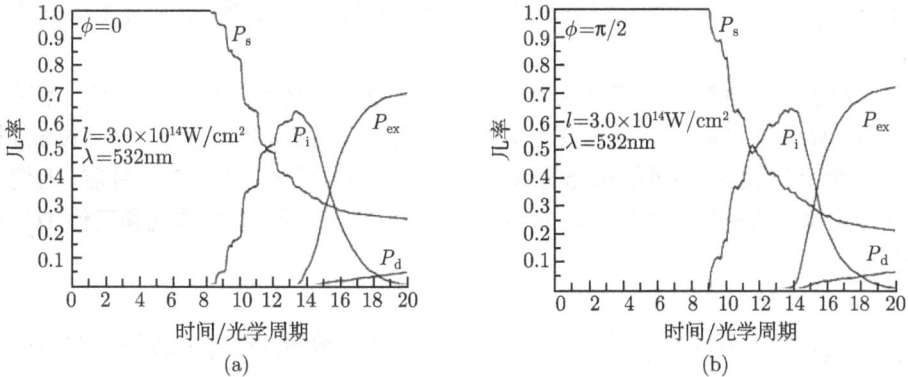

(a)

(b)

图 2.4.7 $\varepsilon_0 = 3.0 \times 10^{14}$W/cm^2, 波长 λ =532nm 的双色激光场中一维共线 H$_2^+$ 的存活几率 P_s、电离几率 P_i、解离几率 P_d、Coulomb 爆炸几率 P_{ex} 的时间演化

图 2.4.8 绘制了双色激光场中相对相位 $\phi = 0$ 与 $\phi = \frac{\pi}{2}$ 时一维共线 H$_2^+$ 的电子位移的平均值

$$\langle x(t) \rangle = \frac{1}{MN} \sum_{k=1}^{MN} x_k(t)$$

的时间演化, 上式中的 $x_k(t)$ 是取第 k 组初态时数值求解正则方程的初值问题算得的经典轨迹中的 $x(t)$。从图 2.4.8 中可以看出, 相对相位不同时, 电子位移的平均值的变化方向和大小差别很大 —— 当 $\phi = 0$ 时, 电子运动的平均趋势是沿着激光场的正方向, 离开初始位置的距离较小; 而当 $\phi = \dfrac{\pi}{2}$ 时, 电子运动的平均趋势沿着激光场的负方向, 离开初始位置的距离较大。

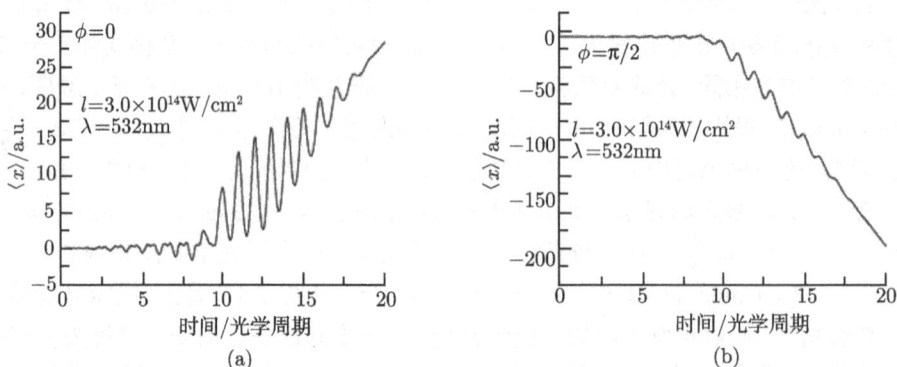

图 2.4.8   不同相对相位的双色激光场中一维共线 H_2^+ 的电子位移平均值的时间演化

上面这些结果与理论分析一致, 说明了应用一维共线模型研究激光场中氢分子离子动力学是合理的, 所得结论是正确可靠的; 2.5 节将应用辛算法数值研究激光场中三维氢分子离子的动力学, 得到的结果将进一步证明, 应用一维共线模型研究激光场中氢分子离子动力学是合理的, 所得结论是正确可靠的, 且程序简单计算量小。

应用上述经典轨迹的辛算法计算还可深入研究激光场中一维共线 H_2^+ 系统发生电离、解离与 Coulomb 爆炸等动力学过程的微观机制, 激光脉冲外形、波长 (频率)、位相, 以及添加各种倍频光的双色激光场对动力学过程的影响。目前, 人们已经将经典轨迹的辛算法计算推广应用于激光场中二维共面 H_2^+ 系统和三维 H_2^+ 系统[10]。

2.5   激光场中三维氢分子离子 (H_2^+) 系统的经典动力学 [14]

本节基于经典理论研究激光场中三维 H_2^+ 系统的动力学, 应用辛算法数值求解正则方程的初值问题, 计算经典轨迹, 数值研究 H_2^+ 的存活、电离、解离、Coulomb 爆炸等动力学过程。

图 2.5.1 中 a 和 b 表示氢原子核, 它们之间的距离是 R, a 和 b 分别在各自的平衡位置附近振荡; e 表示电子, 它在两核的 Coulomb 引力场中运动, 与 a 和 b 的距离分别为 r_a 和 r_b。

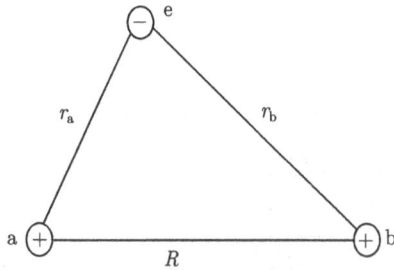

图 2.5.1　三维 H_2^+ 的示意图

2.5.1　激光场中三维氢分子离子 (H_2^+) 的经典理论模型

描述激光场中原子或分子系统的动力学过程时, 通常采用量子理论, 用波函数来描述系统的状态和研究动力学行为, 波函数的时间演化满足含时 Schrödinger 方程。含时 Schrödinger 方程是线性方程, 但不能分离变量, 虽然已经发展了许多近似理论模型和方法, 理论研究和数值求解激光场中多电子原子或多原子分子系统的含时 Schrödinger 方程仍然是非常复杂和困难的, 因此理论研究往往局限于单一价电子原子或单一电子的双原子分子离子 (视核间距为一常数), 如对氢分子离子的增强电离和解离性电离的研究。用经典理论描述激光场中的原子或分子, 将电子和原子核看作电子间、原子核间、电子与核间的 Coulomb 作用和外场作用下的经典粒子, 它们的运动由 Newton 方程或 Hamilton 正则方程描述, 物理图象直观清晰, 数学处理简单可行, 能很好地描述原子或分子系统的动力学过程, 至今仍然是理论研究中广泛采用的有效方法。经典理论将分子系统中的电子和原子核看成经典粒子违背了量子力学中的测不准原理, 故而不能描述反应体系的量子效应, 如干涉效应、隧道贯穿、能级间的跃迁及电子的能量交换等。

氢分子离子 H_2^+ 由一个电子和两个原子核组成, 设 m 和 M 分别是电子和原子核的质量。在 2.6.3 节中取两个核的质心为原点建立质心直角坐标系, 推导出了 H_2^+ 的约化质量和激光与 H_2^+ 相互作用势的约化参数。将 2.6.3 节中的质心坐标系简化, 选取两个核的连线为 x 轴, 则两个核沿着 x 轴运动并且以相等距离分布在质心两侧, 记两个核间的距离为 R, 则两个核的坐标为 $\left(\dfrac{R}{2},0,0\right)$ 和 $\left(-\dfrac{R}{2},0,0\right)$; 记电子的坐标为 (x,y,z), 于是 x, y, z 和 R 是三维 H_2^+ 在质心坐标系中的独立坐标, 约化质量 $\mu_e = \dfrac{2mM}{m+M}$, $\mu_p = \dfrac{M}{2}$, 共轭动量 $p_x = \mu_e \dfrac{\mathrm{d}x}{\mathrm{d}t}$, $p_y = \mu_e \dfrac{\mathrm{d}y}{\mathrm{d}t}$, $p_z = \mu_e \dfrac{\mathrm{d}z}{\mathrm{d}t}$, $P = \mu_p \dfrac{\mathrm{d}R}{\mathrm{d}t}$。

假定激光场 $\vec{\varepsilon}(t)$ 沿着三维 H_2^+ 系统的两个核的连线方向入射, 则 $\vec{\varepsilon}(t) = (\varepsilon(t), 0, 0)$。激光场中三维 H_2^+ 系统的运动由 4 个独立坐标 x, y, z, R 和对应的 4 个共轭

动量 p_x, p_y, p_z, P 描述, Hamilton 函数

$$H(x,y,z,R,p_x,p_y,p_z,P;t) = \frac{P^2}{\mu_{\mathrm{p}}} + \frac{p_x^2}{\mu_{\mathrm{e}}} + \frac{p_y^2}{\mu_{\mathrm{e}}} + \frac{p_z^2}{\mu_{\mathrm{e}}} + V_{\mathrm{c}}(x,y,z,R) + V_{\mathrm{ex}}(x,t), \quad (2.5.1)$$

其中三维 H_2^+ 系统的 Coulomb 相互作用势

$$V_{\mathrm{c}}(x,y,z,R) = \frac{1}{R} - \frac{1}{\sqrt{\left(x-\dfrac{R}{2}\right)^2 + y^2 + z^2}} - \frac{1}{\sqrt{\left(x+\dfrac{R}{2}\right)^2 + y^2 + z^2}}, \quad (2.5.2)$$

激光场与三维 H_2^+ 的相互作用势

$$V_{\mathrm{ex}}(x,t) = \sigma x \varepsilon(t), \quad \sigma = \frac{2(M+m)}{2M+m}, \quad (2.5.3)$$

式中, σ 是约化参数。像一维共线氢分子离子那样, 因为 Coulomb 势 $V_{\mathrm{c}}(x,y,z,R)$ 有奇点, 应用屏蔽 Coulomb 势近似[15]

$$V_{\mathrm{sc}}(x,y,z,R) = \frac{1}{R} - \frac{1}{\sqrt{\left(x-\dfrac{R}{2}\right)^2 + y^2 + z^2 + Q_{\mathrm{e}}}} - \frac{1}{\sqrt{\left(x+\dfrac{R}{2}\right)^2 + y^2 + z^2 + Q_{\mathrm{e}}}},$$

$$(2.5.4)$$

屏蔽 Coulomb 势中 Q_{e} 为屏蔽参数, 对三维氢分子离子, 取 Q_{e}=0.06a.u.[15]。图 2.5.2 是核间距 R 相同时 Coulomb 势 $V_{\mathrm{c}}(x,y,z,R)$ 与屏蔽 Coulomb 势 $V_{\mathrm{sc}}(x,y,z,R)$ 的比较, 从中可以看出, V_{sc} 与 V_{c} 的形状基本相同。

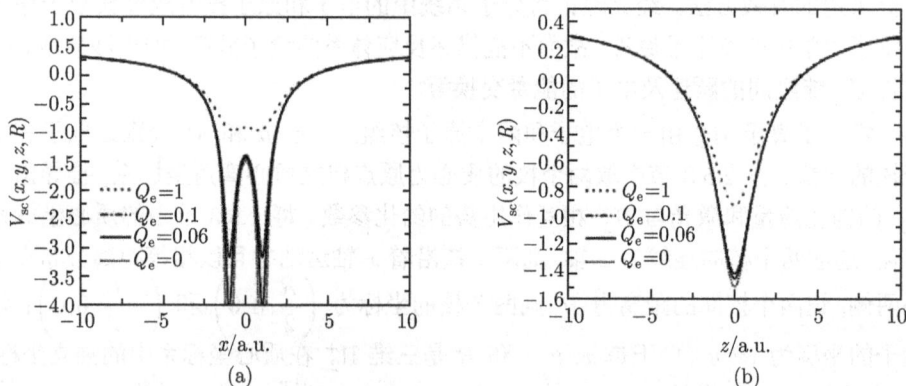

图 2.5.2　核间距 R=2a.u. 时 Coulomb 势 V_{c} 与屏蔽 Coulomb 势 V_{sc} 在 x 和 z 方向的比较

应用屏蔽 Coulomb 势近似, 激光场中三维 H_2^+ 系统的 Hamilton 函数

$$H(x,y,z,R,p_x,p_y,p_z,P;t) = \frac{P^2}{\mu_{\mathrm{p}}} + \frac{p_x^2}{\mu_{\mathrm{e}}} + \frac{p_y^2}{\mu_{\mathrm{e}}} + \frac{p_z^2}{\mu_{\mathrm{e}}} + V_{\mathrm{sc}}(x,y,z,R) + V_{\mathrm{ex}}(x,t), \quad (2.5.5)$$

Hamilton 正则方程为

$$\frac{\mathrm{d}x}{\mathrm{d}t} = \frac{p_x}{\mu_e} = g_1(p_x), \qquad \frac{\mathrm{d}p_x}{\mathrm{d}t} = -\frac{\partial V_{sc}}{\partial x} - \frac{\partial V_{ex}}{\partial x} = f_1(x,y,z,R,t),$$

$$\frac{\mathrm{d}y}{\mathrm{d}t} = \frac{p_y}{\mu_e} = g_2(p_y), \qquad \frac{\mathrm{d}p_y}{\mathrm{d}t} = -\frac{\partial V_{sc}}{\partial y} = f_2(x,y,z,R),$$

$$\frac{\mathrm{d}z}{\mathrm{d}t} = \frac{p_z}{\mu_e} = g_3(p_z), \qquad \frac{\mathrm{d}p_z}{\mathrm{d}t} = -\frac{\partial V_{sc}}{\partial z} = f_3(x,y,z,R), \qquad (2.5.6)$$

$$\frac{\mathrm{d}R}{\mathrm{d}t} = \frac{P}{\mu_p} = g_4(P), \qquad \frac{\mathrm{d}P}{\mathrm{d}t} = -\frac{\partial V_{sc}}{\partial R} = f_4(x,y,z,R)。$$

记 $\bar{x} = x$, $\bar{R} = (y,z,R)^T$, $\bar{p} = p_x$, $\bar{P} = (p_y,p_y,P)^T$, $g(\bar{p}) = g_1(p_x)$, $G(\bar{P}) = (g_2(p_y), g_3(p_z), g_4(P))^T$, $f(\bar{x},\bar{R},t) = f_1(x,y,z,R,t)$, $F(\bar{x},\bar{R}) = (f_2(x,y,z,R), f_3(x,y,z,R), f_4(x,y,z,R))^T$, 上述 Hamilton 正则方程简写成

$$\frac{\mathrm{d}\bar{x}}{\mathrm{d}t} = g(\bar{p}), \qquad \frac{\mathrm{d}p}{\mathrm{d}t} = f(\bar{x},\bar{R},t),$$

$$\frac{\mathrm{d}\bar{R}}{\mathrm{d}t} = G(\bar{P}), \qquad \frac{\mathrm{d}\bar{P}}{\mathrm{d}t} = F(\bar{x},\bar{R}), \qquad (2.5.7)$$

任意给定一个初始条件 $(x(0),y(0),z(0),R(0),p_x(0),p_y(0),p_z(0),P(0))$, 数值求解 Hamilton 正则方程 (2.5.7) 的初值问题就可算得与这个初始条件对应的电子坐标和核间距 $x(t)$, $y(t)$, $z(t)$, $R(t)$ 与共轭正则动量 $p_x(t)$, $p_y(t)$, $p_z(t)$, $P(t)$, 以及电子的总能量。

激光场中三维 H_2^+ 系统的 Hamilton 正则方程 (2.5.7) 正好是 1.2.3 节中形如式 (1.2.25) 的显含时间可分 Hamilton 系统正则方程, 可以应用辛格式 (1.2.26)~(1.2.28) 数值求解, 譬如, 4 步 4 阶显式辛格式 (1.2.28), 具体到正则方程 (2.5.7) 成为

$$\begin{cases} u_1^1 = \bar{p}^n - \tau c_1 f(\bar{x}^n, \bar{R}^n, t_n), \\ u_2^1 = \bar{P}^n - \tau c_1 F(\bar{x}^n, \bar{R}^n), \end{cases} \qquad \begin{cases} v_1^1 = \bar{x}^n + \tau d_1 g(u_1^1), \\ v_2^1 = \bar{R}^n + \tau d_1 G(u_2^1), \\ t^1 = t_n + \tau d_1, \end{cases}$$

$$\begin{cases} u_1^2 = u_1^1 - \tau c_2 f(v_1^1, v_2^1, t^1), \\ u_2^2 = u_2^1 - \tau c_2 F(v_1^1, v_2^1), \end{cases} \qquad \begin{cases} v_1^2 = v_1^1 + \tau d_2 g(u_1^2), \\ v_2^2 = v_2^1 + \tau d_2 G(u_2^2), \\ t^2 = t^1 + \tau d_2, \end{cases}$$

$$\begin{cases} u_1^3 = u_1^2 - \tau c_3 f(v_1^2, v_2^2, t^2), \\ u_2^3 = u_2^2 - \tau c_3 F(v_1^2, v_2^2), \end{cases} \qquad \begin{cases} v_1^3 = v_1^2 + \tau d_3 g(u_1^3), \\ v_2^3 = v_2^2 + \tau d_3 G(u_2^3), \\ t^3 = t^2 + \tau d_3, \end{cases} \qquad (2.5.8)$$

$$\begin{cases} \bar{p}^{n+1} = u_1^3 - \tau c_4 f(v_1^3, v_2^3, t^3), \\ \bar{P}^{n+1} = u_2^3 - \tau c_4 F(v_1^3, v_2^3), \end{cases} \qquad \begin{cases} \bar{x}^{n+1} = v_1^3 + \tau d_4 g(\bar{p}^{n+1}), \\ \bar{R}^{n+1} = v_2^3 + \tau d_4 G(\bar{P}^{n+1}), \\ t_{n+1} = t^3 + \tau d_4 = t_n + \tau, \end{cases}$$

这里 u_i^j, v_i^j, $i = 1, 2$, $j = 1, 2, 3$ 是中间变量, 格式的系数见式 (1.2.17) 或式 (2.3.4)。

2.5.2　初态的选取与辛算法计算

　　H_2^+ 系统的一个初态确定激光场中 H_2^+ 系统的一个经典运动。本节像 2.4.2 节那样采用文献 [12] 中的方法选取初态: 无激光场时氢分子离子系统处于基态 —— 稳定平衡态, 所以取 H_2^+ 的基态能量 $E_0 = -0.60132\mathrm{a.u.}$ 为初始能量, 取平衡核间距 $R^0 = 2.0\mathrm{a.u.}$ 为初始核间距, 取共轭正则动量 $P(0) = P^0 = 0$, 再随机选取电子的 N 组初始位置 $x_i(0) = x_i^0$, $y_i(0) = y_i^0$, $z_i(0) = z_i^0 (i = 1, \cdots, N)$, 然后通过无激光场时的 Hamilton 函数

$$H\left(x, y, z, R, p_x, p_y, p_z, P\right) = \frac{P^2}{2\mu_{\mathrm{p}}} + \frac{p_x^2}{2\mu_{\mathrm{e}}} + \frac{p_y^2}{2\mu_{\mathrm{e}}} + \frac{p_z^2}{2\mu_{\mathrm{e}}} + V_{\mathrm{sc}}\left(x, y, z, R\right) = -0.60132,$$

按比例 $p_{x_i}(0) : p_{y_i}(0) : p_{z_i}(0) = \sqrt{2} : 1 : 1$ 计算得到相应的 N 组初始动量 $p_{x_i}(0) = p_{x_i}^0$, $p_{y_i}(0) = p_{y_i}^0$, $p_{z_i}(0) = p_{z_i}^0 (i = 1, \cdots, N)$, 这就得到 N 组初态

$$\{x_i^0, y_i^0, z_i^0, R_i^0 = R^0, p_{x_i}^0, p_{y_i}^0, p_{z_i}^0, P_i^0 = P^0 = 0;\ i = 1, 2, \cdots, N\}。$$

对于这 N 组初态中的每一组初态 $\{x_i^0, y_i^0, z_i^0, R_i^0 = R^0, p_{x_i}^0, p_{y_i}^0, p_{z_i}^0, P_i^0 = P^0 = 0\}$, 采用辛算法数值求解无激光场时三维 H_2^+ 系统的正则方程

$$\begin{aligned}
\frac{\mathrm{d}x}{\mathrm{d}t} &= \frac{p_x}{\mu_{\mathrm{e}}}, & \frac{\mathrm{d}p_x}{\mathrm{d}t} &= -\frac{\partial V_{\mathrm{sc}}}{\partial x} \\
\frac{\mathrm{d}y}{\mathrm{d}t} &= \frac{p_y}{\mu_{\mathrm{e}}}, & \frac{\mathrm{d}p_y}{\mathrm{d}t} &= -\frac{\partial V_{\mathrm{sc}}}{\partial y} \\
\frac{\mathrm{d}z}{\mathrm{d}t} &= \frac{p_z}{\mu_{\mathrm{e}}}, & \frac{\mathrm{d}p_z}{\mathrm{d}t} &= -\frac{\partial V_{\mathrm{sc}}}{\partial z} \\
\frac{\mathrm{d}R}{\mathrm{d}t} &= \frac{P}{\mu_{\mathrm{p}}}, & \frac{\mathrm{d}P}{\mathrm{d}t} &= -\frac{\partial V_{\mathrm{sc}}}{\partial R}
\end{aligned}$$

的初值问题, 可得到相空间中的一条经典运动轨迹 S_i : $x_i(t)$, $y_i(t)$, $z_i(t)$, $R_i(t)$, $p_{x_i}(t)$, $p_{y_i}(t)$, $p_{z_i}(t)$, $P_i(t)$); 对应这 N 组初态就得到相空间中的 N 条经典运动轨迹。因为无激光场时 H_2^+ 系统的时间演化保持能量守恒, 在每一条经典运动轨迹 S_i 上 H_2^+ 系统的能量保持为 $E_0 = -0.60132\mathrm{a.u.}$。再在每一条经典运动轨迹 S_i 上随机选取 M 个点就得到 M 个初态。这样就得到激光场中三维 H_2^+ 系统初始能量为 $E_0 = -0.60132\mathrm{a.u.}$ 的 $NM = N \times M$ 个初态和正则方程的 NM 个初值问题, 应用辛算法数值求解便可得到激光场中三维 H_2^+ 系统的 NM 条经典运动轨迹。

　　图 2.5.3 是应用辛算法计算的无激光场时三维 H_2^+ 中电子的经典轨迹在 x 方向的投影和核间距 R 的经典轨迹, 从图中可看出, 它们分别在各自的平衡位置附近振荡, 系统保持稳定。应用辛算法算得的电子的经典轨迹在 y, z 方向的投影也在平

衡位置附近振荡。图 2.5.4 是应用辛算法与 R-K 法算得的无激光场时三维 H_2^+ 系统的总能量的时间演化, 应用 R-K 法算得的系统的总能量逐渐减小, 与理论不符; 而应用辛算法算得的系统的总能量守恒。图 2.5.5 中应用 4 阶辛格式和 5 个步长计算了三维 H_2^+ 的总能量, 图中的能量标度随步长减小而 "放大", 结果显示, 总能量分布在精确值附近, 与精确值的误差, 随步长的减小而减小。这是因为, 应用 R-K 法计算时, 误差不断地负向单向积累而导致系统总能量损失; 辛算法保持系统的辛结构守恒, 约束了能量误差的单向积累, 所以辛算法算得的总能量在精确值附近振荡, 并且随着辛格式步长的减小, 振荡的振幅减小, 对于给定的精度范围, 只要选取适当小的步长即可在给定的精度范围内保持总能量守恒。这再次说明如上应用辛算法选取初态可以克服初态选取中的初始能量不稳定问题, 保证计算结果的可靠性。

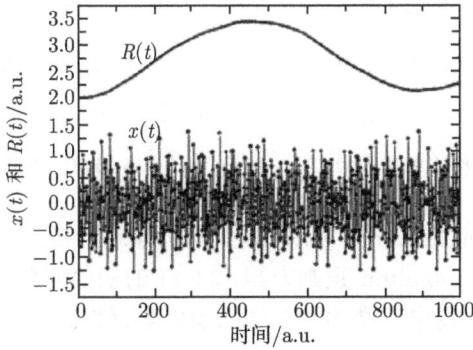

图 2.5.3 应用辛算法计算的无激光场时三维 H_2^+ 中电子的经典轨迹
在 x 方向的投影和核间距 R 的经典轨迹

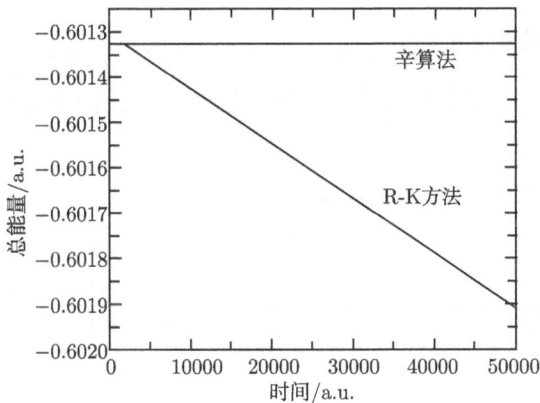

图 2.5.4 无激光场时三维 H_2^+ 的总能量的时间演化

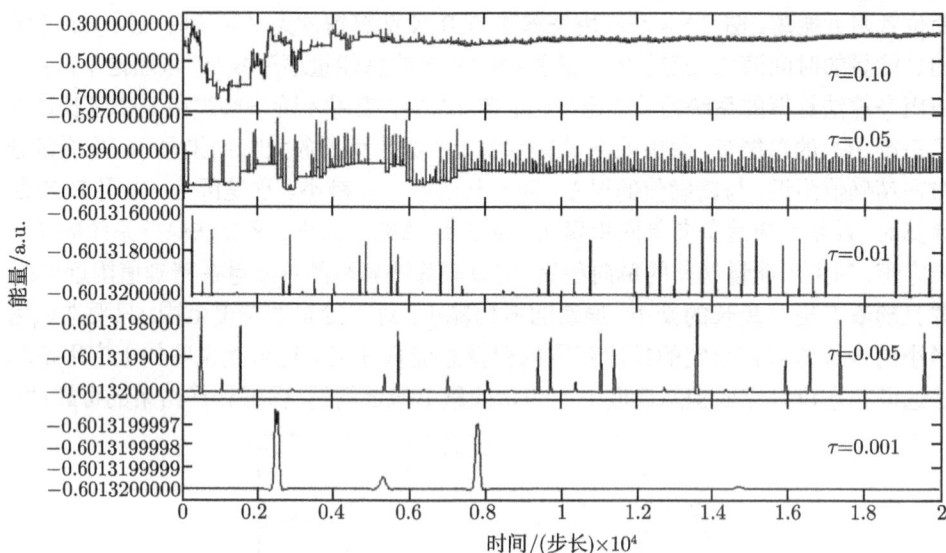

图 2.5.5   应用 4 阶辛格式和步长 0.10, 0.05, 0.01, 0.005, 0.001 计算的三维 H_2^+ 的总能量

像 2.4.2 节那样选取初态后, 应用 4 步 4 阶显式辛格式 (2.5.8) 数值求解激光场中三维 H_2^+ 系统的 Hamilton 正则方程 (2.5.7) 的初值问题, 计算经典轨迹, 经统计平均, 数值研究激光场中三维 H_2^+ 系统的动力学行为。

描述电子总能量有多种形式, 在 2.4 节中曾应用电子总能量的一种 —— 补偿能 (2.4.6) 作为判据, 数值研究了激光场中一维共线 H_2^+ 的存活、电离、解离、Coulomb 爆炸。下面将引进另一种形式的电子总能量

$$E_x(t) = \frac{p_x^2 + p_y^2 + p_z^2}{2\mu_e} - \frac{1}{\sqrt{\left(x - \dfrac{R}{2}\right)^2 + y^2 + z^2 + Q_e}} - \frac{1}{\sqrt{\left(x + \dfrac{R}{2}\right)^2 + y^2 + z^2 + Q_e}},$$

$$(2.5.9)$$

其中电子受两个原子核作用的 Coulomb 势

$$-\frac{1}{\sqrt{\left(x - \dfrac{R}{2}\right)^2 + y^2 + z^2 + q_e}} - \frac{1}{\sqrt{\left(x + \dfrac{R}{2}\right)^2 + y^2 + z^2 + q_e}} = V_{sc}(x, y, z, R) - \frac{1}{R}。$$

依据这个总能量建立电离和解离判据 —— 当电子的总能量 $E_x(t) > 0$ 时, 电子电离; 当核间距 $R(t) > R_D = 10.0 \text{a.u.}$ 时, 两核离解[14-15], 这里 R_D 是氢分子离子的最大核间距。故三维 H_2^+ 与激光脉冲相互作用可能发生下列四种结果 (通道), 分

别称为存活 (保持束缚状态)、电离、解离和 Coulomb 爆炸:

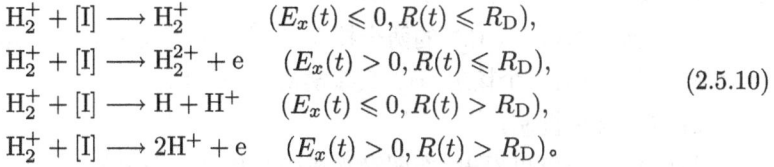

$$
\begin{aligned}
\mathrm{H}_2^+ + [\mathrm{I}] &\longrightarrow \mathrm{H}_2^+ & (E_x(t) \leqslant 0, R(t) \leqslant R_{\mathrm{D}}),\\
\mathrm{H}_2^+ + [\mathrm{I}] &\longrightarrow \mathrm{H}_2^{2+} + \mathrm{e} & (E_x(t) > 0, R(t) \leqslant R_{\mathrm{D}}),\\
\mathrm{H}_2^+ + [\mathrm{I}] &\longrightarrow \mathrm{H} + \mathrm{H}^+ & (E_x(t) \leqslant 0, R(t) > R_{\mathrm{D}}),\\
\mathrm{H}_2^+ + [\mathrm{I}] &\longrightarrow 2\mathrm{H}^+ + \mathrm{e} & (E_x(t) > 0, R(t) > R_{\mathrm{D}})。
\end{aligned}
\tag{2.5.10}
$$

电离是一个暂态过程, 随着电子电离, 两个核在 Coulomb 斥力作用下迅速分开, 发生 Coulomb 爆炸 —— 解离性电离; 或者在两个核迅速分开过程中, 一个核靠近已电离的电子并俘获它成为氢原子, 发生解离。

假设计算得到 NM 条经典轨迹。对每一个时刻 t_k, 按照判据 (2.5.10) 统计出存活、解离、电离和 Coulomb 爆炸的经典轨迹数 $S_{\mathrm{sur}}(t_k)$, $S_{\mathrm{dis}}(t_k)$, $S_{\mathrm{ion}}(t_k)$, $S_{\mathrm{exp}}(t_k)$, 求统计平均, 便得到 t_k 时刻存活、解离、电离和 Coulomb 爆炸的几率

$$
P_{\mathrm{s}}(t_k) = \frac{S_{\mathrm{sur}}(t_k)}{NM}, \quad P_{\mathrm{d}}(t_k) = \frac{S_{\mathrm{dis}}(t_k)}{NM}, \quad P_{\mathrm{i}}(t_k) = \frac{S_{\mathrm{ion}}(t_k)}{NM}, \quad P_{\mathrm{ex}}(t_k) = \frac{S_{\mathrm{exp}}(t_k)}{NM},
$$

将各个时刻 $t_k (k = 1, \cdots, Z)$ 的几率连接拟合便得到激光场中三维 H_2^+ 系统的存活、解离、电离和 Coulomb 爆炸几率的时间演化曲线。

本节数值计算中取时间步长 $\tau = 0.01$, 计算了 100000 条经典轨迹。

2.5.3 单色场中三维氢分子离子的动力学行为

本节数值研究单色激光场 $\varepsilon(t) = (\varepsilon(t), 0, 0)$ 中三维 H_2^+ 的动力学行为, $\varepsilon(t) = \varepsilon_0 f(t) \sin \omega_0 t$, ε_0 为激光场强, ω_0 为激光频率, 激光脉冲包络函数

$$
f(t) = \begin{cases} \sin^2 \dfrac{\pi t}{20 T_0}, & 0 < t < T_{\mathrm{d}}, \\ 0, & t \geqslant T_{\mathrm{d}}, \end{cases}
\tag{2.5.11}
$$

其中 $T_{\mathrm{d}} = 20 T_0$, $T_0 = \dfrac{2\pi}{\omega_0}$ 为激光的光学周期, 激光频率 $\omega_0 = 0.085605\,\mathrm{a.u.}$, 相应的波长 $\lambda = 532\mathrm{nm}$。取时间步长 $\tau = \dfrac{T_{\mathrm{d}}}{Z} = 0.01$, 时刻 $t_k = k\tau$, $k = 0, 1, 2, \cdots, Z$, 计算步数 $Z = 146794$。

首先计算了较弱激光场强 $\varepsilon_0 = 1.0 \times 10^{14} \mathrm{W/cm}^2$ 时的存活、解离、电离及Coulomb 爆炸几率的时间演化, 结果绘制成图 2.5.6。从图中可以看出, 电离通道首先打开, 之后解离和 Coulomb 爆炸通道相继打开。随着时间的推移, 解离几率比电离和 Coulomb 爆炸几率都大得多。这是因为, 无论激光场多么弱, 电子由于质量远小于核, 从激光场中吸收很少能量就能很快地离开而电离, 但在这么短的时间内两个核还来不及分开, 所以电离通道先打开。电子电离后, 两个核在 Coulomb 斥力作用下迅速分开, 其中一个核逐渐靠近已电离的电子并将其俘获而复合生成 H 原子, 另

一带正电的核在激光场作用下继续远离, 生成 H 和 H$^+$, 这称为 H$_2^+$ 系统的复合解离。所以激光场中的 H$_2^+$ 有两种解离机制.

(1) 直接解离机制。H$_2^+$ 的两个核在 Coulomb 斥力的作用下迅速分开, 此时电子还附着于其中的一个核上, H$_2^+$ 直接解离成 H 和 H$^+$。

(2) 复合解离机制。

从图 2.5.6 中可以看出, 在弱激光场中解离占主导地位。

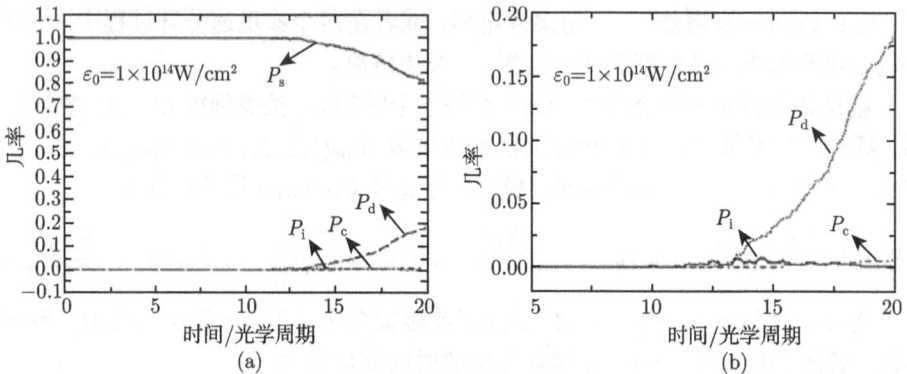

图 2.5.6　单色激光场中存活 (P_s)、解离 (P_d)、电离 (P_i) 和 Coulomb 爆炸 (P_c) 几率的时间演化, 波长 532nm, 激光场强 $\varepsilon_0 = 1.0 \times 10^{14} \text{W/cm}^2$ (a) 为各几率随时间的演化, (b) 为局部放大图

本节就四种激光场强还计算了激光场中三维 H$_2^+$ 的存活、解离、电离和 Coulomb 爆炸几率的时间演化, 绘制成图 2.5.7。从图 2.5.7 中可以看出, 电离通道最先打开, 当电离几率到达峰值时, 解离和 Coulomb 爆炸通道相继打开。之后电离几率迅速减少, 解离几率有轻微的增加, Coulomb 爆炸几率迅速增大, 且到达峰值后保持不变。如前所述, 质量很小的电子从激光场中获得能量迅速离开核而电离, 此时两个较重的核还来不及分开, 所以电离通道最先打开, 形成 H$_2^{2+}$, 电离几率随时间很快地增长。随后两个核在 Coulomb 斥力作用下迅速分开, 发生复合解离和 Coulomb 爆炸, 但是解离几率随着激光场强的增加变化不大。图 2.5.7 还显示, 激光场场强越大, 电离、解离和 Coulomb 爆炸通道打开得越早, 并且 Coulomb 爆炸的峰值略高于电离的峰值, 这是由于解离过程中产生的 H 原子在激光场作用下可能重新电离成 H$^+$ 和电子, 这将使 Coulomb 爆炸几率增大。在激光场与 H$_2^+$ 系统相互作用的过程中, 电离、解离和 Coulomb 爆炸轮流发生:

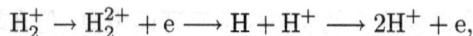

$$H_2^+ \rightarrow H_2^{2+} + e \longrightarrow H + H^+ \longrightarrow 2H^+ + e,$$

$$H_2^+ \longrightarrow H_2^{2+} + e \longrightarrow 2H^+ + e \longrightarrow H + H^+ \tag{2.5.12}$$

值得指出的是, 随着激光场强的增大, 解离几率略有减少。这是由于在强激光脉冲作用下两核分开而电子仍附着于其中一个核上的几率非常小, 因为两个核从激光场中获取能量而电子却没有从激光场中获得能量的几率很小。并且, 随着激光场强的增大, 两个核分开且电子附着于其中一个核的几率越来越小; 在三维模型中, 电子在全空间中运动, 氢原子中的电子离开核而电离的几率比一维模型大, 这也会降低解离几率。

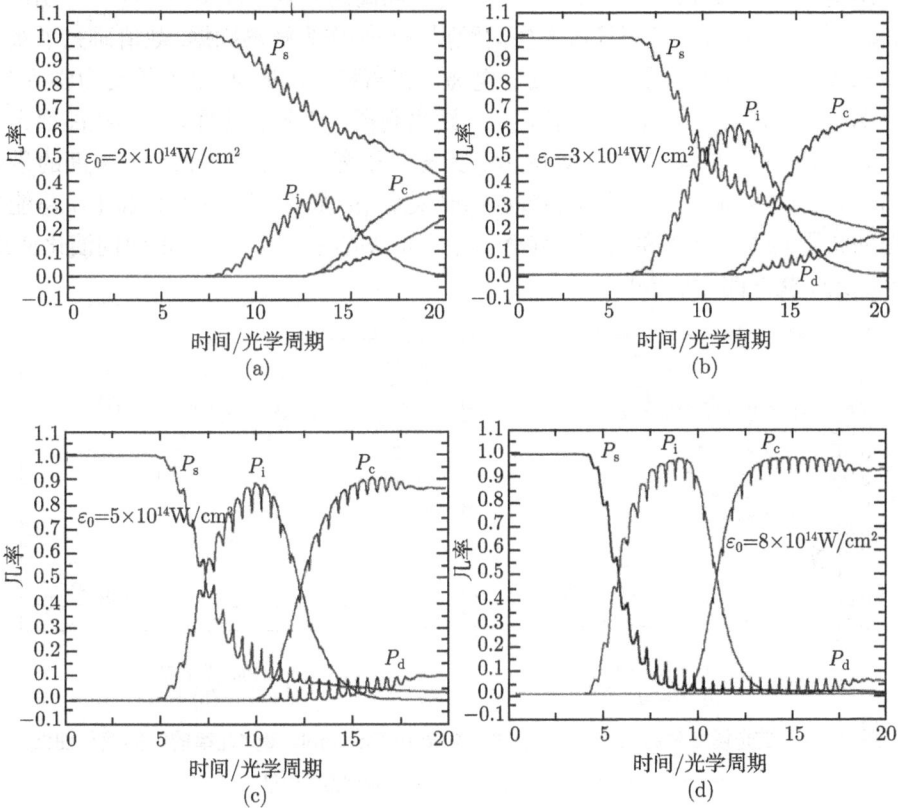

图 2.5.7 单色激光场中场强峰值不同时的存活 (P_s)、解离 (P_d)、电离 (P_i) 和 Coulomb 爆炸 (P_c) 几率随时间的演化

(a) $\varepsilon_0 = 2.0 \times 10^{14} \mathrm{W/cm^2}$, (b) $\varepsilon_0 = 3.0 \times 10^{14} \mathrm{W/cm^2}$,

(c) $\varepsilon_0 = 5.0 \times 10^{14} \mathrm{W/cm^2}$, (d) $\varepsilon_0 = 8.0 \times 10^{14} \mathrm{W/cm^2}$

Bandrauk 等[16-17] 对激光场强 $\varepsilon_0 = 1.0 \times 10^{14} \mathrm{W/cm^2}$ 和 $\varepsilon_0 = 1.0 \times 10^{15} \mathrm{W/cm^2}$ 的激光场中三维 H$_2^+$ 进行了数值计算和理论分析, 虽然初态的选取略有不同, 他们的结果与本节的结果有相同的变化趋势 —— 激光场中三维 H$_2^+$ 系统先电离再解离; 在弱场中解离占主导地位, 电离通道首先打开, 接着解离通道打开, 且随着时间

的推移, 解离几率一直大于电离几率; 而在强场中, 电离几率比解离几率大得多, 当电离几率到达峰值时解离和 Coulomb 爆炸通道打开, 并且解离几率随时间变化不大。

2.5.4   不同电离判据下氢分子离子动力学行为的异同

上面基于经典理论和应用辛算法计算经典轨迹, 采用电子总能量 (2.5.9)(2.4 节采用电子补偿能 (2.4.6)) 大于零作为电子电离的判据, 核间距 $R(t) > R_D = 10.0\text{a.u.}$[15]($R_D$ 是氢分子离子最大核间距)[12,15,18] 作为解离判据, 数值研究了激光场中三维 (和一维)H_2^+ 系统的存活、电离、解离和 Coulomb 爆炸等动力学行为。但是电子的电离还有另外一种判据 —— 距离判据: 当电子离两个核的距离都大于 $R_M = 20.0\text{a.u.}$[15] 时电子电离, 其中 R_M 为氢分子离子中电子与最近核之间的最大距离。图 2.5.8 绘制的是激光场参数相同时采用 (a) 距离判据的结果和 (b) 总能量判据的结果 (2.5.9) 算得的存活、解离、电离和 Coulomb 爆炸几率的时间演化曲线, 图 2.5.8(b) 就是图 2.5.7(c)。

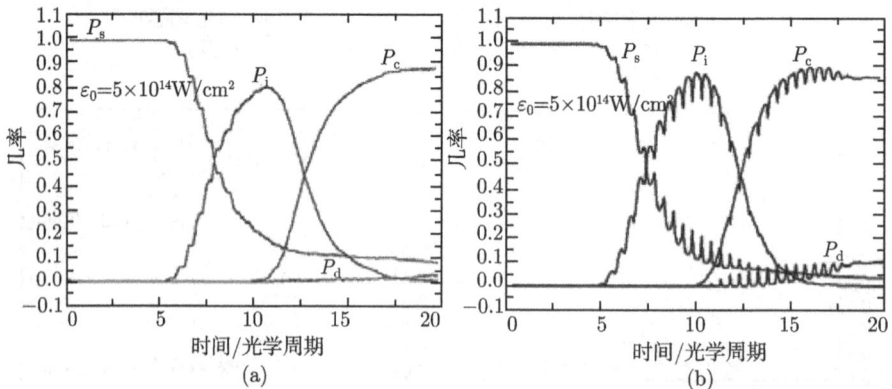

图 2.5.8   激光场参数相同时存活、解离、电离和 Coulomb 爆炸几率的时间演化曲线

(a) 距离判据的结果, (b) 总能量判据的结果

从图 2.5.8 中可以看出, 两种判据下算得的动力学行为显示出定性相同的变化规律, 不同的是采用电子总能量判据时各几率演化曲线都出现振荡, 而采用距离判据时各几率演化曲线都不出现明显的振荡, 这是因为电子总能量中包含了从激光场中获得的能量, 而激光是振荡的。

2.5.5   双色激光场中三维氢分子离子的动力学行为

本节数值研究双色激光场

$$\varepsilon(t) = \varepsilon_0 f(t) \left[\cos(\omega_0 t) + \frac{1}{2} \cos(2\omega_0 t + \phi) \right] \qquad (2.5.13)$$

中三维 H_2^+ 系统的动力学行为, 其中 ε_0 为激光场强, ϕ 为两束激光的相位差; 激光包络函数 $f(t)$, 激光频率 ω_0, 选取的初态, 应用的辛格式, 时间步长 τ, 计算步数 Z 与 2.5.3 节相同。像 2.5.3 节那样, 应用辛格式数值求解双色激光场 (2.5.13) 中三维 H_2^+ 系统的 Hamilton 正则方程 (2.5.7) 的初值问题, 计算参数 ε_0, ω_0, ϕ 取不同数值时的经典轨迹, 研究氢分子离子系统的动力学行为。

1. 激光场强不同时存活、解离、电离和 Coulomb 爆炸几率的时间演化

图 2.5.9 绘制了激光场强 ε_0 不同, 相位差 $\phi = 0$ 时 H_2^+ 的存活、解离、电离和 Coulomb 爆炸几率随时间的演化。从图中可以看出, 当激光场强较弱时, 与场强相同的单色激光场相比, 双色场中氢分子离子的存活、解离、电离和 Coulomb 爆炸通道打开的时间有所提前, 电离和 Coulomb 爆炸几率的峰值也有所增加。因此, 利用较弱激光场强的双色激光场来代替激光场强较强的单色激光场可以得到相

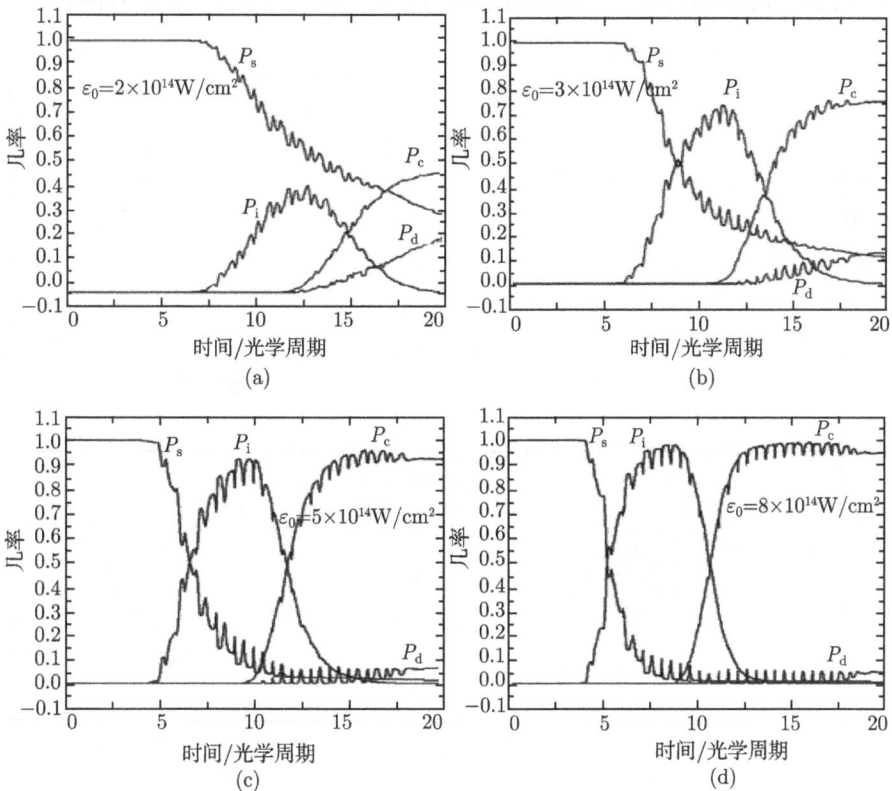

图 2.5.9 双色场中不同场强下氢分子离子存活 (P_s)、解离 (P_d)、电离 (P_i) 和 Coulomb 爆炸 (P_c) 几率的时间演化曲线

(a) $I_0 = 2.0 \times 10^{14} \mathrm{W/cm^2}$, (b) $I_0 = 3.0 \times 10^{14} \mathrm{W/cm^2}$,

(c) $I_0 = 5.0 \times 10^{14} \mathrm{W/cm^2}$, (d) $I_0 = 8.0 \times 10^{14} \mathrm{W/cm^2}$

同数量的电离产物。而当激光场较强时, 相同场强的单色场和双色场中各动力学行为的差别不很明显。双色场和单色场中的解离几率则呈现出相同的变化规律 —— 随着激光场强的增大而减小。

2. 双色激光场的相对相位 ϕ 不同时电子和核的运动

图 2.5.10 绘制了双色激光场的相对相位 ϕ 不同时三维氢分子离子中运动电子的 x 坐标, 亦即电子运动在激光场电场方向的投影的平均值

$$\langle x(t) \rangle = \frac{1}{MN} \sum_{k=1}^{MN} x_k(t)$$

的时间演化, 上式中的 $x_k(t)$ 是取第 k 组初态时数值求解正则方程初值问题算得的经典轨迹中的 $x(t)$。图 2.5.10 显示, 电子在激光场电场方向的投影是振荡着移动的, 对于不同的相对相位, 移动的方向和移动的距离不同: 当相对相位 $\phi = 0$

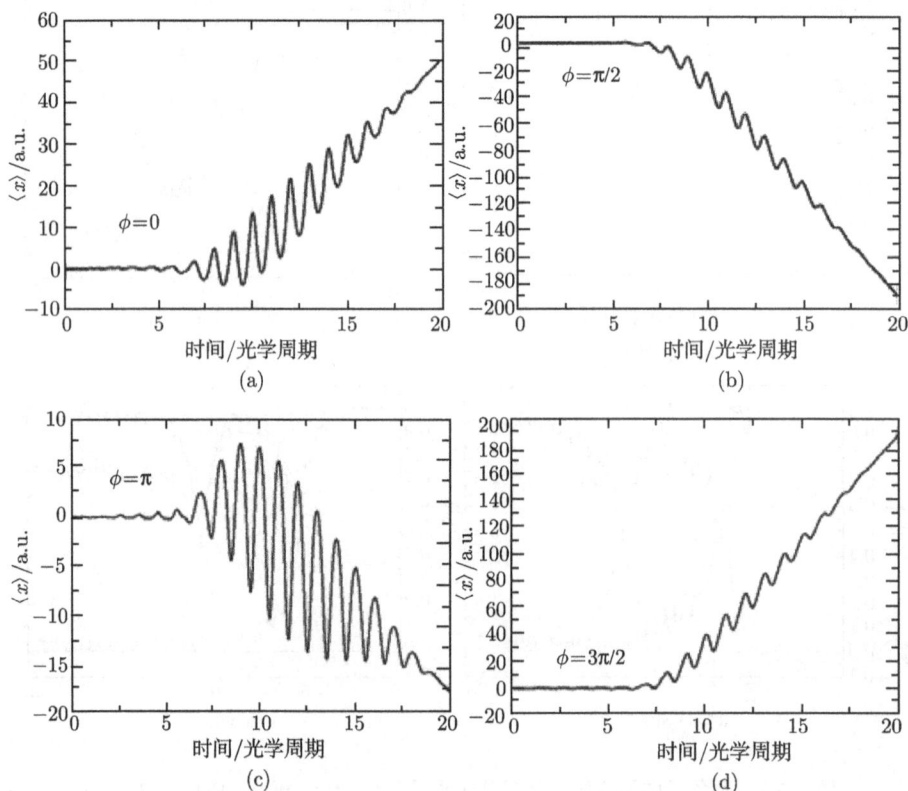

图 2.5.10　双色激光场的相对相位 ϕ 不同时三维氢分子离子中
运动电子的 x 坐标随时间的变化

(a) $\phi = 0$, (b) $\phi = \dfrac{\pi}{2}$, (c) $\phi = \pi$, (d) $\phi = \dfrac{3\pi}{2}$

时, 移动沿着激光场的正方向, 移动距离较小; 当相对相位 $\phi = \pi/2$ 时, 移动沿着激光场的负方向, 移动距离较大; 当相对相位 $\phi = \pi$ 时, 移动还是沿着激光场的负方向, 但移动距离变小; 当相对相位 $\phi = \frac{3\pi}{2}$ 时, 移动改为沿着激光场的正方向, 且移动距离较大。这说明, 电子运动在激光场电场方向的投影是振荡着移动的, 振荡移动的方向和距离大小与双色激光场的相对相位 ϕ 密切相关。这些结果与量子计算的结果很类似[14]。

图 2.5.11 绘制了双色激光场中三维氢分子离子的核间距平均值(相对相位 $\phi = 0$)

$$\langle R(t) \rangle = \frac{1}{MN} \sum_{k=1}^{MN} R_k(t)$$

的时间演化随激光场强的变化, 上式中的 $R_k(t)$ 是取第 k 组初态时数值求解正则方程初值问题算得的经典轨迹中的核间距 $R(t)$。从图中可以看出, 在电子未电离之前, 核间距的平均值增长缓慢, 而当电子电离后, 核间距迅速增大, 而且在激光场强不同的激光场中核间距增大的快慢不同, 激光场强越大, 增大的越快。因为两核分开后的运动可近似看成自由粒子的运动, 在激光电场的作用下运动加速。这些结果与量子计算结果一致[11]。

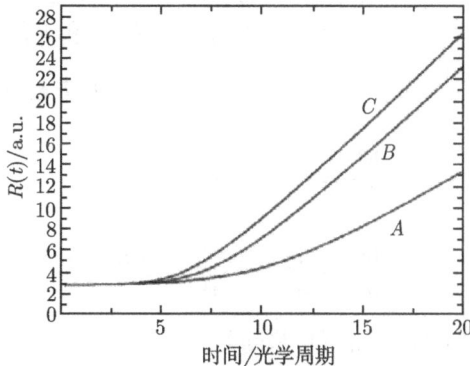

图 2.5.11 不同激光场强下核间距平均值 $\langle R(t) \rangle$ 的时间演化曲线

曲线 A, B 和 C 分别对应激光场强 $\varepsilon_0 = 2.0 \times 10^{14} \text{W/cm}^2$,
$\varepsilon_0 = 5.0 \times 10^{14} \text{W/cm}^2$ 和 $\varepsilon_0 = 8.0 \times 10^{14} \text{W/cm}^2$

本章介绍了分子系统经典轨迹的辛算法计算, 并就无场时分子系统总能量的辛算法计算与 R-K 法做了比较, 结果显示, 应用辛算法计算经典轨迹从根本上改进了经典轨迹方法, 将基于经典理论的分子动力学数值研究推进到了理论研究所需考虑的时间 10^{-9}s。本章还应用辛算法计算了激光场中一维和三维氢分子离子的经典轨迹, 数值研究了存活、电离、解离和 Coulomb 爆炸等动力学过程, 结果显示, 应用一维共线模型研究激光场中氢分子离子动力学是合理的, 所得结论是正确可靠的。

近几年, 郭静等应用辛算法计算经典轨迹, 数值研究了激光场中氢原子、锂原子、镁原子和氮分子的电离动力学[19-23], 何建锋应用辛算法计算经典轨迹数值研究了 N-O 分子系统的气相反应 $N(^4S)+O_2(X^3\Sigma_g^-) \rightarrow NO(X^2\Pi)+O(^3P)$[24-26], 都得到了很好的结果。

2.6 推导约化质量举例

基于经典理论研究分子系统的存活、解离、电离、Coulomb 爆炸, 以及高次谐波发射等动力学过程, 涉及约化质量, 也称正则质量、广义质量。假设分子系统是 N 粒子系统, 采用质心坐标系可使得独立坐标数从 $3N$ 减少到 $3N-3$ 或更少, 这需要重新选取独立坐标和推导相应的约化质量。这些内容可查阅文献 [2]。为了本章的需要, 本节以 2 粒子系统、具有 C_{2v} 对称性的 A_2B 分子系统和氢分子离子系统为例, 采用质心坐标系, 选取独立坐标和推导相应的约化质量。本节采用的思路和方法可用于其他分子系统。

2.6.1 2 粒子系统的约化质量

考虑在 Coulomb 势场中运动的 2 粒子系统 a 和 b, 它们的质量分别是 m_1 和 m_2。在空间中取定一点为坐标原点建立直角坐标系, a 和 b 的坐标分别为 $\vec{r}_1$ 和 $\vec{r}_2$, 共轭动量为 $\vec{p}_1 = m_1 \dfrac{\mathrm{d}\vec{r}_1}{\mathrm{d}t}$ 和 $\vec{p}_2 = m_2 \dfrac{\mathrm{d}\vec{r}_2}{\mathrm{d}t}$, 它们满足正则方程

$$\frac{\mathrm{d}\vec{r}_1}{\mathrm{d}t} = \frac{\vec{p}_1}{m_1}, \quad \frac{\mathrm{d}\vec{p}_1}{\mathrm{d}t} = -\frac{\partial v}{\partial \vec{r}_1}, \tag{2.6.1}$$

$$\frac{\mathrm{d}\vec{r}_2}{\mathrm{d}t} = \frac{\vec{p}_2}{m_2}, \quad \frac{\mathrm{d}\vec{p}_2}{\mathrm{d}t} = -\frac{\partial v}{\partial \vec{r}_2}, \tag{2.6.2}$$

其中 $v = v(\vec{r}_1 - \vec{r}_2, \cdots)$ 是 Coulomb 势函数。

设此 2 粒子系统 a 和 b 的质心为 $\vec{r}_0$, 则 $m_1(\vec{r}_1 - \vec{r}_0) = m_2(\vec{r}_0 - \vec{r}_2)$,

$$\vec{r}_0 = \vec{r}_1 - \frac{m_2}{m_1 + m_2}(\vec{r}_1 - \vec{r}_2) = \vec{r}_2 + \frac{m_1}{m_1 + m_2}(\vec{r}_1 - \vec{r}_2) = \frac{1}{m_1 + m_2}(m_1\vec{r}_1 + m_2\vec{r}_2)。$$

记 $\vec{R} = \vec{r}_1 - \vec{r}_2$, 就有

$$\vec{r}_1 = \vec{r}_0 + \frac{m_2}{m_1 + m_2}\vec{R}, \quad \vec{r}_2 = \vec{r}_0 - \frac{m_1}{m_1 + m_2}\vec{R}。 \tag{2.6.3}$$

取质心 $\vec{r}_0$ 为原点建立直角坐标系 —— 质心坐标系, 则粒子 a 和 b 的坐标分别为 $\dfrac{m_2}{m_1 + m_2}\vec{R}$ 和 $-\dfrac{m_1}{m_1 + m_2}\vec{R}$, Coulomb 势 $v(\vec{r}_1 - \vec{r}_2, \cdots) = v(\vec{R}, \cdots)$。这说明,

在质心坐标系中粒子 a 和 b 的坐标都可用 $\vec{R}$ 表示, 故而 $\vec{R}$ 可取作质心坐标系中此 2 粒子系统的独立坐标, 对应的共轭动量 $\vec{P} = M\dfrac{\mathrm{d}\vec{R}}{\mathrm{d}t}$, $\vec{R}$ 和 $\vec{P}$ 满足正则方程

$$\frac{\mathrm{d}\vec{R}}{\mathrm{d}t} = \frac{\vec{P}}{M}, \quad \frac{\mathrm{d}\vec{P}}{\mathrm{d}t} = -\frac{\partial v}{\partial \vec{R}}, \tag{2.6.4}$$

其中 M 是 Coulomb 势 $v(\vec{r}_1 - \vec{r}_2, \cdots) = v(\vec{R}, \cdots)$ 中以坐标 $\vec{R} = \vec{R}(t)$ 运动的假想粒子的质量, 称为此 2 粒子系统的约化质量或正则质量。

另外, 因为 $\vec{P} = M\dfrac{\mathrm{d}\vec{R}}{\mathrm{d}t} = M\left(\dfrac{\mathrm{d}\vec{r}_1}{\mathrm{d}t} - \dfrac{\mathrm{d}\vec{r}_2}{\mathrm{d}t}\right) = M\left(\dfrac{\vec{p}_1}{m_1} - \dfrac{\vec{p}_2}{m_2}\right)$, 故而

$$\begin{aligned}
\frac{\mathrm{d}\vec{P}}{\mathrm{d}t} &= \frac{M}{m_1}\frac{\mathrm{d}\vec{p}_1}{\mathrm{d}t} - \frac{M}{m_2}\frac{\mathrm{d}\vec{p}_2}{\mathrm{d}t} = -\frac{M}{m_1}\frac{\partial v}{\partial \vec{r}_1} + \frac{M}{m_2}\frac{\partial v}{\partial \vec{r}_2} \\[2mm]
&= -\frac{M}{m_1}\frac{\partial v}{\partial \vec{R}}\frac{\partial \vec{R}}{\partial \vec{r}_1} + \frac{M}{m_2}\frac{\partial v}{\partial \vec{R}}\frac{\partial \vec{R}}{\partial \vec{r}_2} = -M\left(\frac{m_1 + m_2}{m_1 m_2}\right)\frac{\partial v}{\partial \vec{R}}。
\end{aligned} \tag{2.6.5}$$

比较 (2.6.4) 与 (2.6.5) 便得 $M\left(\dfrac{m_1 + m_2}{m_1 m_2}\right) = 1$, 约化质量 $M = \dfrac{m_1 m_2}{m_1 + m_2}$。

前述推导可以简化。若取质心为原点, 取两个粒子 a 和 b 的连线为 x 轴建立质心坐标系, 设粒子 a 和 b 的坐标分别为 x_1 和 x_2, 则两个粒子 a 和 b 间的距离 $x = x_1 - x_2$, $m_1 x_1 + m_2 x_2 = 0$, $x_1 = \dfrac{m_2}{m_1 + m_2}x$, $x_2 = -\dfrac{m_1}{m_1 + m_2}x$, $x = x_1 - x_2$ 是此 2 粒子系统的独立坐标, 设共轭动量 $p = M\dfrac{\mathrm{d}x}{\mathrm{d}t}$, M 是此 2 粒子系统的约化质量。利用前面结构即可推导出约化质量 $M = \dfrac{m_1 m_2}{m_1 + m_2}$。

譬如, 同核双原子分子系统 N_2, $m_1 = m_2 = m$, 则 $M = \dfrac{m_1 m_2}{m_1 + m_2} = \dfrac{m^2}{2m} = \dfrac{m}{2}$。又如双原子分子系统 AB, 若 $m_A = rm_B$, 则 $M = \dfrac{rm_B^2}{rm_B + m_B} = \dfrac{rm_B}{r + 1} = \dfrac{m_A}{r + 1}$; 如 $r = 2$, $m_A = 2m_B$, 则 $M = \dfrac{2m_B^2}{2m_B + m_B} = \dfrac{2m_B}{3} = \dfrac{m_A}{3}$。

2.6.2 具有 C_{2v} 对称性的 3 粒子系统 A_2B 的约化质量

考虑具有 C_{2v} 对称性的 3 粒子系统 A_2B, A 与 B 的质量分别是 m_A 和 m_B。在 A_2B 系统所在平面上取 C_{2v} 的对称轴为 z 轴, 取系统 A_2B 的质心为坐标原点, 建立二维直角坐标系 $y - z$, 记两个 A 原子和 B 原子的坐标分别为 (y_1, z_1), (y_2, z_2) 和 (y_3, z_3)。它们的动量分别为 $p_{y_1} = m_A\dfrac{\mathrm{d}y_1}{\mathrm{d}t}$, $p_{z_1} = m_A\dfrac{\mathrm{d}z_1}{\mathrm{d}t}$, $p_{y_2} = m_A\dfrac{\mathrm{d}y_2}{\mathrm{d}t}$, $p_{z_2} = m_A\dfrac{\mathrm{d}z_2}{\mathrm{d}t}$ 和 $p_{y_3} = m_B\dfrac{\mathrm{d}y_3}{\mathrm{d}t}$, $p_{z_3} = m_B\dfrac{\mathrm{d}z_3}{\mathrm{d}t}$。于是 y_1、p_{y_1}, z_1、p_{z_1}, y_2、p_{y_2}, z_2、p_{z_2}

和 y_3、p_{y_3}, z_3, p_{z_3} 满足正则方程

$$\frac{\mathrm{d}y_1}{\mathrm{d}t} = \frac{p_{y_1}}{m_A}, \quad \frac{\mathrm{d}p_{y_1}}{\mathrm{d}t} = -\frac{\partial}{\partial y_1}v(y_1, z_1, y_2, z_2, y_3, z_3, \cdots),$$

$$\frac{\mathrm{d}z_1}{\mathrm{d}t} = \frac{p_{z_1}}{m_A}, \quad \frac{\mathrm{d}p_{z_1}}{\mathrm{d}t} = -\frac{\partial}{\partial z_1}v(y_1, z_1, y_2, z_2, y_3, z_3, \cdots),$$

$$\frac{\mathrm{d}y_2}{\mathrm{d}t} = \frac{p_{y_2}}{m_A}, \quad \frac{\mathrm{d}p_{y_2}}{\mathrm{d}t} = -\frac{\partial}{\partial y_2}v(y_1, z_1, y_2, z_2, y_3, z_3, \cdots),$$

$$\frac{\mathrm{d}z_2}{\mathrm{d}t} = \frac{p_{z_2}}{m_A}, \quad \frac{\mathrm{d}p_{z_2}}{\mathrm{d}}t = -\frac{\partial}{\partial z_2}v(y_1, z_1, y_2, z_2, y_3, z_3, \cdots),$$

$$\frac{\mathrm{d}y_3}{\mathrm{d}t} = \frac{p_{y_3}}{m_B}, \quad \frac{\mathrm{d}p_{y_3}}{\mathrm{d}t} = -\frac{\partial}{\partial y_3}v(y_1, z_1, y_2, z_2, y_3, z_3, \cdots),$$

$$\frac{\mathrm{d}z_3}{\mathrm{d}t} = \frac{p_{z_3}}{m_B}, \quad \frac{\mathrm{d}p_{z_3}}{\mathrm{d}t} = -\frac{\partial}{\partial z_3}v(y_1, z_1, y_2, z_2, y_3, z_3, \cdots), \tag{2.6.6}$$

其中 $v(y_1, z_1, y_2, z_2, y_3, z_3, \cdots)$ 是此 A_2B 系统的势函数。因 z 轴为 C_{2v} 的对称轴, 坐标原点取在 A_2B 系统的质心上, 故有

$$y_1 = -y_2, \quad z_1 = z_2, \quad y_3 = 0, \quad m_A z_1 + m_A z_2 = 2m_A z_1 = 2m_A z_2 = -m_B z_3,$$

$$z_1 = z_2 = -\frac{m_B}{2m_A}z_3, \quad z_3 = -\frac{2m_A}{m_B}z_1 = -\frac{2m_A}{m_B}z_2。 \tag{2.6.7}$$

由式 (2.6.7) 可见, $v(y_1, z_1, y_2, z_2, y_3, z_3, \cdots) = v(y_1, z_1, y_2, z_2, z_3, \cdots)$, 坐标 y_1 与 y_2 相关, z_1 与 z_2 与 z_3 相关, 可以相互线性表示, A_2B 系统只能有 2 个独立坐标。若取

$$Q_1 = z_1 - 2z_3 + z_2, \quad Q_2 = y_1 - y_2, \tag{2.6.8}$$

则 Q_1, Q_2 与 y_1, y_2 和 z_1, z_2, z_3 之间满足

$$Q_1 = \frac{2(m_A + m_B)}{m_B}z_1 = \frac{2(m_A + m_B)}{m_B}z_2 = -\frac{m_A + m_B}{m_A}z_3, \quad Q_2 = 2y_1 = -2y_2,$$

$$z_1 = z_2 = \frac{m_B Q_1}{2(m_A + m_B)}, \quad z_3 = -\frac{m_A Q_1}{m_A + m_B}, \quad y_1 = -y_2 = \frac{Q_2}{2}, \tag{2.6.9}$$

即坐标 y_1, y_2 与 z_1, z_2、z_3 可用 Q_1 和 Q_2 线性表示, 故而 Q_1 和 Q_2 可取作 A_2B 系统的独立坐标, 相应的共轭动量是 $P_1 = M_1\frac{\mathrm{d}Q_1}{\mathrm{d}t}$ 和 $P_2 = M_2\frac{\mathrm{d}Q_2}{\mathrm{d}t}$, 在质心坐标系中, 它们描述了此 A_2B 系统的运动, 其中 M_1 和 M_2 称为 A_2B 系统的约化质量 (或

正则质量、广义质量), 可看作是沿着 z 轴以坐标 Q_1、动量 P_1 和沿着 y 轴以坐标 Q_2、动量 P_2 做直线运动的两个假想粒子的质量。依据式 (2.6.9) 有

$$v(y_1, z_1, y_2, z_2, z_3, \cdots) = v\left(\frac{Q_2}{2}, \frac{m_B Q_1}{2(m_A + m_B)}, -\frac{Q_2}{2}, \frac{m_B Q_1}{2(m_A + m_B)}, \frac{m_A Q_1}{m_A + m_B}, \cdots\right)$$
$$= V(Q_1, Q_2, \cdots)。$$

$$(2.6.10)$$

式 (2.6.10) 说明, A_2B 系统取 Q_1 和 Q_2 为独立坐标时势函数 $v(y_1, z_1, y_2, z_2, z_3, \cdots)$ 转化成 $V(Q_1, Q_2, \cdots)$。于是 Q_1, Q_2 和 P_1, P_2 满足正则方程

$$\frac{\mathrm{d}Q_1}{\mathrm{d}t} = \frac{P_1}{M_1}, \quad \frac{\mathrm{d}P_1}{\mathrm{d}t} = -\frac{\partial}{\partial Q_1} V(Q_1, Q_2, \cdots),$$

$$\frac{\mathrm{d}Q_2}{\mathrm{d}t} = \frac{P_2}{M_2}, \quad \frac{\mathrm{d}P_2}{\mathrm{d}t} = -\frac{\partial}{\partial Q_2} V(Q_1, Q_2, \cdots)。$$

$$(2.6.11)$$

下面推导约化质量 $M_1 =$? $M_2 =$? 依据式 (2.6.8) 式 (2.6.9) 和正则方程 (2.6.6) 和方程 (2.6.11), 有

$$P_1 = M_1 \frac{\mathrm{d}Q_1}{\mathrm{d}t} = M_1\left(\frac{\mathrm{d}z_1}{\mathrm{d}t} - 2\frac{\mathrm{d}z_3}{\mathrm{d}t} + \frac{\mathrm{d}z_2}{\mathrm{d}t}\right) = M_1\left(\frac{p_{z_1}}{m_A} - 2\frac{p_{z_3}}{m_B} + \frac{p_{z_2}}{m_A}\right),$$

$$\frac{\mathrm{d}P_1}{\mathrm{d}t} = \frac{M_1}{m_A}\frac{\mathrm{d}p_{z_1}}{\mathrm{d}t} - 2\frac{M_1}{m_B}\frac{\mathrm{d}p_{z_3}}{\mathrm{d}t} + \frac{M_1}{m_A}\frac{\mathrm{d}p_{z_2}}{\mathrm{d}t}$$

$$= -\frac{M_1}{m_A}\frac{\partial v}{\partial z_1} + 2\frac{M_1}{m_B}\frac{\partial v}{\partial z_3} - \frac{M_1}{m_A}\frac{\partial v}{\partial z_2}$$

$$= -\frac{M_1}{m_A}\frac{\partial V}{\partial Q_1}\frac{\partial Q_1}{\partial z_1} + 2\frac{M_1}{m_B}\frac{\partial V}{\partial Q_1}\frac{\partial Q_1}{\partial z_3} - \frac{M_1}{m_A}\frac{\partial V}{\partial Q_1}\frac{\partial Q_1}{\partial z_2}$$

$$= -\frac{M_1}{m_A}\frac{\partial V}{\partial Q_1} - 4\frac{M_1}{m_B}\frac{\partial V}{\partial Q_1} - \frac{M_1}{m_A}\frac{\partial V}{\partial Q_1}$$

$$= -M_1\left(\frac{2}{m_A} + \frac{4}{m_B}\right)\frac{\partial V}{\partial Q_1} = -2M_1\frac{2m_A + m_B}{m_A m_B}\frac{\partial V}{\partial Q_1},$$

$$P_2 = M_2\frac{\mathrm{d}Q_2}{\mathrm{d}t} = M_2\left(\frac{\mathrm{d}y_1}{\mathrm{d}t} - \frac{\mathrm{d}y_2}{\mathrm{d}t}\right) = M_2\left(\frac{p_{y_1}}{m_A} - \frac{p_{y_2}}{m_A}\right),$$

$$\frac{\mathrm{d}P_2}{\mathrm{d}t} = \frac{M_2}{m_A}\frac{\mathrm{d}p_{y_1}}{\mathrm{d}t} - \frac{M_2}{m_A}\frac{\mathrm{d}p_{y_2}}{\mathrm{d}t} = -\frac{M_2}{m_A}\frac{\partial v}{\partial y_1} + \frac{M_2}{m_A}\frac{\partial v}{\partial y_2}$$

$$= -\frac{M_2}{m_A}\frac{\partial V}{\partial Q_2}\frac{\partial Q_2}{\partial y_1} + \frac{M_2}{m_A}\frac{\partial V}{\partial Q_2}\frac{\partial Q_2}{\partial y_2} = -\frac{2M_2}{m_A}\frac{\partial V}{\partial Q_2}。$$

与正则方程 (2.6.11) 比较, 得到 $2M_1 \dfrac{2m_A + m_B}{m_A m_B} = 1$, $\dfrac{2M_2}{m_A} = 1$, 所以

$$M_1 = \frac{m_A m_B}{2(2m_A + m_B)}, \quad M_2 = \frac{m_A}{2}\text{。}$$

譬如, A_2B 系统中 A 与 B 的质量分别是 $m_A = 1$ 和 $m_B = 2$, 则 $M_1 = \dfrac{m_A m_B}{2(2m_A + m_B)} = \dfrac{1}{4}$, $M_2 = \dfrac{m_A}{2} = \dfrac{1}{2}$。又如 A_2B 系统中 A 与 B 的质量分别是 $m_A = n m_B$, 则 $M_1 = \dfrac{m_A m_B}{2(2m_A + m_B)} = \dfrac{n m_B}{2(2n+1)} = \dfrac{m_A}{2(2n+1)}$, $M_2 = \dfrac{m_A}{2} = \dfrac{n m_B}{2}$。

2.6.3　氢分子离子系统的约化质量

基于经典理论, 氢分子离子可看成由两个核和电子 —— 三个粒子组成的经典力学系统。没有外场作用时, 每个粒子在其他两个粒子的 Coulomb 场作用下运动。设核与电子质量分别是 M 和 m。取定三维空间直角坐标系, 记两个核和电子的坐标分别为 $\vec{r}_1$, $\vec{r}_2$ 和 $\vec{r}_e$, 相应的动量 $\vec{p}_1 = M\dfrac{\mathrm{d}\vec{r}_1}{\mathrm{d}t}$, $\vec{p}_2 = M\dfrac{\mathrm{d}\vec{r}_2}{\mathrm{d}t}$ 和 $\vec{p}_e = m\dfrac{\mathrm{d}\vec{r}_e}{\mathrm{d}t}$。采用原子单位 ($m=1$), 氢分子离子系统的 Coulomb 相互作用势

$$v(\vec{r}_1, \vec{r}_2, \vec{r}_e) = \frac{1}{|\vec{r}_1 - \vec{r}_2|} - \frac{1}{|\vec{r}_1 - \vec{r}_e|} - \frac{1}{|\vec{r}_2 - \vec{r}_e|},$$

两个核和电子满足 Hamilton 正则方程

$$\frac{\mathrm{d}\vec{r}_1}{\mathrm{d}t} = \frac{\vec{p}_1}{M}, \quad \frac{\mathrm{d}\vec{p}_1}{\mathrm{d}t} = -\frac{\partial v}{\partial \vec{r}_1} = \frac{\vec{r}_1 - \vec{r}_2}{|\vec{r}_1 - \vec{r}_2|^3} - \frac{\vec{r}_1 - \vec{r}_e}{|\vec{r}_1 - \vec{r}_e|^3}, \tag{2.6.12}$$

$$\frac{\mathrm{d}\vec{r}_2}{\mathrm{d}t} = \frac{\vec{p}_2}{M}, \quad \frac{\mathrm{d}\vec{p}_2}{\mathrm{d}t} = -\frac{\partial v}{\partial \vec{r}_2} = \frac{\vec{r}_2 - \vec{r}_1}{|\vec{r}_1 - \vec{r}_2|^3} - \frac{\vec{r}_2 - \vec{r}_e}{|\vec{r}_2 - \vec{r}_e|^3}, \tag{2.6.13}$$

$$\frac{\mathrm{d}\vec{r}_e}{\mathrm{d}t} = \frac{\vec{p}_e}{m}, \quad \frac{\mathrm{d}\vec{p}_e}{\mathrm{d}t} = -\frac{\partial v}{\partial \vec{r}_e} = -\frac{\vec{r}_e - \vec{r}_1}{|\vec{r}_e - \vec{r}_1|^3} - \frac{\vec{r}_e - \vec{r}_2}{|\vec{r}_e - \vec{r}_2|^3}\text{。} \tag{2.6.14}$$

因氢核质量远大于电子质量, $M/m \approx 1840$, 故而可将两个氢核的质心 $\dfrac{1}{2}(\vec{r}_1 + \vec{r}_2)$ 近似地看成氢分子离子系统的质心, 将以之为原点建立的直角坐标系近似地看成氢分子离子系统的质心坐标系。在这个质心坐标系中, 记两个核和电子的坐标为 $\vec{R}_1$, $\vec{R}_2$ 和 $\vec{r}$, 取核间距 $\vec{R} = \vec{r}_1 - \vec{r}_2$, 则 $\vec{R}_1 = \dfrac{\vec{R}}{2}$, $\vec{R}_2 = -\dfrac{\vec{R}}{2}$。所以, 在这个质心坐标系中 $\vec{R}$ 和 $\vec{r}$ 是氢分子离子系统的独立坐标, 与原坐标系中的坐标之间满足

$$\vec{r}_1 = \vec{R}_1 + \frac{1}{2}(\vec{r}_1 + \vec{r}_2) = \frac{\vec{R}}{2} + \frac{1}{2}(\vec{r}_1 + \vec{r}_2), \tag{2.6.15}$$

$$\vec{r}_2 = \vec{R}_2 + \frac{1}{2}(\vec{r}_1 + \vec{r}_2) = -\frac{\vec{R}}{2} + \frac{1}{2}(\vec{r}_1 + \vec{r}_2), \tag{2.6.16}$$

$$\vec{r}_e = \vec{r} + \frac{1}{2}(\vec{r}_1 + \vec{r}_2), \tag{2.6.17}$$

$$\vec{r}_e - \vec{r}_1 = \vec{r} - \frac{1}{2}\vec{R}, \quad \vec{r}_e - \vec{r}_2 = \vec{r} + \frac{1}{2}\vec{R}, \tag{2.6.18}$$

系统的 Coulomb 相互作用势

$$
\begin{aligned}
v(\vec{r}_1, \vec{r}_2, \vec{r}_e) &= \frac{1}{|\vec{r}_1 - \vec{r}_2|} - \frac{1}{|\vec{r}_1 - \vec{r}_e|} - \frac{1}{|\vec{r}_2 - \vec{r}_e|} \\
&= \frac{1}{\left|\vec{R}\right|} - \frac{1}{\left|\vec{r} - \dfrac{\vec{R}}{2}\right|} - \frac{1}{\left|\vec{r} + \dfrac{\vec{R}}{2}\right|} = V_c(\vec{R}, \vec{r})。
\end{aligned}
\tag{2.6.19}
$$

采用这个质心坐标系后, 氢分子离子系统由 9 个空间维数 "约化" 成 6 个空间维数。

由 $\dfrac{\mathrm{d}\vec{R}}{\mathrm{d}t} = \dfrac{\mathrm{d}\vec{r}_1}{\mathrm{d}t} - \dfrac{\mathrm{d}\vec{r}_2}{\mathrm{d}t}$ 和方程 (2.6.12) 及方程 (2.6.13), 有

$$
\begin{aligned}
\frac{\mathrm{d}^2\vec{R}}{\mathrm{d}t^2} &= \frac{\mathrm{d}^2\vec{r}_1}{\mathrm{d}t^2} - \frac{\mathrm{d}^2\vec{r}_2}{\mathrm{d}t^2} = \frac{1}{M}\left(\frac{\mathrm{d}\vec{p}_1}{\mathrm{d}t} - \frac{\mathrm{d}\vec{p}_2}{\mathrm{d}t}\right) \\
&= \frac{1}{M}\left(\frac{2\vec{R}}{\left|\vec{R}\right|^3} - \frac{\dfrac{1}{2}\vec{R} - \vec{r}}{\left|\vec{r} - \dfrac{1}{2}\vec{R}\right|^3} - \frac{\dfrac{1}{2}\vec{R} + \vec{r}}{\left|\vec{r} + \dfrac{1}{2}\vec{R}\right|^3}\right) \\
&= \frac{2}{M}\left(\frac{\vec{R}}{\left|\vec{R}\right|^3} - \frac{1}{2}\frac{\dfrac{1}{2}\vec{R} - \vec{r}}{\left|\vec{r} - \dfrac{1}{2}\vec{R}\right|^3} - \frac{1}{2}\frac{\dfrac{1}{2}\vec{R} + \vec{r}}{\left|\vec{r} + \dfrac{1}{2}\vec{R}\right|^3}\right)。
\end{aligned}
$$

因为 $-\dfrac{\partial V_c}{\partial \vec{R}} = \dfrac{\vec{R}}{\left|\vec{R}\right|^3} - \dfrac{1}{2}\dfrac{\dfrac{1}{2}\vec{R} - \vec{r}}{\left|\vec{r} - \dfrac{1}{2}\vec{R}\right|^3} - \dfrac{1}{2}\dfrac{\dfrac{1}{2}\vec{R} + \vec{r}}{\left|\vec{r} + \dfrac{1}{2}\vec{R}\right|^3}$, 若取 $\Omega = \dfrac{M}{2}$, $\vec{P} = \Omega\dfrac{\mathrm{d}\vec{R}}{\mathrm{d}t}$, 代入上式得

$$
\frac{\mathrm{d}\vec{P}}{\mathrm{d}t} = \frac{\vec{R}}{\left|\vec{R}\right|^3} - \frac{1}{2}\frac{\dfrac{1}{2}\vec{R} - \vec{r}}{\left|\vec{r} - \dfrac{1}{2}\vec{R}\right|^3} - \frac{1}{2}\frac{\dfrac{1}{2}\vec{R} + \vec{r}}{\left|\vec{r} + \dfrac{1}{2}\vec{R}\right|^3} = -\frac{\partial V_c}{\partial \vec{R}}。
$$

由 $\dfrac{\mathrm{d}\vec{r}}{\mathrm{d}t} = \dfrac{\mathrm{d}\vec{r}_e}{\mathrm{d}t} - \dfrac{1}{2}\left(\dfrac{\mathrm{d}\vec{r}_1}{\mathrm{d}t} + \dfrac{\mathrm{d}\vec{r}_2}{\mathrm{d}t}\right)$ 和方程 (2.6.12)(2.6.13)(2.6.14), 有

$$
\frac{\mathrm{d}^2\vec{r}}{\mathrm{d}t^2} = \frac{\mathrm{d}^2\vec{r}_e}{\mathrm{d}t^2} - \frac{1}{2}\left(\frac{\mathrm{d}^2\vec{r}_1}{\mathrm{d}t^2} + \frac{\mathrm{d}^2\vec{r}_2}{\mathrm{d}t^2}\right) = \frac{1}{m}\frac{\mathrm{d}\vec{p}_e}{\mathrm{d}t} - \frac{1}{2M}\left(\frac{\mathrm{d}\vec{p}_1}{\mathrm{d}t} + \frac{\mathrm{d}\vec{p}_2}{\mathrm{d}t}\right)
$$

$$
= -\frac{1}{m}\left(\frac{\vec{r}_e - \vec{r}_1}{|\vec{r}_e - \vec{r}_1|^3} + \frac{\vec{r}_e - \vec{r}_2}{|\vec{r}_e - \vec{r}_2|^3}\right) - \frac{1}{2M}\left(\frac{\vec{r}_e - \vec{r}_1}{|\vec{r}_e - \vec{r}_1|^3} + \frac{\vec{r}_e - \vec{r}_2}{|\vec{r}_e - \vec{r}_2|^3}\right)
$$

$$
= -\left(\frac{1}{m} + \frac{1}{2M}\right)\left(\frac{\vec{r} - \frac{1}{2}\vec{R}}{\left|\vec{r} - \frac{1}{2}\vec{R}\right|^3} + \frac{\vec{r} + \frac{1}{2}\vec{R}}{\left|\vec{r} + \frac{1}{2}\vec{R}\right|^3}\right)。
$$

又因为 $-\dfrac{\partial V_c}{\partial \vec{r}} = -\left(\dfrac{\vec{r} - \frac{1}{2}\vec{R}}{\left|\vec{r} - \frac{1}{2}\vec{R}\right|^3} + \dfrac{\vec{r} + \frac{1}{2}\vec{R}}{\left|\vec{r} + \frac{1}{2}\vec{R}\right|^3}\right)$，若取 $\omega = \left(\dfrac{1}{m} + \dfrac{1}{2M}\right)^{-1} = \dfrac{2Mm}{2M+m}$，

$\vec{p} = \omega\dfrac{\mathrm{d}\vec{r}}{\mathrm{d}t}$，代入上式得

$$
\frac{\mathrm{d}\vec{p}}{\mathrm{d}t} = -\left(\frac{\vec{r} - \frac{1}{2}\vec{R}}{\left|\vec{r} - \frac{1}{2}\vec{R}\right|^3} + \frac{\vec{r} + \frac{1}{2}\vec{R}}{\left|\vec{r} + \frac{1}{2}\vec{R}\right|^3}\right) = -\frac{\partial V_c}{\partial \vec{r}}。
$$

这说明, 在这个质心坐标系中, 质量为 $\Omega = \dfrac{M}{2}$ 的粒子在 Coulomb 势场 $V_c(\vec{R},\vec{r})$ 中以坐标 $\vec{R}$ 和动量 $\vec{P} = \Omega\dfrac{\mathrm{d}\vec{R}}{\mathrm{d}t}$ 运动, 质量为 $\omega = \dfrac{2Mm}{2M+m}$ 的粒子以坐标 $\vec{r}$ 和动量 $\vec{p} = \omega\dfrac{\mathrm{d}\vec{r}}{\mathrm{d}t}$ 运动, 它们满足正则方程

$$
\frac{\mathrm{d}\vec{R}}{\mathrm{d}t} = \frac{\vec{P}}{\Omega}, \quad \frac{\mathrm{d}\vec{P}}{\mathrm{d}t} = -\frac{\partial V_c}{\partial \vec{R}} = \frac{\vec{R}}{|\vec{R}|^3} + \frac{1}{2}\frac{\vec{r} - \frac{\vec{R}}{2}}{\left|\vec{r} - \frac{\vec{R}}{2}\right|^3} - \frac{1}{2}\frac{\vec{r} + \frac{\vec{R}}{2}}{\left|\vec{r} + \frac{\vec{R}}{2}\right|^3}, \tag{2.6.20}
$$

$$
\frac{\mathrm{d}\vec{r}}{\mathrm{d}t} = \frac{\vec{p}}{\omega}, \quad \frac{\mathrm{d}\vec{p}}{\mathrm{d}t} = -\frac{\partial V_c}{\partial \vec{r}} = -\frac{\vec{r} - \frac{\vec{R}}{2}}{\left|\vec{r} - \frac{\vec{R}}{2}\right|^3} - \frac{\vec{r} + \frac{\vec{R}}{2}}{\left|\vec{r} + \frac{\vec{R}}{2}\right|^3}。 \tag{2.6.21}
$$

所以, 在这个氢分子离子系统的质心坐标系中, $\Omega = \dfrac{M}{2}$ 相当于坐标为 $\vec{R}$ 的粒子的质量, $\omega = \dfrac{2Mm}{2M+m}$ 相当于坐标为 $\vec{r}$ 的粒子的质量, 故而将 $\Omega = \dfrac{M}{2}$ 和 $\omega = \dfrac{2Mm}{2M+m}$ 称为氢分子离子系统的 "约化质量" 或正则质量。

现在加入激光场 $\vec{E}(t)$, 研究氢分子离子在粒子间的 Coulomb 场和激光场共同作用下的运动. 在上面取定的固定原点三维直角坐标系中, 激光场 $\vec{E}(t)$ 对两个核和电子所做的功是

$$-\vec{r}_1 \cdot \vec{E}(t), \quad -\vec{r}_2 \cdot \vec{E}(t), \quad \vec{r}_e \cdot \vec{E}(t),$$

所以氢分子离子在 Coulomb 场和激光场

$$v(\vec{r}_1, \vec{r}_2, \vec{r}_e) = \frac{1}{|\vec{r}_1 - \vec{r}_2|} - \frac{1}{|\vec{r}_1 - \vec{r}_e|} - \frac{1}{|\vec{r}_2 - \vec{r}_e|} - (\vec{r}_1 + \vec{r}_2) \cdot \vec{E}(t) + \vec{r}_e \cdot \vec{E}(t), \quad (2.6.22)$$

共同作用下运动, 两个核和电子满足 Hamilton 正则方程

$$\frac{\mathrm{d}\vec{r}_1}{\mathrm{d}t} = \frac{\vec{p}_1}{M}, \quad \frac{\mathrm{d}\vec{p}_1}{\mathrm{d}t} = -\frac{\partial v}{\partial \vec{r}_1} = \frac{\vec{r}_1 - \vec{r}_2}{|\vec{r}_1 - \vec{r}_2|^3} - \frac{\vec{r}_1 - \vec{r}_e}{|\vec{r}_1 - \vec{r}_e|^3} + \vec{E}(t), \quad (2.6.23)$$

$$\frac{\mathrm{d}\vec{r}_2}{\mathrm{d}t} = \frac{\vec{p}_2}{M}, \quad \frac{\mathrm{d}\vec{p}_2}{\mathrm{d}t} = -\frac{\partial v}{\partial \vec{r}_2} = \frac{\vec{r}_2 - \vec{r}_1}{|\vec{r}_1 - \vec{r}_2|^3} - \frac{\vec{r}_2 - \vec{r}_e}{|\vec{r}_2 - \vec{r}_e|^3} + \vec{E}(t), \quad (2.6.24)$$

$$\frac{\mathrm{d}\vec{r}_e}{\mathrm{d}t} = \frac{\vec{p}_e}{m}, \quad \frac{\mathrm{d}\vec{p}_e}{\mathrm{d}t} = -\frac{\partial v}{\partial \vec{r}_e} = -\frac{\vec{r}_e - \vec{r}_1}{|\vec{r}_e - \vec{r}_1|^3} - \frac{\vec{r}_e - \vec{r}_2}{|\vec{r}_e - \vec{r}_2|^3} - \vec{E}(t). \quad (2.6.25)$$

如前所述, 选取两个核的质心 $\frac{1}{2}(\vec{r}_1 + \vec{r}_2)$ 作为原点建立质心直角坐标系后, 核间距 $\vec{R} = \vec{r}_1 - \vec{r}_2$ 和电子坐标 $\vec{r} = \vec{r}_e - \frac{1}{2}(\vec{r}_1 + \vec{r}_2)$ 是独立坐标, 势函数转化成

$$v(\vec{r}_1, \vec{r}_2, \vec{r}_e) = \frac{1}{|\vec{R}|} - \frac{1}{\left|\vec{r} - \frac{1}{2}\vec{R}\right|} - \frac{1}{\left|\vec{r} + \frac{1}{2}\vec{R}\right|} + \vec{r} \cdot \vec{E}(t) - \frac{1}{2}(\vec{r}_1 + \vec{r}_2) \cdot \vec{E}(t), \quad (2.6.26)$$

其中 $V_c(\vec{R}, \vec{r}) = \dfrac{1}{|\vec{R}|} - \dfrac{1}{\left|\vec{r} - \frac{1}{2}\vec{R}\right|} - \dfrac{1}{\left|\vec{r} + \frac{1}{2}\vec{R}\right|}$ 是质心坐标系中氢分子离子的 Coulomb 相互作用势, $-\frac{1}{2}(\vec{r}_1 + \vec{r}_2) \cdot \vec{E}(t)$ 是激光场使两个氢核的质心运动所做的功, 而 $\vec{r} \cdot \vec{E}(t)$ 是激光场使电子相对于质心运动所做的功. 依据式 (2.6.23) 和式 (2.6.24),

$$\frac{\mathrm{d}^2\vec{R}}{\mathrm{d}t^2} = \frac{\mathrm{d}^2\vec{r}_1}{\mathrm{d}t^2} - \frac{\mathrm{d}^2\vec{r}_2}{\mathrm{d}t^2} = \frac{1}{M}\left(\frac{\mathrm{d}\vec{p}_1}{\mathrm{d}t} - \frac{\mathrm{d}\vec{p}_2}{\mathrm{d}t}\right)$$

$$= \frac{1}{M}\left(\frac{2\vec{R}}{|\vec{R}|^3} - \frac{\frac{1}{2}\vec{R} - \vec{r}}{\left|\vec{r} - \frac{1}{2}\vec{R}\right|^3} - \frac{\frac{1}{2}\vec{R} + \vec{r}}{\left|\vec{r} + \frac{1}{2}\vec{R}\right|^3}\right)$$

$$= \frac{2}{M}\left(\frac{\vec{R}}{|\vec{R}|^3} - \frac{1}{2}\frac{\frac{1}{2}\vec{R} - \vec{r}}{\left|\vec{r} - \frac{1}{2}\vec{R}\right|^3} - \frac{1}{2}\frac{\frac{1}{2}\vec{R} + \vec{r}}{\left|\vec{r} + \frac{1}{2}\vec{R}\right|^3}\right),$$

两端乘以 $\dfrac{M}{2}$，上式成为

$$\frac{M}{2}\frac{\mathrm{d}^2\vec{R}}{\mathrm{d}t^2} = \frac{\vec{R}}{\left|\vec{R}\right|^3} - \frac{1}{2}\frac{\frac{1}{2}\vec{R} - \vec{r}}{\left|\vec{r} - \frac{1}{2}\vec{R}\right|^3} - \frac{1}{2}\frac{\frac{1}{2}\vec{R} + \vec{r}}{\left|\vec{r} + \frac{1}{2}\vec{R}\right|^3}。 \tag{2.6.27}$$

再依据式 $(2.6.23)(2.6.24)(2.6.25)$，

$$\frac{\mathrm{d}^2\vec{r}}{\mathrm{d}t^2} = \frac{\mathrm{d}^2\vec{r}_e}{\mathrm{d}t^2} - \frac{1}{2}\left(\frac{\mathrm{d}^2\vec{r}_1}{\mathrm{d}t^2} + \frac{\mathrm{d}^2\vec{r}_2}{\mathrm{d}t^2}\right) = \frac{1}{m}\frac{\mathrm{d}\vec{p}_e}{\mathrm{d}t} - \frac{1}{2M}\left(\frac{\mathrm{d}\vec{p}_1}{\mathrm{d}t} + \frac{\mathrm{d}\vec{p}_2}{\mathrm{d}t}\right)$$

$$= -\frac{1}{m}\left(\frac{\vec{r}_e - \vec{r}_1}{\left|\vec{r}_e - \vec{r}_1\right|^3} + \frac{\vec{r}_e - \vec{r}_2}{\left|\vec{r}_e - \vec{r}_2\right|^3} + \vec{E}(t)\right)$$

$$- \frac{1}{2M}\left(\frac{\vec{r}_e - \vec{r}_1}{\left|\vec{r}_e - \vec{r}_1\right|^3} + \frac{\vec{r}_e - \vec{r}_2}{\left|\vec{r}_e - \vec{r}_2\right|^3} + 2\vec{E}(t)\right)$$

$$= -\left(\frac{1}{m} + \frac{1}{2M}\right)\left(\frac{\vec{r} - \frac{1}{2}\vec{R}}{\left|\vec{r} - \frac{1}{2}\vec{R}\right|^3} + \frac{\vec{r} + \frac{1}{2}\vec{R}}{\left|\vec{r} + \frac{1}{2}\vec{R}\right|^3}\right) - \left(\frac{1}{m} + \frac{1}{M}\right)\vec{E}(t),$$

两端乘以 $\dfrac{2Mm}{2M+m}$，上式成为

$$\frac{2Mm}{2M+m}\frac{\mathrm{d}^2\vec{r}}{\mathrm{d}t^2} = -\left(\frac{\vec{r} - \frac{1}{2}\vec{R}}{\left|\vec{r} - \frac{1}{2}\vec{R}\right|^3} + \frac{\vec{r} + \frac{1}{2}\vec{R}}{\left|\vec{r} + \frac{1}{2}\vec{R}\right|^3}\right) - \frac{2(M+m)}{2M+m}\vec{E}(t)。 \tag{2.6.28}$$

若记 $\varOmega = \dfrac{M}{2}$，$\omega = \dfrac{2Mm}{2M+m}$，$\vec{P} = \varOmega\dfrac{\mathrm{d}\vec{R}}{\mathrm{d}t}$，$\vec{p} = \omega\dfrac{\mathrm{d}\vec{r}}{\mathrm{d}t}$，$\sigma = \dfrac{2(M+m)}{2M+m}$，引进 $V_{\mathrm{ex}}(\vec{r}) = \sigma\vec{r}\cdot\vec{E}(t)$，

$$V(\vec{R}, \vec{r}) = V_c(\vec{R}, \vec{r}) + V_{\mathrm{ex}}(\vec{r}), \tag{2.6.29}$$

则式 $(2.6.27)$ 和式 $(2.6.28)$ 成为

$$\frac{\mathrm{d}\vec{P}}{\mathrm{d}t} = \frac{\vec{R}}{\left|\vec{R}\right|^3} - \frac{1}{2}\frac{\frac{1}{2}\vec{R} - \vec{r}}{\left|\vec{r} - \frac{1}{2}\vec{R}\right|^3} - \frac{1}{2}\frac{\frac{1}{2}\vec{R} + \vec{r}}{\left|\vec{r} + \frac{1}{2}\vec{R}\right|^3} = -\frac{\partial V(\vec{R}, \vec{r})}{\partial\vec{R}},$$

$$\frac{\mathrm{d}\vec{p}}{\mathrm{d}t} = -\left(\frac{\vec{r} - \frac{1}{2}\vec{R}}{\left|\vec{r} - \frac{1}{2}\vec{R}\right|^3} + \frac{\vec{r} + \frac{1}{2}\vec{R}}{\left|\vec{r} + \frac{1}{2}\vec{R}\right|^3}\right) - \sigma\vec{E}(t) = -\frac{\partial V(\vec{R}, \vec{r})}{\partial\vec{r}}。$$

以上说明, 在这个质心坐标系中, 氢分子离子系统在激光场中的运动约化成质量分别为 $\Omega = \dfrac{M}{2}$ 和 $\omega = \dfrac{2Mm}{2M+m}$ 的 "假想 2 粒子系统" 在势场 (2.6.29) 和 (6.3.17) 中的运动, 它们的正则坐标 $\vec{R}, \vec{r}$ 和共轭正则动量 $\vec{P}, \vec{p}$ 满足正则方程

$$\frac{\mathrm{d}\vec{R}}{\mathrm{d}t} = \frac{\vec{P}}{\Omega}, \quad \frac{\mathrm{d}\vec{P}}{\mathrm{d}t} = -\frac{\partial V(\vec{R}, \vec{r})}{\partial \vec{R}},$$

$$\frac{\mathrm{d}\vec{r}}{\mathrm{d}t} = \frac{\vec{p}}{\omega}, \quad \frac{\mathrm{d}\vec{p}}{\mathrm{d}t} = -\frac{\partial V(\vec{R}, \vec{r})}{\partial \vec{r}},$$

$\Omega = \dfrac{M}{2}$ 和 $\omega = \dfrac{2Mm}{2M+m}$ 是氢分子离子系统的约化质量, $V_{\mathrm{ex}}(\vec{r}) = \sigma \vec{r} \cdot \vec{E}(t)$ 是这个质心坐标系中激光场与氢分子离子的相互作用势, 它对应着固定原点直角坐标系中势函数 $v(\vec{r}_1, \vec{r}_2, \vec{r}_e)$ 里的 $-(\vec{r}_1 + \vec{r}_2) \cdot \vec{E}(t) + \vec{r}_e \cdot \vec{E}(t) = \vec{r} \cdot \vec{E}(t) - \dfrac{1}{2}(\vec{r}_1 + \vec{r}_2) \cdot \vec{E}(t)$, 激光场对两个核和电子的作用 "约化" 到 $\sigma = \dfrac{2(M+m)}{2M+m}$ 中, 故而将 σ 称为 "约化参数"; 在质心坐标系中激光场对核间距为 $\vec{R}$ 的两个核所做的功之和为零, 这是因为两个核的坐标分别为 $\dfrac{\vec{R}}{2}$ 和 $-\dfrac{\vec{R}}{2}$, 激光场对两个核所做的功 $-\left(\dfrac{\vec{R}}{2} + \left(-\dfrac{\vec{R}}{2}\right)\right) \cdot \vec{E}(t) = 0$。

在上面的推导中, 若取两个核的质心为原点, 取两个核的连线为 x 轴, 建立质心直角坐标系, 则两个核在 x 轴上运动且等距地分布在质心的两侧。记两个核间的距离为 R, 于是两个核的坐标分别为 $\left(\dfrac{R}{2}, 0, 0\right)$ 和 $\left(-\dfrac{R}{2}, 0, 0\right)$; 再记电子坐标为 (x, y, z), 则 x, y, z 和 R 是独立坐标, 坐标数由 6 个减少为 4 个, 上面的推导过程将简化。

致谢

感谢吉林大学物理学院郑以松教授, 郑老师仔细审阅了第 2 章, 对多处特别对第 6 节 "推导约化质量举例" 提出了宝贵的修改意见和建议。

参 考 文 献

[1] 李延欣, 丁培柱, 吴承埙, 等. A_2B 模型分子经典轨迹的辛算法计算. 高等学校化学学报, 1994, 15(8): 1181–1186.

[2] Banerjee A, Adams N P. Separation of classical equation of motion based on symmetry. J. Chem. Phys., 1989, 91(9): 5444–5450.

[3] 石爱民, 母英魁, 丁培柱. N_2 双原子系统经典轨迹的辛算法计算, 计算物理, 1997, 14: 433–434.

[4] Ley-Koo E, et al. Vibrational levels and Frank-Condon factors of diatomic molecules via morse potentials in a box. Intern. J. Quantum Chem., 1995, 56: 175–186.

[5]　唐敖庆, 杨忠志, 李前树. 量子化学. 北京: 科学出版社, 1982. 10–12.

[6]　匙玉华, 刘学深, 丁培柱. 啁啾激光场中 HF 分子的经典解离. 物理学报, 2006, 55: 6320–6325.

[7]　匙玉华. HF 分子在激光场中的经典解离与辛算法计算. 吉林大学硕士学位论文, 2005.

[8]　刘世兴, 王怀民, 祁月盈, 等. 强激光场中 CO 分子经典轨迹的辛算法. 计算物理, 2005, 22: 325–328.

[9]　Lin J T, Jiang T F. Cantori barriers in the exicitation of a diatomic molecule by chirped pulses. J. Phys. B: At. Mol. Opt. Phys, 1999, 32:4001.

[10]　刘世兴. 激光场中氢分子离子动力学行为的经典理论与保结构计算. 吉林大学硕士学位论文, 2004: 16–20.

[11]　Ohta Y, Maki J, Nagao H, et al. Ionization process of the hydrogen atom in intense laser fields: Non-Born-Oppenheimer 1D model calculations. Intern. J. Quantum Chem., 2004, 97: 891–895.

[12]　Duan Y, Liu W K, Yuan J M. Classical dynamics of ionization, and harmonic generation of a hydrogen molecular ion in intense laser fields: A collinear model. Phys. Rev. A, 2000, 61: 053403.

[13]　Leopold J G, Percival I C. Ionisation of highly excited atoms by electric fields III. Microwave ionisation and excitation. J. Phys. B, 1979, 12(5): 709–721.

[14]　郭静. 强场中氢分子离子经典动力学性质研究与保结构计算. 吉林大学硕士学位论文, 2007.

[15]　Guo J, Liu X S, Yan B, et al. Classical dynamics of 3D Hydrogen molecular ion H_2^+ in intense laser field. Journal of Mathematical Chemistry, 2008, 43(3): 1052–1068.

[16]　Chelkowski S, Zuo T, Atabek O, et al. Dissociation, ionization, and Coulomb explosion of H_2^+ in an intense laser field by numerical integration of the time dependent Schrödinger equation. Phys. Rev. A, 1995, 52(4): 2977–2983.

[17]　Chelkowski S, Conjustean A, Zuo T, et al. Dissociative ionization of H_2^+ in an intense laser field: Charge-resonance-enhanced ionization, Coulomb explosion, and Harmonic generation at 600 nm. Phys. Rev. A, 1996, 54(4): 3235–3244.

[18]　Qu W X, Hu S X, Xu Z Z. Classical dynamics of H_2^+ interacting with an ultrashort intense laser pulse. Phys. Rev. A, 1998, 57(3): 2219–2222.

[19]　郭静. 强场下多电子原子与分子系统动力学的理论研究. 吉林大学博士学位论文, 2010.

[20]　Guo J, Liu X S. Lithium ionization by intense laser fields with classical ensemble simulations. Phys. Rev. A, 2008, 78: 013401.

[21]　Guo J, Yu W W, Liu X S. Double ionization of Helium with classical ensemble simulations. Phys. Lett. A, 2008, 372: 5799–5803.

[22]　Guo J, Liu X S, Chu S-I. Exploration of nonsequential-double-ionization dynamics of Mg atom in linearly and circularly polarized laser fields with different potentials. Phys. Rev. A, 2013, 88: 023405.

[23] Guo J, Wang T, Liu X S, et al. Non-sequential double ionization of Mg atom in ellipti-
      cally polarized laser fields. Laser Physics, 2013, 23: 055303.

[24] 何建锋. 基元反应 $N(^4S)+O_2(X^3\Sigma_g^-) \rightarrow NO(X^2\Pi)+O(^3P)$ 的准经典轨线研究与辛算法计
      算. 吉林大学博士学位论文, 2005.

[25] He J F, Liu S X, Liu X S, et al. A quasiclassical trajectory study for the $N(^4S)+$
      $O_2(X^3\Sigma_g^-) \rightarrow NO(X^2\Pi)+O(^3P)$ atmospheric reaction based on a new ground potential
      energy surface. Chemical Physics, 2005, 315: 87–96.

[26] He J F, Hua W, Liu X S, et al. Computation of quasiclassical trajectories by symplectic
      algorithm for the $N(^4S)+O_2(X^3\Sigma_g^-) \rightarrow NO(X^2\Pi)+O(^3P)$ reaction system. Journal of
      Mathematical Chemistry, 2005, 37: 127–138.

[27] Liu X S, Qi Y Y, He J F, et al. Recent progress in symplectic algorithms for use in
      quantum systems. Commun. Comput. Phys., 2007, 2(1): 1–53.

第 3 章 定态 Schrödinger 方程的辛形式与辛算法[1]

定态 Schrödinger 方程是量子物理中最基本的方程之一, 经常需要求解定态 Schrödinger 方程的本征值问题, 特别是研究强场原子分子物理和散射问题等还要遇到定态 Schrödinger 方程无穷空间上的本征值问题, 不仅需要计算分立态, 还需要计算连续态. 以往求解定态 Schrödinger 方程的本征值问题常采用展开法、差分法、有限元法和 Numerov 方法[2-5] 等. 最近我们将定态 Schrödinger 方程转化成了等价的正则方程组, 指出了它的解从空间一个点到另一个点是辛变换, 量子系统的空间分布具有辛群对称性, 提出了求解定态 Schrödinger 方程无穷空间本征值问题计算分立态的辛 - 矩阵法和辛–打靶法[6-7], 保证了波函数 (特别是高激发态) 可以计算到充分远空间; 提出了计算连续态的保 Wronskian 算法, 保证了每个正能量本征值的两个简并连续态在充分远空间上的线性无关性[8-9]. 辛–矩阵法和辛–打靶法也适用于计算定态 Schrödinger 方程有限空间本征值问题的分立态.

本章介绍一维定态 Schrödinger 方程无穷空间上本征值问题的辛算法. 3.1 节介绍一维定态 Schrödinger 方程的辛形式 —— 将一维定态 Schrödinger 方程转换成形式 Newton 方程, 再通过经典 Legendre 变换转化成 Hamilton 正则方程; 3.2 节～3.4 节先后介绍数值求解一维定态 Schrödinger 方程无穷空间本征值问题计算分立态的辛–矩阵法、辛 - 打靶法和计算连续态的保 Wronskian 算法; 3.5 节介绍二维定态 Schrödinger 方程无穷空间本征值问题分立态的辛–打靶法. 本章的最后, 3.6 节介绍了数值求解定态 Schrödinger 方程无穷空间本征值问题基态和低激发态的虚时间演化法[10,11].

3.1 一维定态 Schrödinger 方程的辛形式

考虑一维定态 Schrödinger 方程

$$-\frac{1}{2}\frac{\mathrm{d}^2\psi}{\mathrm{d}x^2} + V(x)\psi = E\psi, (-\infty < x < \infty) \tag{3.1.1}$$

其中 E 是能量本征值, $V(x)$ 是势函数, $\psi(x)$ 是波函数. 记 $B(x) = 2[E - V(x)]$,

$U(x, \psi) = \dfrac{1}{2}B(x)\psi^2$, 方程 (3.1.1) 可重新写成

$$\frac{\mathrm{d}^2\psi}{\mathrm{d}x^2} = -\frac{\partial U}{\partial \psi}\text{。} \tag{3.1.2}$$

如果将变量 x 看成 "时间" 变量, 将 $\psi(x)$ 和 $U(x, \psi)$ 分别看成广义坐标和势函数, 则 $\dfrac{\mathrm{d}\psi}{\mathrm{d}x}$ 和 $\dfrac{\mathrm{d}^2\psi}{\mathrm{d}x^2}$ 分别看成广义速度和广义加速度, 方程 (3.1.2) 形式上是描述单位质量粒子运动的 Newton 方程。记 $\dot{\psi} = \dfrac{\mathrm{d}\psi}{\mathrm{d}x}$, $\ddot{\psi}(x) = \dfrac{\mathrm{d}^2\psi}{\mathrm{d}x^2}$, 引进 Lagrange 函数

$$L(\psi, \dot{\psi}, x) = T - U = \frac{1}{2}\dot{\psi}^2 - \frac{1}{2}B(x)\psi^2, \tag{3.1.3}$$

它是关于 $\dot{\psi}$ 的正定二次型。Lagrange 函数 $L(\psi, \dot{\psi}, x)$ 的 Legendre 变换是

$$H(\psi, \varphi, x) = \varphi\dot{\psi} - L(\psi, \dot{\psi}, x), \tag{3.1.4}$$

$$\frac{\partial}{\partial \dot{\psi}}(\varphi\dot{\psi} - L(\psi, \dot{\psi}, x)) = 0\text{。} \tag{3.1.5}$$

由方程 (3.1.5) 可得到 $\varphi = \dfrac{\partial L}{\partial \dot{\psi}} = \dot{\psi}$, 代入方程 (3.1.4) 得到 Hamilton 函数

$$H(\psi, \varphi, x) = \frac{\varphi^2}{2} + \frac{1}{2}B(x)\psi^2 \tag{3.1.6}$$

和相应的 Hamilton 正则方程

$$\frac{\mathrm{d}\psi}{\mathrm{d}x} = \frac{\partial H}{\partial \varphi} = \varphi, \quad \frac{\mathrm{d}\varphi}{\mathrm{d}x} = -\frac{\partial H}{\partial \psi} = -B(x)\psi, \tag{3.1.7}$$

正则方程 (3.1.7) 可写成矩阵形式

$$\frac{\mathrm{d}}{\mathrm{d}x}\begin{pmatrix} \psi \\ \varphi \end{pmatrix} = \begin{pmatrix} 0 & 1 \\ -B(x) & 0 \end{pmatrix}\begin{pmatrix} \psi \\ \varphi \end{pmatrix}, \tag{3.1.8}$$

它的系数矩阵

$$G(x) = \begin{pmatrix} 0 & 1 \\ -B(x) & 0 \end{pmatrix} = \begin{pmatrix} 0 & 1 \\ -1 & 0 \end{pmatrix}\begin{pmatrix} B(x) & 0 \\ 0 & 1 \end{pmatrix}$$

是无穷小辛矩阵。所以量子系统 (3.1.1) 是以 ψ 为正则坐标, 以 $\varphi = \dfrac{\mathrm{d}\psi}{\mathrm{d}x}$ 为共轭正则动量, Hamilton 函数 $H(\psi, \varphi, x) = \dfrac{\varphi^2}{2} + \dfrac{1}{2}B(x)\psi^2$ 的 Hamilton 系统, 等价于一维

定态 Schrödinger 方程 (3.1.1) 的 Hamilton 正则方程 (3.1.7) 是线性微分方程, 它的解

$$\left(\begin{array}{c} \psi(x_0) \\ \varphi(x_0) \end{array} \right) = \exp\left(\int_0^x \left(\begin{array}{cc} 0 & 1 \\ -B(x) & 0 \end{array} \right) \mathrm{d}x \right) \left(\begin{array}{c} \psi(x_0) \\ \varphi(x_0) \end{array} \right),$$

其中从空间一点 x_1 到另一点 x_2 的变换

$$g_{\mathrm{H}}^{x_0 x_1} = \exp\left(\int_{x_0}^{x_1} \left(\begin{array}{cc} 0 & 1 \\ -B(x) & 0 \end{array} \right) \mathrm{d}x \right) : \left(\begin{array}{c} \psi(x_0) \\ \varphi(x_0) \end{array} \right) \to \left(\begin{array}{c} \psi(x_1) \\ \varphi(x_1) \end{array} \right) = g_{\mathrm{H}}^{x_0 x_1} \left(\begin{array}{c} \psi(x_0) \\ \varphi(x_0) \end{array} \right)$$

是一个辛变换[12]。因此, 正则方程 (3.1.7) 的解的空间变化是辛变换的变化, 保持辛积守恒, 也保持辛结构守恒。所以辛算法 —— 将一维定态 Schrödinger 方程转化成 Hamilton 正则方程而后采用辛格式求解 —— 是数值求解一维定态 Schrödinger 方程的合理的数值方法[13]。如果将 x 看成 "时间" 变量, 由 Hamilton 函数 (3.1.6) 可知, 这个 Hamilton 系统是形如 (1.2.39) 和 (1.2.40) 的更为特殊的显含 "时间" 可分线性 Hamilton 系统, 因此可以采用辛格式 (1.2.42)~(1.2.46) 数值求解。

微分方程研究中常用的将高阶微分方程转化成等价一阶微分方程组的方法, 是将一维定态 Schrödinger 方程转化成等价 Hamilton 正则方程的另一条更为简捷的途径 —— 令 $\dfrac{\mathrm{d}\psi}{\mathrm{d}x} = \varphi$, 则 $\dfrac{\mathrm{d}\varphi}{\mathrm{d}x} = \dfrac{\mathrm{d}^2\psi}{\mathrm{d}x^2} = -B(x)\psi$, 二阶微分方程 (3.1.1) 直接转化成等价的一阶微分方程组 (3.1.7)

$$\frac{\mathrm{d}\psi}{\mathrm{d}x} = \varphi, \quad \frac{\mathrm{d}\varphi}{\mathrm{d}x} = -B(x)\psi。$$

3.2　一维定态 Schrödinger 方程的辛–矩阵法

3.1 节中一维定态 Schrödinger 方程转化成了 Hamilton 正则方程, 它的解的空间变化是辛变换的变化, 辛算法是数值求解定态 Schrödinger 方程的合理方法。考虑一维定态 Schrödinger 方程 (3.1.1) 满足边界条件

$$\psi(-\infty) = 0, \quad \psi(+\infty) = 0 \tag{3.2.1}$$

的无穷空间本征值问题。如果左边界和右边界分别在足够远 a 和 b 处截断, 并近似地取零边界条件, 则一维定态 Schrödinger 方程的无穷空间本征值问题 (3.1.1) (3.2.1) 截断成有界空间本征值问题

$$-\frac{1}{2}\frac{\mathrm{d}^2\psi}{\mathrm{d}x^2} + V(x)\psi = E\psi, (a < x < b) \tag{3.1.1$_{ab}$}$$

$$\psi(a) = 0, \quad \psi(b) = 0。 \tag{3.2.2}$$

取充分大的正整数 N, 步长 $h = (b-a)/N$, 记 $x_0 = a$, $x_j = a+jh$, $j = 1, 2, \cdots, N-1$, $x_N = b$; $\psi^j = \psi(x_j)$, $\varphi^j = \varphi(x_j)$. 3.1 节已经指出, 一维定态 Schrödinger 方程 (3.1.1) 转化成的 Hamilton 正则方程 (3.1.7) 是形如式 (1.2.40) 的显含 "时间" 可分线性 Hamilton 系统, 应该采用显式辛格式 (1.2.42)~(1.2.46) 数值求解. 譬如, 一阶显式辛格式 (1.2.46)

$$\varphi^{j+1} = \varphi^j - hB^{j+\frac{1}{2}}\psi^j, \quad \psi^{j+1} = \psi^j + h\varphi^{j+1},$$

其中 $B^{j+\frac{1}{2}} = B\left(x_j + \dfrac{h}{2}\right)$, $V^{j+\frac{1}{2}} = V\left(x_j + \dfrac{h}{2}\right)$. 从中消去 φ^j 和 φ^{j+1}, 得到

$$-\psi^{j-1} + \left\{2 - 2h^2\left(E - V^{j+\frac{1}{2}}\right)\right\}\psi^j - \psi^{j+1} = 0;$$

依据边界条件 (3.2.2), $\psi^0 = 0$, $\psi^N = 0$, 一维定态 Schrödinger 方程本征值问题 (3.1.1)$_{ab}$(3.2.2) 离散成代数矩阵本征值问题

$$(A - 2h^2 EI)\psi = 0, \tag{3.2.3}$$

其中 I 是单位矩阵, $\psi = (\psi^1\psi^2\cdots\psi^{N-1})^{\mathrm{T}}$, A 是实对称三对角矩阵

$$A = \begin{pmatrix} 2+2h^2V^{1+\frac{1}{2}} & -1 & & & 0 \\ -1 & 2+2h^2V^{2+\frac{1}{2}} & -1 & & \\ & & \ddots & & \\ & & -1 & 2+2h^2V^{N-2+\frac{1}{2}} & -1 \\ 0 & & & -1 & 2+2h^2V^{N-1+\frac{1}{2}} \end{pmatrix}.$$

数值求解这个实对称三对角矩阵的本征值问题 (3.2.3) 即可算得本征值和相应的数值本征函数. 这种数值求解一维定态 Schrödinger 方程本征值问题的方法称为辛–矩阵法.

也可以应用辛格式建立二维定态 Schrödinger 方程本征值问题的辛–矩阵法, 譬如应用 3 阶辛格式将二维定态 Schrödinger 方程本征值问题离散成代数矩阵本征值问题 [14].

3.3 一维定态 Schrödinger 方程的辛–打靶法

打靶法是求解两点边值问题的有效方法, 它把边值问题转化为初值问题来求解 [15]. 下面介绍求解一维定态 Schrödinger 方程本征值问题的辛–打靶法.

取 x_c 为 (a, b) 的中点 (一般地, 可取 x_c 为区间 (a, b) 中任意一点 ($a < x_c < b$)). 取充分大正整数 N, 步长 $h = (x_c - a)/N = (b - x_c)/N$, 记 $x_i = a + ih$,

$i = 0, 1, \cdots, N, \cdots, 2N - 1, 2N$。将左边界 a 和右边界 b 都看成初始点, 并分别取初始条件

$$
\left(\begin{array}{c} \psi_{\mathrm{L}}(a) \\ \varphi_{\mathrm{L}}(a) \end{array} \right) = \left(\begin{array}{c} 0 \\ 1 \end{array} \right) \quad \text{和} \quad \left(\begin{array}{c} \psi_{\mathrm{R}}(b) \\ \varphi_{\mathrm{R}}(b) \end{array} \right) = \left(\begin{array}{c} 0 \\ 1 \end{array} \right), \tag{3.3.1}
$$

采用辛格式同时从左边界 a 数值解正则方程的初值问题 (3.1.7) 和 (3.3.1) 计算至点 x_c 和从右边界 b 数值解正则方程的初值问题 (3.1.7)(3.3.1) 计算至点 x_c, 分别得到数值解

$$
\left(\begin{array}{c} \psi_{\mathrm{L}}(x_i) \\ \varphi_{\mathrm{L}}(x_i) \end{array} \right), \quad i = 0, 1, \cdots, N \quad \text{和} \quad \left(\begin{array}{c} \psi_{\mathrm{R}}(x_i) \\ \varphi_{\mathrm{R}}(x_i) \end{array} \right), \quad i = N, N+1, \cdots, 2N。
$$

因为正则方程 (3.1.7) 和初始条件 (3.3.1) 是线性齐次的, 如果初始条件改为

$$
\left(\begin{array}{c} \psi_{\mathrm{L}}(a) \\ \varphi_{\mathrm{L}}(a) \end{array} \right) = c_1 \left(\begin{array}{c} 0 \\ 1 \end{array} \right) \quad \text{和} \quad \left(\begin{array}{c} \psi_{\mathrm{R}}(b) \\ \varphi_{\mathrm{R}}(b) \end{array} \right) = c_2 \left(\begin{array}{c} 0 \\ 1 \end{array} \right),
$$

其中常数 c_1 和 c_2 待定, 则相应的数值解分别是

$$
c_1 \left(\begin{array}{c} \psi_{\mathrm{L}}(x_i) \\ \varphi_{\mathrm{L}}(x_i) \end{array} \right), i = 0, 1, \cdots, N \quad \text{和} \quad c_2 \left(\begin{array}{c} \psi_{\mathrm{R}}(x_i) \\ \varphi_{\mathrm{R}}(x_i) \end{array} \right), \quad i = N, N+1, \cdots, 2N。
$$

为求解本征值问题 $(3.1.1)_{ab}(3.2.2)$, 应该求得非零的 c_1 和 c_2, 使得这两个解在 $x = x_c$ 处相等, 即

$$
c_1 \left(\begin{array}{c} \psi_{\mathrm{L}}(x_c) \\ \varphi_{\mathrm{L}}(x_c) \end{array} \right) - c_2 \left(\begin{array}{c} \psi_{\mathrm{R}}(x_c) \\ \varphi_{\mathrm{R}}(x_c) \end{array} \right) = 0,
$$

或者写成矩阵形式

$$
\left(\begin{array}{cc} \psi_{\mathrm{L}}(x_c) & -\psi_{\mathrm{R}}(x_c) \\ \varphi_{\mathrm{L}}(x_c) & -\varphi_{\mathrm{R}}(x_c) \end{array} \right) \left(\begin{array}{c} c_1 \\ c_2 \end{array} \right) = 0。 \tag{3.3.2}
$$

这是一个以 c_1 和 c_2 为未知数的齐线性代数方程组。因为待求的能量本征值 E 出现在微分方程 (3.1.7) 的 $B(x) = 2[E - V(x)]$ 中, 所以 E 隐含在算得的 $\left(\begin{array}{c} \psi_{\mathrm{L}}(x_c) \\ \varphi_{\mathrm{L}}(x_c) \end{array} \right)$ 和 $\left(\begin{array}{c} \psi_{\mathrm{R}}(x_c) \\ \varphi_{\mathrm{R}}(x_c) \end{array} \right)$ 中。至此, 一维定态 Schrödinger 方程本征值问题 (3.1.1)(3.2.2) 转化成求本征值 E 和本征向量 $\left(\begin{array}{c} c_1 \\ c_2 \end{array} \right)$ 的 (非线性) 代数本征值问题 (3.3.2)。这个齐

线性代数方程组 (3.2.2) 有非零解 $\begin{pmatrix} c_1 \\ c_2 \end{pmatrix}$ 的充分必要条件是系数行列式为零, 即

$$D_E(x_c) = \det \begin{pmatrix} \psi_L(x_c) & -\psi_R(x_c) \\ \varphi_L(x_c) & -\varphi_R(x_c) \end{pmatrix} = 0。 \qquad (3.3.3)$$

理论上已知, 一维定态 Schrödinger 方程本征值问题 (3.1.1)(3.2.2) 有无穷个分立的本征值

$$E_0 < E_1 < \cdots < E_j < \cdots \to 0,$$

仅对特殊的势函数 $V(x)$, 譬如, 一维 Pöschl-Teller (P-T) 模型势 $V(x) = \dfrac{U_0}{\cosh^2(\alpha_0 x)}$ 和 Debye-Huckel 势 $V(x) = -\dfrac{Z}{r}\exp(-\mu r)^{[16]}$ 本征值问题 (3.1.1)(3.2.2) 有有限个本征值

$$E_0 < E_1 < \cdots < E_L < 0。$$

对每个 E_j, $D_{E_j}(x_c) = 0$; 当 $E \neq E_j$ 时, $D_E(x_c) \neq 0$。从物理上考虑可以给出本征值的一个下界 $E_{\min}$, 取充分多的分点 $E_{\min}, E_1, E_2, \cdots, 0$ 将区间 $[E_{\min}, 0]$ 等分, 在 (3.1.7) 中依次取 E 等于 $E_{\min}, E_1, E_2, \cdots$, 对每个 E_j 采用辛格式分别从点 a 到 x_c 和从点 b 到 x_c 数值求解初值问题 (3.1.7)(3.3.1), 再应用算得的解在 x_c 点的数值计算行列式的数值 $D_{E_{\min}}(x_c)$, $D_{E_1}(x_c)$, $D_{E_2}(x_c)$, $\cdots$, (若某个行列式为零, 这个分点 E_j 就是精确的本征值; 这种简单情况无须赘述) 找出所有这样的小区间

$$E_{\min} < E_{j_0} < E_{j_0+1} \leqslant E_{j_1} < E_{j_1+1} \leqslant \cdots,$$

使得

$$D_{j_0}(x_c) \cdot D_{j_0+1}(x_c) < 0, \quad D_{j_1}(x_c) \cdot D_{j_1+1}(x_c) < 0, \cdots,$$

即小区间两个端点的行列式数值 $D_{j_0}(x_c)$ 与 $D_{j_0+1}(x_c)$ 反号, $D_{j_1}(x_c)$ 与 $D_{j_1+1}(x_c)$ 反号, $\cdots$, 取

$$E_0 = \frac{1}{2}(E_{j_0} + E_{j_0+1}), E_1 = \frac{1}{2}(E_{j_1} + E_{j_1+1}), \cdots$$

为近似本征值, 在正则方程 (3.1.17) 中用近似本征值 E_j 代替 E, 再采用辛格式 (1.2.43)~(1.2.46) 分别自 a 至 x_c 和自 b 至 x_c 数值求解初值问题 (3.1.7)(3.3.1), 得到解

$$\begin{pmatrix} \psi_L(x) \\ \varphi_L(x) \end{pmatrix}^j = \begin{pmatrix} \psi_L^j(x_i) \\ \varphi_L^j(x_i) \end{pmatrix}, \quad i = 0, 1, \cdots, N$$

和

$$\begin{pmatrix} \psi_R(x) \\ \varphi_R(x) \end{pmatrix}^j = \begin{pmatrix} \psi_R^j(x_i) \\ \varphi_R^j(x_i) \end{pmatrix}, = N, N+1, \cdots, 2N,$$

以及 (3.3.2) 中的系数矩阵 $\begin{pmatrix} \psi_{\mathrm{L}}^j(x_{\mathrm{c}}) & -\psi_{\mathrm{R}}^j(x_{\mathrm{c}}) \\ \varphi_{\mathrm{L}}^j(x_{\mathrm{c}}) & -\varphi_{\mathrm{R}}^j(x_{\mathrm{c}}) \end{pmatrix}$, 再数值解代数本征值问题 (3.3.2)

求得相应于本征值 E_j 的本征向量 $\begin{pmatrix} c_1^j \\ c_2^j \end{pmatrix}$, 于是得到本征值问题 (3.1.7)(3.2.2) 相

应于本征值 E_j 的数值本征函数

$$\begin{pmatrix} \psi(x) \\ \varphi(x) \end{pmatrix}^j = \begin{pmatrix} \psi^j(x_i) \\ \varphi^j(x_i) \end{pmatrix}$$

$$= \begin{cases} c_1^j \begin{pmatrix} \psi_{\mathrm{L}}(x_i) \\ \varphi_{\mathrm{L}}(x_i) \end{pmatrix}^j, & i=0,1,\cdots,N \\ c_2^j \begin{pmatrix} \psi_{\mathrm{R}}(x_i) \\ \varphi_{\mathrm{R}}(x_i) \end{pmatrix}^j, & i=N,1,\cdots,2N, \end{cases} \quad j=1,2,\cdots,$$

详写之

$$\begin{pmatrix} \psi(x) \\ \varphi(x) \end{pmatrix}^j = \begin{pmatrix} \psi^{j,0}=0\,,\,\psi^{j,1},\cdots,\psi^{j,N},\cdots,\psi^{j,2N-1}\,,\psi^{j,2N}=0 \\ \varphi^{j,0}=c_1^j\,,\varphi^{j,1},\cdots,\varphi^{j,N},\cdots,\varphi^{j,2N-1}\,,\varphi^{j,2N}=c_2^i \end{pmatrix},$$

其中

$$\psi^{j,i}=c_1^j\psi_{\mathrm{L}}^j(x_i),\quad i=0,1,\cdots,N;\quad \psi^{j,i}=c_2^j\psi_{\mathrm{R}}^j(x_i),\quad i=N,\cdots,2N-1,2N;$$

$$\varphi^{j,i}=c_1^j\varphi_{\mathrm{L}}^j(x_i),\quad i=0,1,\cdots,N;\quad \varphi^{j,i}=c_2^j\varphi_{\mathrm{R}}^j(x_i),\quad i=N,\cdots,2N-1,2N;$$

$$\psi^{j,N}=c_1^j\psi_{\mathrm{L}}^j(x_N=x_{\mathrm{c}})=c_2^j\psi_{\mathrm{R}}^j(x_N=x_{\mathrm{c}}),\quad \varphi^{j,N}=c_1^j\varphi_{\mathrm{L}}^j(x_N=x_{\mathrm{c}})=c_2^j\varphi_{\mathrm{R}}^j(x_N=x_{\mathrm{c}})。$$

最后求得一维定态 Schrödinger 方程本征值问题 (3.1.1)(3.2.1) 的本征值和相应的数值本征函数

$$E_j\quad (\psi^{j,0}=0\ \psi^{j,1}\cdots\psi^{j,N}\cdots\psi^{j,2N-1}\ \psi^{j,2N}=0)^{\mathrm{T}},\quad j=0,1,2,\cdots.$$

　　像通常那样, 应用二分法可以求得更加精确的近似本征值和数值本征函数。再应用通常的办法可将本征函数规一化。这就是辛–打靶法的基本思想, 可以用图 3.3.1 直观地描述.

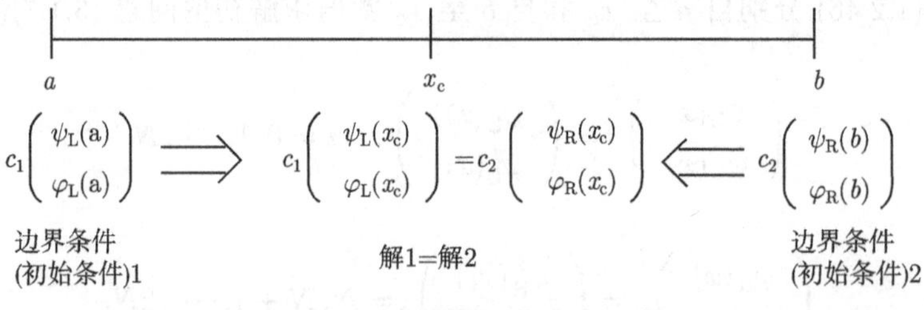

图 3.3.1　辛–打靶法的基本思想

下面应用辛–打靶法计算一维双阱势谐振子的能量本征值和具有 Morse 势函数的量子系统的能量本征值和本征波函数。

例 1 求解具有双阱势 $V(x) = \dfrac{\lambda}{4}\left(x^2 - \dfrac{1}{\lambda}\right)^2$ 的一维谐振子的本征值问题

$$
\begin{cases}
-\dfrac{1}{2}\dfrac{\partial^2 \psi}{\partial x^2} + V(x)\psi = E\psi & (-\infty < x < +\infty), \\
\psi(-\infty) = 0, \qquad\qquad \psi(+\infty) = 0
\end{cases}
\tag{3.3.4}
$$

此处 λ 是一个参数。计算中取 $b = -a = 20$, 步长 $h = 0.004$。表 3.3.1 是采用 4 阶显式辛格式 (1.2.45) 进行辛–打靶法计算得到的能量本征值, 其中精确值取自 Banerjee 等[17]。从表中看到, 计算值与精确值符合得很好。

表 3.3.1 双阱势谐振子的能量本征值

n	λ	辛–打靶法		精确值	
0	0.02	0.702025	0.702026	0.702024	0.702024
0	0.04	0.696764	0.696765	0.696763	0.696763
0	0.06	0.691302	0.691304	0.691300	0.691302
0	0.06	0.685562	0.685655	0.685561	0.685654
1	0.02	2.085097	2.085098	2.085096	2.085096
1	0.04	2.046000	2.046015	2.046014	2.046014
1	0.06	2.003025	2.003328	2.003024	2.003327
1	0.08	1.950680	1.959130	1.950679	1.959131

例 2 求解一维定态 Schrödinger 方程具有 Morse 势 $V(x) = D[\exp(-2\omega x) - 2\exp(-\omega x)]$ 的本征值问题

$$
\begin{cases}
-\dfrac{1}{2}\dfrac{\partial^2 \psi}{\partial x^2} + V(x)\psi = E\psi & (-\infty < x < +\infty) \\
\psi(-\infty) = 0, \qquad\qquad \psi(+\infty) = 0
\end{cases}
\tag{3.3.5}
$$

Morse 势中的参数值 $D = 12$, $\omega = 0.204124$。采用 4 阶显式辛格式 (1.2.45) 和辛–打靶法计算了 24 个束缚态的能量本征值, 并与精确值作比较 (为了节省时间, 计算中截断点 a 和 b 选取了不同的数值)。这个本征值问题的精确本征值

$$
E_n = -12 + \left(n + \frac{1}{2}\right) - \frac{1}{48}\left(n + \frac{1}{2}\right)^2, \quad n = 0, 1, 2, \cdots, 23.
\tag{3.3.6}
$$

数值结果列于表 3.3.2 中, 从表 3.3.2 中可看出, 计算结果与精确值符合得很好。在图 3.3.2 中给出了本征值问题 (3.3.5) 的部分本征波函数。

表 **3.3.2**　**Morse 势的能量本征值** (x_c=0, 步长 h=0.5×10^{-3})

n	精确值	辛–打靶法	
		$a = -13.5, b = 13.5$	$a = -13.5, b = 43.5$
0	−11.50520833	−11.50520844	
1	−10.54687500	−10.54687531	
2	−9.63020833	−9.63020882	
3	−8.75520833	−8.75520899	
4	−7.92187500	−7.92187581	
5	−7.13020833	−7.13020927	
6	−6.38020833	−6.38020938	
7	−5.67187500	−5.67187614	
8	−5.00520833	−5.00520954	
9	−4.38020833	−4.38020960	
10	−3.79687500	−3.79687628	
11	−3.25520833	−3.25520830	
12	−2.75520833		−2.75520966
13	−2.29687500		−2.29687630
14	−1.88020833		−1.88020960
15	−1.50520833		−1.50520954
16	−1.17187500		−1.17187614
17	−0.88020833		−0.88020938
18	−0.63020833		−0.63020927
19	−0.42187500		−0.42187581
20	−0.25520833		−0.25520899
21	−0.13020833		−0.13020882
22	−0.04687500		−0.04685631
23	−0.00520833		−0.00520749(b=83.5)

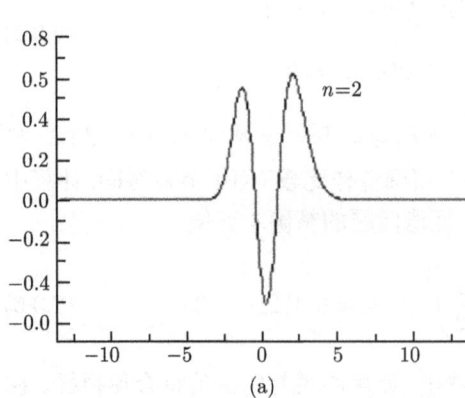

(a)

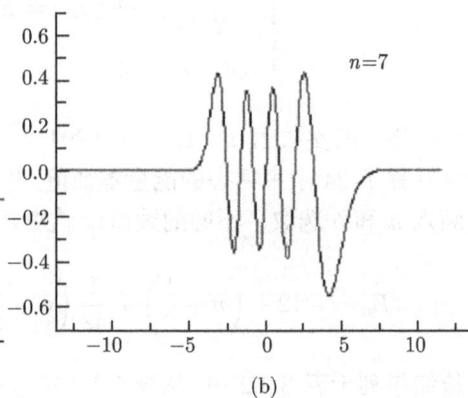

(b)

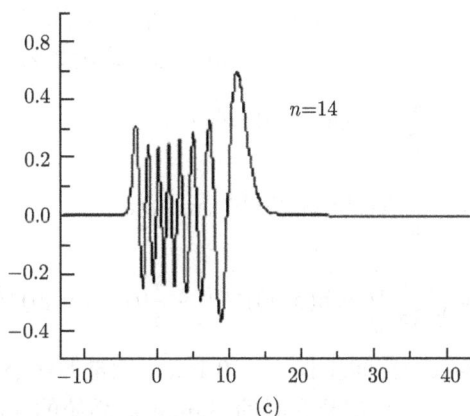

(c)

图 3.3.2 Morse 势的本征波函数

例 3 一维模型 P-T 势的分立态[9]。

一维模型 P-T 势

$$V_0(x) = -\frac{U_0}{\cosh^2(\alpha_0 x)}, \tag{3.3.7}$$

有如下的性质: $(1)V_0(x)$ 是偶函数, 即 $V_0(-x) = V_0(x)$; $(2)|V_0(x)|$ 随着 $|x|$ 增大而指数减小; (3) 对于给定的 U_0 和 α_0, $V_0(x)$ 只有有限个束缚态。

(a) 当 $U_0 = 1$ 和 $\alpha_0 = 1$ 时, P-T 势只有一个束缚态, 能量本征值 $E_0 = -0.5$a.u., 本征函数 $\varphi_0(x) = \frac{1}{\sqrt{2}\cosh x}$。取边界为 150a.u., 空间步长 $\tau = 0.1$a.u., 能量的最小值估计为 -0.55a.u., 能量步长 $\Delta E = 0.0001$a.u.。应用显含时间 Hamilton 系统的 4 阶辛格式 (1.2.45) 进行辛 - 打靶法计算, 算得本征能量 $E_0^a = -0.49999527$a.u., 本征函数如图 3.3.3 所示。

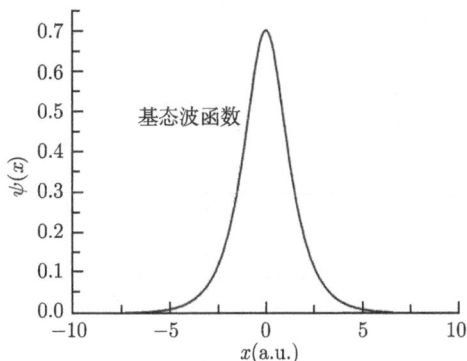

图 3.3.3 有一个束缚态 P-T 模型势的基态波函数

(b) 当 $U_0 = 0.7, \alpha_0 = 0.4$ 时, P-T 势有三个束缚态, 本征能量分别为 $E_0 = -0.5\text{a.u.}$, $E_1 = -0.18\text{a.u.}$, $E_2 = -0.02\text{a.u.}$, 相应的本征函数为

$$\varphi_0(x) = \frac{4}{\sqrt{15\pi}}(\cosh(\alpha_0 x))^{-2.5},$$

$$\varphi_1(x) = \frac{4}{\sqrt{5\pi}}(\cosh(\alpha_0 x))^{-1.5}\tanh(\alpha_0 x),$$

$$\varphi_2(x) = \sqrt{\frac{6}{5\pi}}\left[(\cosh(\alpha_0 x))^{-0.5} - \frac{4}{3}(\cosh(\alpha_0 x))^{-2.5}\right]。$$

同样地, 取边界为 150a.u., 空间步长 $\tau = 0.1\text{a.u.}$, 能量的最小值估计为 -0.55a.u., 能量步长 $\Delta E = 0.0001\text{a.u.}$. 应用显含时间 Hamilton 系统的 4 阶辛格式 (1.2.45) 进行辛 - 打靶法计算, 算得本征能量为 $E_0^a = -0.49999968\text{a.u.}$, $E_2^a = -0.17999862\text{a.u.}$, $E_1^a = -0.01999892\text{a.u.}$, 相应的分立态本征函数如图 3.3.4 所示:

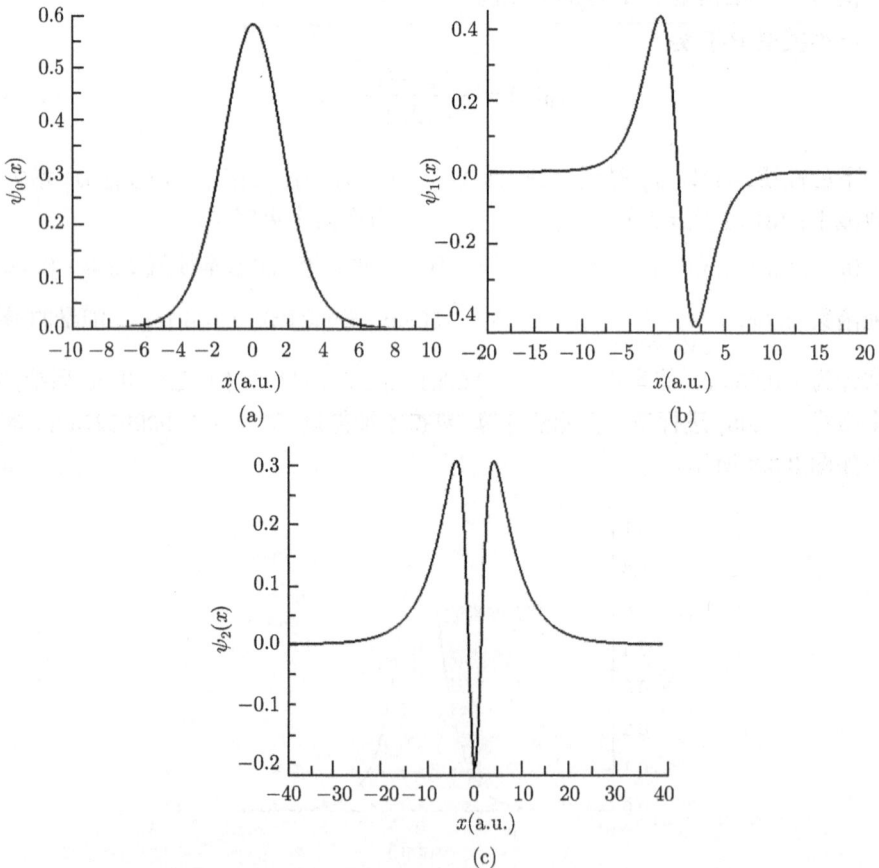

图 3.3.4　有三个束缚态 P-T 模型势的波函数, (a) 基态, (b) 第一激发态, (c) 第二激发态

例 4 匙玉华对于 HF 分子选用 Morse 势[18]

$$V(R) = D_e \left(1 - \exp(-\alpha(R - R_0))\right)^2, \quad D_e = 0.225, \quad \alpha = 1.1741, \quad R_0 = 1.7329$$

描述, 应用辛打靶法计算了前 24 个能量本征值, 见表 3.3.3, 结果与精确值符合得很好, 前 10 个能量本征值与精确值符合到小数点后第 9 位, 见匙玉华[18] 毕业论文第 28 页表 3-1。

表 3.3.3　HF 分子的能量本征值

ν	精确值	辛打靶法
0	0.009328889706	0.009328889707
1	0.027394132413	0.027394132419
2	0.044669326180	0.044669326210
3	0.061154471006	0.061154471070
4	0.076849566893	0.076849567017
5	0.091754613839	0.091754614060
6	0.105869611845	0.105869612162
7	0.119194560911	0.119194561327
8	0.131729461036	0.131729461589
9	0.143474312221	0.143474312924
10	0.154429114466	0.154429115294
11	0.164593867771	0.164593868690
12	0.173968572136	0.173968573134
13	0.182553227560	0.182553228633
14	0.190347834044	0.190347835177
15	0.197352391588	0.197352392745
16	0.203566900191	0.203566901330
17	0.208991359854	0.208991360929
18	0.213625770578	0.213625771549
19	0.217470132360	0.217470133196
20	0.220524445203	0.220524445876
21	0.222788709105	0.222788709594
22	0.224262924067	0.224262924530
23	0.224947090089	0.224954457942

3.4　一维定态 Schrödinger 方程连续态的
保 Wronskian 算法[8]

考虑一维定态 Schrödinger 方程

$$-\frac{1}{2}\frac{d^2\psi}{dx^2} + V(x)\psi = E\psi \quad (E \geqslant 0, -\infty < x < \infty) \qquad (3.4.1)$$

的正能量本征值问题, 其中势函数是局域的或速降的, 即当 $|x| \to \infty$ 时, $|V(x)| \to 0$。
当 $E \geqslant 0$ 时, 不能像 $E < 0$ 时求分立谱那样 "在空间充分远处作截断并取零边界
条件"。如像 3.1 节, 将一维定态 Schrödinger 方程 (3.4.1) 转化成等价的 Hamilton
正则方程

$$
\begin{cases}
\dfrac{\mathrm{d}\psi}{\mathrm{d}x} = \varphi, \\[2mm]
\dfrac{\mathrm{d}\varphi}{\mathrm{d}x} = -B(x)\psi, \quad B(x) = 2[E - V(x)].
\end{cases}
\tag{3.4.2}
$$

量子力学 (与线性微分方程) 理论指出 [19], 当 $E > 0$ 时, 连续谱是双重简并的; 详
言之, 对每一 $E > 0$, 方程 (3.4.1) 存在两个线性无关的连续态本征函数。特别地,
当势函数是偶函数时, 两个线性无关的连续态本征函数可以分别取为偶函数 (偶宇
称)$\psi_{\mathrm{e}}(x)$ 和奇函数 (奇宇称)$\psi_{\mathrm{o}}(x)$, 譬如, 一维 H 原子模型势①(也称软核势、屏
蔽势)$V(x) = -\dfrac{1}{\sqrt{x^2 + 2}}$ 和一维模型 P-T 势 $V(x) = -\dfrac{U_0}{\cosh^2(\alpha_0 x)}$ 就是偶函数。

令 $\varphi_{\mathrm{e}}(x) = \dfrac{\mathrm{d}\psi_{\mathrm{e}}(x)}{\mathrm{d}x}$, $\varphi_{\mathrm{o}}(x) = \dfrac{\mathrm{d}\psi_{\mathrm{o}}(x)}{\mathrm{d}x}$, $\psi_{\mathrm{e}}(x)$ 和 $\psi_{\mathrm{o}}(x)$ 线性无关的充分必要条件
是 Wronskian 守恒且非零, 即 $\begin{vmatrix} \psi_{\mathrm{e}}(x) & \varphi_{\mathrm{e}}(x) \\ \psi_{\mathrm{o}}(x) & \varphi_{\mathrm{o}}(x) \end{vmatrix} = \mathrm{const.} \neq 0$。因此应该采用保
Wronskian 算法数值计算定态 Schrödinger 方程 (3.4.1) 的两个线性无关的连续态本
征函数。对每个空间点 x, $(\psi_{\mathrm{e}}(x), \varphi_{\mathrm{e}}(x))^{\mathrm{T}}$ 和 $(\psi_{\mathrm{o}}(x), \varphi_{\mathrm{o}}(x))^{\mathrm{T}}$ 都是二维矢量, 它们的
辛积[20,21]

$$
\begin{aligned}
&\langle (\psi_{\mathrm{e}}(x), \varphi_{\mathrm{e}}(x))^{\mathrm{T}}, (\psi_{\mathrm{o}}(x), \varphi_{\mathrm{o}}(x))^{\mathrm{T}} \rangle \\
&= (\psi_{\mathrm{e}}(x), \varphi_{\mathrm{e}}(x)) \begin{pmatrix} 0 & 1 \\ -1 & 0 \end{pmatrix} \begin{pmatrix} \psi_{\mathrm{o}}(x) \\ \varphi_{\mathrm{o}}(x) \end{pmatrix} = \begin{vmatrix} \psi_{\mathrm{e}}(x) & \varphi_{\mathrm{e}}(x) \\ \psi_{\mathrm{o}}(x) & \varphi_{\mathrm{o}}(x) \end{vmatrix},
\end{aligned}
\tag{3.4.3}
$$

正好是 $\psi_{\mathrm{e}}(x)$ 和 $\psi_{\mathrm{o}}(x)$ 的 Wronskian, 所以保持辛积守恒的辛算法不仅保持定态
Schrödinger 方程的 "空间辛变换性", 也保持 Wronskian 守恒 —— 保持连续态本

---

①人们为了消除奇点, 简化理论研究与计算, 常将原子 (分子) 的势函数模型化, 模型化的势函数称
为模型势 (或软核势、屏蔽势)—— 依据原子 (分子) 的物理性质与势函数的几何形状选取原子 (分子) 模
型势 $V(\vec{r})$ 的数学形式, 再依据基态能量来选定模型势 $V(\vec{r})$ 中的参数。譬如, 氢原子 (在原子单位下) 的
势函数 $V(\vec{r}) = -\dfrac{1}{\sqrt{x^2 + y^2 + z^2}}$, 虽然有奇点但在三维空间的量子力学积分计算中并不发散, 基态能量
是 $-0.5\mathrm{a.u.}$。人们选取一维氢原子的模型势 $V(x) = -\dfrac{1}{\sqrt{x^2 + \alpha^2}}$, 它保留了氢原子的物理性质与势函数
$V(\vec{r}) = -\dfrac{1}{\sqrt{x^2 + y^2 + z^2}}$ 的几何形状, 又消除了选取 $-\dfrac{1}{\sqrt{x^2}} = -\dfrac{1}{|x|}$ 作为一维氢原子的模型势在量子力
学积分计算中的发散性; 依据基态能量 $-0.5\mathrm{a.u.}$, 选定模型势中的参数值 $\alpha = \sqrt{2}$, 得到一维氢原子的模型
势 $V(x) = -\dfrac{1}{\sqrt{x^2 + 2}}$。

征函数在无穷空间上的线性无关性。

如上所述，对于每个本征能量 $E > 0$, 可设线性无关的连续态本征函数分别是偶函数 $\psi_e(x)$ 和奇函数 $\psi_o(x)$；于是只需在 $[0,\infty)$ 上采用辛算法求解正则方程 (3.4.2) 分别具有初值

$$\begin{pmatrix} \psi_e(0) \\ \dot{\psi}_e(0) \end{pmatrix} = \begin{pmatrix} \psi_e(0) \\ \varphi_e(0) \end{pmatrix} = \begin{pmatrix} 1 \\ 0 \end{pmatrix} \quad \text{和} \quad \begin{pmatrix} \psi_o(0) \\ \dot{\psi}_o(0) \end{pmatrix} = \begin{pmatrix} \psi_o(0) \\ \varphi_o(0) \end{pmatrix} = \begin{pmatrix} 0 \\ 1 \end{pmatrix}$$

(3.4.4)

的初值问题。正则方程 (3.4.2) 是一个形如式 (1.2.40) 的显含 "时间 x" 的可分线性 Hamilton 系统, 可应用显含时间的辛格式 (1.2.42)~(1.2.46) 数值求解。

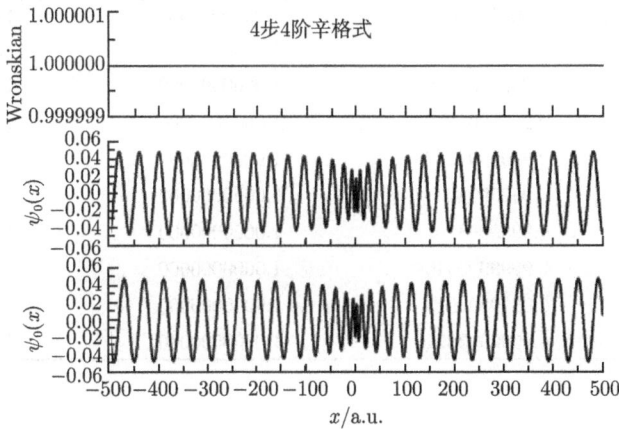

图 3.4.1 应用 4 阶辛格式算得的一维 H 原子软核势的连续态本征函数

$(E = 0.01\text{a.u.}, h = 0.1, R = 500\text{a.u.})$

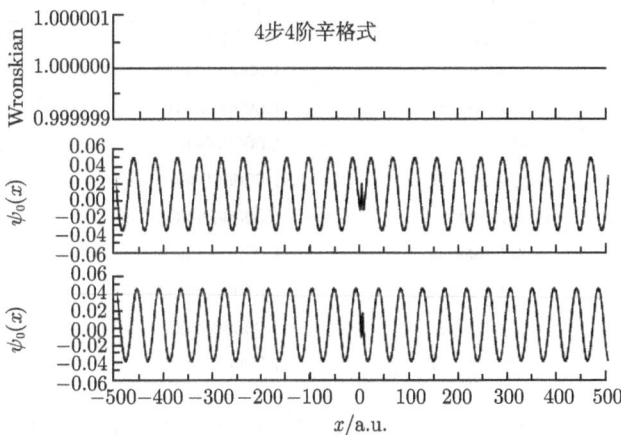

图 3.4.2 应用 4 阶辛格式算得的一维模型 P-T 势的连续态本征函数

$(U_0 = 0.7, \alpha_0 = 0.4, E = 0.01\text{a.u.}, h = 0.1, R = 500\text{a.u.})$

作为算例, 采用 4 步 4 阶显式辛格式 (1.2.45), 取空间步长 $h = 0.1$, 分别计算一维 H 原子软核势和有三个束缚态的一维模型 P-T 势 (例 3b) 相应于能量 $E = 0.01\text{a.u.}$ 的连续态本征函数 $\psi_e(x)$ 和 $\psi_o(x)$, 计算到 $R = 500\text{a.u.}$。图 3.4.1 和图 3.4.2 分别是算得的本征函数。表 3.4.1. 和表 3.4.2 给出了 4 步 4 阶显式辛格式 (1.2.45) 和 4 步 4 阶 R-K 法算得的 Wronskian 值, 从表中看出, 显式辛格式比 R-K 法更好地保持 Wronskian 守恒。

表 3.4.1　一维 H 原子软核势的两个线性无关连续态本征函数的 Wronskian

$(h = 0.1, E = 0.01\text{a.u.})$

x	显式 R-K 法	显式辛算法	精确值
0.0	1.0000000000	1.0000000000	1.0000000000
1.0	0.9999996411	1.0000000000	1.0000000000
2.0	0.9999994961	1.0000000000	1.0000000000
3.0	0.9999994425	1.0000000000	1.0000000000
4.0	0.9999994187	1.0000000000	1.0000000000
5.0	0.9999994063	1.0000000000	1.0000000000
6.0	0.9999993991	1.0000000000	1.0000000000
7.0	0.9999993945	1.0000000000	1.0000000000
8.0	0.9999993913	1.0000000000	1.0000000000
9.0	0.9999993891	1.0000000000	1.0000000000

表 3.4.2　一维模型 P-T 势的两个线性无关连续态本征函数的 Wronskian

$(U_0 = 0.7, \alpha_0 = 0.4, E = 0.01\text{a.u.}, h = 0.1, R = 500\text{a.u.})$

x	显式 R-K 法	显式辛算法	精确值
0.0	1.0000000000	1.0000000000	1.0000000000
1.0	0.9999996362	1.0000000000	1.0000000000
2.0	0.9999994712	1.0000000000	1.0000000000
3.0	0.9999994303	1.0000000000	1.0000000000
4.0	0.9999994230	1.0000000000	1.0000000000
5.0	0.9999994218	1.0000000000	1.0000000000
6.0	0.9999994217	1.0000000000	1.0000000000
7.0	0.9999994216	1.0000000000	1.0000000000
8.0	0.9999994216	1.0000000000	1.0000000000
9.0	0.9999994216	1.0000000000	1.0000000000

已有的工作表明, 保 Wronskian 算法还可应用于计算 (类) 氢原子连续态径向波函数[9,22]。

3.5 二维定态 Schrödinger 方程的辛–打靶法[23]

一维定态 Schrödinger 方程本征值问题的辛 - 打靶法很容易推广到二维。本节首先介绍二维定态 Schrödinger 方程的辛形式, 然后将辛 - 打靶法推广应用于求解二维定态 Schrödinger 方程的本征值问题。

考虑二维定态 Schrödinger 方程的本征值问题

$$-\frac{1}{2}\frac{\partial^2\psi}{\partial x^2} - \frac{1}{2}\frac{\partial^2\psi}{\partial y^2} + V(x,y)\psi = E\psi, \tag{3.5.1}$$

$$\psi(x, \pm\infty) = 0, \quad -\infty < x < +\infty, \tag{3.5.2}$$

$$\psi(\pm\infty, y) = 0, \quad -\infty < y < +\infty, \tag{3.5.3}$$

这里 E 是能量本征值, $V(x,y)$ 是势函数, $\psi(x,y)$ 是波函数。

首先在 y 方向离散定态 Schrödinger 方程 (3.5.1)。在 y 方向取充分大的正数 R_y 作截断, 取 N 为充分大的正整数, 记步长 $\Delta y = R_y/N$, $y_j = j\Delta y$, $j = -N, -N+1, \cdots, -1, 0, 1, \cdots, N-1, N$。边界条件 (3.5.2) 截断成

$$\psi(x, -R_y) = \psi(x, y_{-N}) = 0, \quad \psi(x, +R_y) = \psi(x, y_N) = 0。 \tag{3.5.4}$$

在 (3.5.1) 中用中心差商

$$\frac{\partial^2\psi}{\partial y^2} = \frac{\psi(x, y_{j-1}) - 2\psi(x, y_j) + \psi(x, y_{j+1})}{\Delta y^2}, \tag{3.5.5}$$

逼近二阶偏导数 $\dfrac{\partial^2\psi}{\partial y^2}$, 定态 Schrödinger 方程 (3.5.1) 离散成 $2N-1$ 个方程的微分方程组

$$\frac{\partial^2\psi(x, y_{-N+1})}{\partial x^2} = -\frac{1}{\Delta y^2}(B(x, y_{-N+1})\psi(x, y_{-N+1}) + \psi(x, y_{-N+2}))$$

$$\frac{\partial^2\psi(x, y_j)}{\partial x^2} = -\frac{1}{\Delta y^2}(\psi(x, y_{j-1}) + B(x, y_j)\psi(x, y_j) + \psi(x, y_{j+1}))$$

$$(j = -N+2, \cdots, -1, 0, 1, \cdots, N-2), \tag{3.5.6}$$

$$\frac{\partial^2\psi(x, y_{N-1})}{\partial x^2} = -\frac{1}{\Delta y^2}(\psi(x, y_{N-2}) + B(x, y_{N-1})\psi(x, y_{N-1})),$$

式中, $B(x, y_j) = 2\Delta y^2\left[E - V(x, y_j) + \dfrac{1}{\Delta y^2}\right]$。记 $\dot\psi = \dfrac{\mathrm{d}\psi}{\mathrm{d}x}$,

$$\psi(x) = (\psi(x, y_{-N+1}), \psi(x, y_{-N+2}), \cdots, \psi(x, y_0), \cdots, \psi(x, y_{N-2}), \psi(x, y_{N-1}))^{\mathrm{T}},$$
$$\tag{3.5.7}$$

$$\varphi(x) = \dot{\psi} = (\dot{\psi}(x, y_{-N+1}), \dot{\psi}(x, y_{-N+2}), \cdots, \dot{\psi}(x, y_0), \cdots, \dot{\psi}(x, y_{N-2}), \dot{\psi}(x, y_{N-1}))^{\mathrm{T}},$$
$$(3.5.8)$$

这里 T 表示矩阵的转置。应用一维定态 Schrödinger 方程转化成正则方程的方法，方程组 (3.5.6) 转换成 Hamilton 正则方程

$$\frac{\mathrm{d}\psi}{\mathrm{d}x} = \varphi, \quad \frac{\mathrm{d}\varphi}{\mathrm{d}x} = -S(x)\psi,$$

或写成矩阵形式

$$\frac{\mathrm{d}}{\mathrm{d}x} \begin{pmatrix} \psi \\ \varphi \end{pmatrix} = G(x) \begin{pmatrix} \psi \\ \varphi \end{pmatrix},$$
$$G(x) = \begin{pmatrix} O & I \\ -S(x) & O \end{pmatrix} = \begin{pmatrix} O & I \\ -I & O \end{pmatrix} \begin{pmatrix} S(x) & O \\ O & I \end{pmatrix},$$
$$(3.5.9)$$

相应的 Hamilton 函数

$$H = \frac{1}{2}\varphi^{\mathrm{T}}\varphi + \frac{1}{2}\psi^{\mathrm{T}}S(x)\psi,$$
$$(3.5.10)$$

这里 $S(x)$ 是一个对称三对角矩阵

$$S(x) = \frac{1}{\Delta y^2}$$

$$\begin{pmatrix} B(x, y_{-N+1}) & 1 & 0 & & & \\ 1 & B(x, y_{-N+2}) & 1 & & O & \\ & & \ddots & & & \\ & & & \ddots & & \\ & O & & 1 & B(x, y_{N-2}) & 1 \\ & & & & 1 & B(x, y_{N-1}) \end{pmatrix}.$$
$$(3.5.11)$$

Hamilton 力学的基本定理指出, 正则方程 (3.5.9) 的解 $z(x) = \begin{pmatrix} \psi(x) \\ \varphi(x) \end{pmatrix}$ 从空间一点 x_1 到另一点 x_2 是一个辛变换

$$g_{\mathrm{H}}^{x_1 x_2} = \exp\left(\int_{x_1}^{x_2} G(x)\mathrm{d}x\right) : \begin{pmatrix} \psi(x_1) \\ \varphi(x_1) \end{pmatrix} \to \begin{pmatrix} \psi(x_2) \\ \phi(x_2) \end{pmatrix} = g_H^{x_1 x_2} \begin{pmatrix} \psi(x_1) \\ \phi(x_1) \end{pmatrix}.$$

在这种意义下, 二维定态 Schrödinger 方程解的空间分布具有辛群对称性, 辛算法 —— 将二维定态 Schrödinger 方程转化成正则方程而后采用辛格式求解 ——

是数值求解二维定态 Schrödinger 方程本征值问题的合理的数值方法。由 Hamilton 函数 (3.5.10) 可知, Hamilton 系统 (3.5.9) 是形如式 (1.2.40) 的显含 "时间" 可分线性 Hamilton 系统, 因此可以采用显式辛格式 (1.2.42)~(1.2.46) 数值求解。

沿 x 轴取充分大的 R_x 作截断, 边界条件 (3.5.3) 近似为

$$\psi(-R_x) = (0 \cdots 0)^{\mathrm{T}}, \quad \psi(+R_x) = (0 \cdots 0)^{\mathrm{T}}, \tag{3.5.12}$$

详写之,

$$\psi(-R_x, y_j) = 0, \quad \psi(+R_x, y_j) = 0, \quad j = -N+1, \cdots -1, 0, 1, \cdots, N-1。$$

在区间 $(-R_x, R_x)$ 中任取一点 $x_c(-R_x < x_c < R_x)$, 通常取中点 $x_c = 0$。将左边界 $-R_x$ 和右边界 R_x 都看成初始点, 并分别取 $2N-1$ 组初始条件

$$\begin{pmatrix} \psi_{\mathrm{L}}(-R_x) \\ \varphi_{\mathrm{L}}(-R_x) \end{pmatrix}^1 = \begin{pmatrix} 0 \\ \vdots \\ 0 \\ 1 \\ 0 \\ \vdots \\ 0 \end{pmatrix}, \quad \begin{pmatrix} \psi_{\mathrm{L}}(-R_x) \\ \varphi_{\mathrm{L}}(-R_x) \end{pmatrix}^2 = \begin{pmatrix} 0 \\ \vdots \\ 0 \\ 0 \\ 1 \\ \vdots \\ 0 \end{pmatrix},$$

$$\cdots, \begin{pmatrix} \psi_{\mathrm{L}}(-R_x) \\ \varphi_{\mathrm{L}}(-R_x) \end{pmatrix}^{2N-1} = \begin{pmatrix} 0 \\ \vdots \\ 0 \\ 0 \\ \vdots \\ 0 \\ 1 \end{pmatrix} \tag{3.5.12}_{\mathrm{L}}$$

和

$$\begin{pmatrix} \psi_{\mathrm{R}}(R_x) \\ \varphi_{\mathrm{R}}(R_x) \end{pmatrix}^1 = \begin{pmatrix} 0 \\ \vdots \\ 0 \\ 1 \\ 0 \\ \vdots \\ 0 \end{pmatrix}, \quad \begin{pmatrix} \psi_{\mathrm{R}}(R_x) \\ \varphi_{\mathrm{R}}(R_x) \end{pmatrix}^2 = \begin{pmatrix} 0 \\ \vdots \\ 0 \\ 0 \\ 1 \\ \vdots \\ 0 \end{pmatrix},$$

$$\cdots, \begin{pmatrix} \psi_{\mathrm{R}}(R_x) \\ \varphi_{\mathrm{R}}(R_x) \end{pmatrix}^{2N-1} = \begin{pmatrix} 0 \\ \vdots \\ 0 \\ 0 \\ \vdots \\ 0 \\ 1 \end{pmatrix}. \tag{3.5.12}_{\mathrm{R}}$$

采用辛格式同时从左边界 $-R_x$ 数值解正则方程的初值问题 $(3.5.9)(3.5.12)_{\mathrm{L}}$ 计算至点 x_c 和从右边界 R_x 数值解正则方程的初值问题 $(3.5.9)(3.5.12)_{\mathrm{R}}$ 计算至点 x_c, 分别得到 $2N-1$ 个解

$$\begin{pmatrix} \psi_{\mathrm{L}}(x) \\ \varphi_{\mathrm{L}}(x) \end{pmatrix}^j = \begin{pmatrix} \psi_{\mathrm{L}}^j(x) \\ \varphi_{\mathrm{L}}^j(x) \end{pmatrix}, \quad -R_x \leqslant x \leqslant x_c$$

和

$$\begin{pmatrix} \psi_{\mathrm{R}}(x) \\ \varphi_{\mathrm{R}}(x) \end{pmatrix}^j = \begin{pmatrix} \psi_{\mathrm{R}}^j(x) \\ \varphi_{\mathrm{R}}^j(x) \end{pmatrix}, \quad x_c \leqslant x \leqslant R_x,$$

$$j = -N+1, \cdots, -1, 0, 1, \cdots, N-1.$$

因为正则方程 (3.5.9) 和边界条件 (3.5.12) 是线性齐次的, 如果初始条件改为

$$c_1^j \begin{pmatrix} \psi_{\mathrm{L}}(-R_x) \\ \varphi_{\mathrm{L}}(-R_x) \end{pmatrix}^j \quad \text{和} \quad c_2^j \begin{pmatrix} \psi_{\mathrm{R}}(R_x) \\ \varphi_{\mathrm{R}}(R_x) \end{pmatrix}^j,$$

其中常数 c_1^j 和 c_2^j 待定, 则相应初值问题的解分别是

$$c_1^j \begin{pmatrix} \psi_{\mathrm{L}}(x) \\ \varphi_{\mathrm{L}}(x) \end{pmatrix}^j = c_1^j \begin{pmatrix} \psi_{\mathrm{L}}^j(x) \\ \varphi_{\mathrm{L}}^j(x) \end{pmatrix}, -R_x \leqslant x \leqslant x_c$$

和

$$c_2^j \begin{pmatrix} \psi_{\mathrm{R}}(x) \\ \varphi_{\mathrm{R}}(x) \end{pmatrix}^j = c_2^j \begin{pmatrix} \psi_{\mathrm{R}}^j(x) \\ \varphi_{\mathrm{R}}^j(x) \end{pmatrix}, x_c \leqslant x \leqslant R_x,$$

并且线性组合

$$\begin{pmatrix} \psi(x) \\ \varphi(x) \end{pmatrix}^{\mathrm{L}} = c_1^1 \begin{pmatrix} \psi_{\mathrm{L}}(x) \\ \varphi_{\mathrm{L}}(x) \end{pmatrix}^1 + \cdots + c_1^{2N-1} \begin{pmatrix} \psi_{\mathrm{L}}(x) \\ \varphi_{\mathrm{L}}(x) \end{pmatrix}^{2N-1}, \quad -R_x \leqslant x \leqslant x_c$$

和

$$\begin{pmatrix} \psi(x) \\ \varphi(x) \end{pmatrix}^{\mathrm{R}} = c_2^1 \begin{pmatrix} \psi_{\mathrm{R}}(x) \\ \varphi_{\mathrm{R}}(x) \end{pmatrix}^1 + \cdots + c_2^{2N-1} \begin{pmatrix} \psi_{\mathrm{R}}(x) \\ \varphi_{\mathrm{R}}(x) \end{pmatrix}^{2N-1}, \quad x_{\mathrm{c}} \leqslant x \leqslant R_x$$

是正则方程 (3.5.9) 分别满足左初始条件

$$c_1^1 \begin{pmatrix} \psi_{\mathrm{L}}(-R_x) \\ \varphi_{\mathrm{L}}(-R_x) \end{pmatrix}^1 + \cdots + c_1^{2N-1} \begin{pmatrix} \psi_{\mathrm{L}}(-R_x) \\ \varphi_{\mathrm{L}}(-R_x) \end{pmatrix}^{2N-1}$$

和右初始条件

$$c_2^1 \begin{pmatrix} \psi_{\mathrm{R}}(R_x) \\ \varphi_{\mathrm{R}}(R_x) \end{pmatrix}^1 + \cdots + c_2^{2N-1} \begin{pmatrix} \psi_{\mathrm{R}}(R_x) \\ \varphi_{\mathrm{R}}(R_x) \end{pmatrix}^{2N-1}$$

的解。为求解本征值问题 (3.5.9)(3.5.12),应该求得非零的 $c_1 = (c_1^1 c_1^2 \cdots c_1^{2N-1})^{\mathrm{T}}$ 和 $c_2 = (c_2^1 c_2^2 \cdots c_2^{2N-1})$,使得这两个解在 $x = x_{\mathrm{c}}$ 处相等,即

$$\begin{pmatrix} \psi(x_{\mathrm{c}}) \\ \varphi(x_{\mathrm{c}}) \end{pmatrix}^{\mathrm{L}} - \begin{pmatrix} \psi(x_{\mathrm{c}}) \\ \varphi(x_{\mathrm{c}}) \end{pmatrix}^{\mathrm{R}} = 0,$$

或者写成矩阵形式

$$\begin{pmatrix} \psi_L^1(x_{\mathrm{c}}) \cdots \psi_L^{2N-1}(x_{\mathrm{c}}) - \psi_R^1(x_{\mathrm{c}}) \cdots - \psi_R^{2N-1}(x_{\mathrm{c}}) \\ \varphi_L^1(x_{\mathrm{c}}) \cdots \varphi_L^{2N-1}(x_{\mathrm{c}}) - \varphi_R^1(x_{\mathrm{c}}) \cdots - \varphi_R^{2N-1}(x_{\mathrm{c}}) \end{pmatrix} \begin{pmatrix} c_1 \\ c_2 \end{pmatrix} = 0。 \qquad (3.5.13)$$

因为待求的能量本征值 E 出现在正则方程 (3.5.9) 的 $B(x, y_j) = 2\Delta y^2 \left[E - V(x, y_j) + \dfrac{1}{\Delta y^2} \right]$ 中,所以 E 隐含在上面方程组的系数矩阵的矩阵元 $\begin{pmatrix} \psi_{\mathrm{L}}^j(x_{\mathrm{c}}) \\ \varphi_{\mathrm{L}}^j(x_{\mathrm{c}}) \end{pmatrix}$ 和 $\begin{pmatrix} \psi_{\mathrm{R}}^j(x_{\mathrm{c}}) \\ \varphi_{\mathrm{R}}^j(x_{\mathrm{c}}) \end{pmatrix}$ 中;至此,二维定态 Schrödinger 方程本征值问题 (3.5.1)~(3.5.3) 转化成求本征值 E 和本征向量 $\begin{pmatrix} c_1 \\ c_2 \end{pmatrix}$ 的 (非线性) 代数本征值问题 (3.5.13)。这个齐线性代数方程组 (3.5.13) 有非零解 $\begin{pmatrix} c_1 \\ c_2 \end{pmatrix}$ 的充分必要条件是系数行列式为零,即

$$D(x_{\mathrm{c}}) = \det \begin{pmatrix} \psi_L^1(x_{\mathrm{c}}) \cdots \psi_L^{2N-1}(x_{\mathrm{c}}) & -\psi_R^1(x_{\mathrm{c}}) \cdots - \psi_R^{2N-1}(x_{\mathrm{c}}) \\ \phi_L^1(x_{\mathrm{c}}) \cdots \phi_L^{2N-1}(x_{\mathrm{c}}) & -\phi_R^1(x_{\mathrm{c}}) \cdots - \phi_R^{2N-1}(x_{\mathrm{c}}) \end{pmatrix} = 0。$$

采用 3.3 节中同样的方法可以计算代数本征值问题 (3.5.13) 的本征值和相应的本征向量, 而后即可求得二维定态 Schrödinger 方程本征值问题 (3.5.1)~(3.5.3) 的本征值和数值本征波函数。这就是数值求解二维定态 Schrödinger 方程本征值问题的辛-打靶法。

在本节的最后, 采用上面介绍的二维辛–打靶法数值求解二维谐振子 Schrödinger 方程的本征值问题, 二维谐振子的势函数

$$V(x,y) = \frac{1}{2}x^2 + \frac{1}{2}y^2, \tag{3.5.14}$$

采用 4 阶显式辛格式 (1.2.45), 取 $R_x = R_y = 5.5$, 对前 10 个低能态, 计算能量本征值, 并与精确的能量本征值

$$E_n = n + 1, \quad n = n_x + n_y \ (n_x, n_y = 0, 1, 2, \cdots) \tag{3.5.15}$$

作比较。图 3.5.1 中画出了计算值与精确值的误差随步长 Δy 的变化, 图 3.5.1 显示, 随着步长 Δy 的减小, 误差越来越小, 算得的能量本征值单调地趋于精确值。

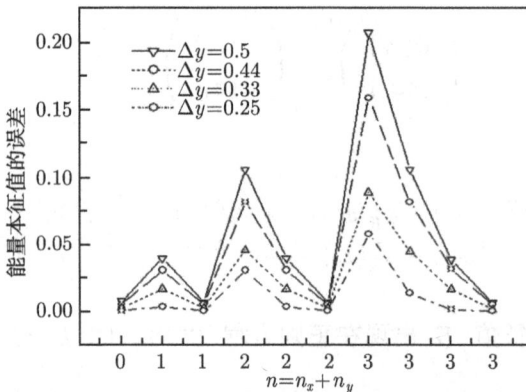

图 3.5.1　采用不同的 Δy 计算二维谐振子数值能量本征值的误差
($R_x = 5.5$, $R_y = 5.5$, $x_c = 0.0$, $\Delta x = 0.1$, n_x, $n_y = 0, 1, 2, 3$)

二维定态 Schrödinger 方程 (3.5.1) 可直接转化成多辛形式, 而后可探索二维定态 Schrödinger 方程本征值问题基于多辛形式的离散化和数值计算[23]。

3.6　计算定态 Schrödinger 方程分立态的虚时间演化法

应用经典轨迹方法数值研究分子系统的微观反应和动力学过程常采用模型势, 并取模型势的基态作为初态, 应用辛算法和 2 阶对称分裂算符 - 快速 Fourier 变换方法数值研究强激光场中原子分子的激发、电离和高次谐波等也常采用模型势,

并取模型势的基态作为初态。这些模型势一般地没有解析形式的分立态, 人们常采用数值方法求解模型势的定态 Schrödinger 方程计算数值基态波函数。3.3 节和 3.5 节介绍了计算定态 Schrödinger 方程分立态的辛打靶法, 辛打靶法对一维定态 Schrödinger 方程是很好的有效数值方法; 但对二维定态 Schrödinger 方程, 计算效率已经有所降低。因为应用辛-打靶法将定态 Schrödinger 方程转化、离散成 Hamilton 正则方程组时, 方程组中包含的微分方程式的个数是 $2 \times N^{n-1}$, 其中 n 是定态 Schrödinger 方程的空间维数, N 是空间离散点数。可见应用辛-打靶法计算定态 Schrödinger 方程分立态的计算量和存储量随空间维数 n 迅速增大, 所以对于高空间维数的定态 Schrödinger 方程, 譬如, 对三维定态 Schrödinger 方程, 辛打靶法已经不太适用了。本节介绍计算定态 Schrödinger 方程分立态的虚时间演化法, 虚时间演化法将计算定态 Schrödinger 方程分立态转化成数值求解含时 Schrödinger 方程, 随空间维数 n 的增大计算量和存储量缓慢增大, 特别适合计算基态和低激发态尤其适合计算基态[10,11,24,25]。

设想某原子分子系统的势函数为 $V(\vec{r})$, 采用原子单位, Hamilton 算符为 $\hat{H}(\vec{r}) = \frac{\hat{p}^2}{2} + V(\vec{r}) = -\frac{\nabla^2}{2} + V(\vec{r})$, 考虑这个原子分子系统的定态 Schrödinger 方程的无穷空间本征值问题

$$\hat{H}(\vec{r})\psi(\vec{r}) = E\psi(\vec{r}) \quad \text{或} \quad \left(-\frac{\nabla^2}{2} + V(\vec{r})\right)\psi(\vec{r}) = E\psi(\vec{r}), \tag{3.6.1}$$

$$\psi(-\infty) = 0, \quad \psi(+\infty) = 0, \tag{3.6.2}$$

其中 $\vec{r}$ 是 $3n$ 维空间的向量, $\hat{p} = -\mathrm{i}\nabla$ 是 $3n$ 维空间的动量算符, $3n$ 维空间的梯度算符

$$\nabla = \left(\frac{\partial}{\partial x_1}, \frac{\partial}{\partial y_1}, \frac{\partial}{\partial z_1}, \cdots, \frac{\partial}{\partial x_n}, \frac{\partial}{\partial y_n}, \frac{\partial}{\partial z_n}\right)。$$

以上诸式中以及下面, $-\infty < \vec{r} < +\infty$ 表示 $-\infty < x_1, y_1, z_1, \cdots, x_n, y_n, z_n < +\infty$, $\psi(\pm\infty, t) = 0$ 表示 $\psi(x_1, y_1, z_1, \cdots, x_n, y_n, z_n \to \pm\infty, t) = 0$, 积分 $\int f(\vec{r})\mathrm{d}\vec{r}$ 展布在 $3n$ 维空间上。依据量子力学理论知道, 原子分子系统的无穷空间本征值问题 (3.6.1)(3.6.2) 有分立态本征值

$$E_0 < E_1 \leqslant E_2 \leqslant \cdots \leqslant E_n, \cdots \to 0 \tag{3.6.3}$$

和相应的本征态 (波函数)

$$\varphi_0(\vec{r}), \ \varphi_1(\vec{r}), \ \varphi_2(\vec{r}), \ \cdots, \ \varphi_n(\vec{r}), \ \cdots, \tag{3.6.4}$$

详言之, 有

$$\hat{H}(\vec{r})\varphi_n(\vec{r}) = E_n\varphi_n(\vec{r}), \quad \varphi_n(\pm\infty) = 0, \quad n = 0, 1, 2, \cdots, \tag{3.6.5}$$

全体本征态 $\varphi_0(\bar{r})$, $\varphi_1(\bar{r})$, $\varphi_2(\bar{r})$, $\cdots$, $\varphi_n(\bar{r})$, $\cdots$ 组成完备基, 且可选成正交归一的

$$\int_{-\infty}^{+\infty} (\varphi_j(\bar{r}))^* \varphi_k(\bar{r}) \mathrm{d}\bar{r} = \delta_{jk}, \quad \delta_{jj} = 1, \quad \delta_{j\neq k} = 0。$$

下面介绍计算这些分立态 (波函数) 的虚时间演化法。先介绍计算基态的虚时间演化法。考虑与定态 Schrödinger 方程 (3.6.1) 相应的含时 Schrödinger 方程的无穷空间初值问题

$$\mathrm{i}\frac{\partial \psi(\bar{r},t)}{\partial t} = \hat{H}(\bar{r})\psi(\bar{r},t) = \left(-\frac{\nabla^2}{2} + V(\bar{r})\right)\psi(\bar{r},t) \quad (-\infty < \bar{r} < +\infty, t > 0), \quad (3.6.6)$$

$$\psi(-\infty,t) = 0, \quad \psi(+\infty,t) = 0, \quad (3.6.7)$$

$$\psi(\bar{r},0) = \phi_0(\bar{r}), \quad \phi_0(\pm\infty) = 0, \quad (-\infty < \bar{r} < +\infty)。 \quad (3.6.8)$$

它的解由时间演化算符 $\mathrm{e}^{-\mathrm{i}t\hat{H}(\bar{r})}$ 生成

$$\psi(\vec{r},t) = \mathrm{e}^{-\mathrm{i}t\hat{H}(\vec{r})}\phi_0(\vec{r})。$$

将时间演化算符展开

$$\mathrm{e}^{-\mathrm{i}t\hat{H}(\vec{r})} = I + (-\mathrm{i}t)\hat{H}(\vec{r}) + \frac{(-\mathrm{i}t)^2}{2!}\left(\hat{H}(\vec{r})\right)^2 + \frac{(-\mathrm{i}t)^3}{3!}\left(\hat{H}(\vec{r})\right)^3 + \cdots$$

$$+ \frac{(-\mathrm{i}t)^n}{n!}\left(\hat{H}(\vec{r})\right)^n + \cdots = I + \sum_{n=1}^{+\infty}\frac{(-\mathrm{i}t)^n}{n}(\hat{H}(\vec{r}))^n,$$

即有

$$\psi(\vec{r},t) = \left(I + \sum_{n=1}^{+\infty}\frac{(-\mathrm{i}t)^n}{n!}\left(\hat{H}(\vec{r})\right)^n\right)\phi_0(\vec{r})。$$

将初态 $\phi_0(\bar{r})$ 按分立态完备基 (3.6.4) 展开

$$\phi_0(\vec{r}) = c_0\varphi_0(\bar{r}) + c_1\varphi_1(\bar{r}) + c_2\varphi_2(\bar{r}) + \cdots + c_m\varphi_m(\bar{r}) + \cdots = \sum_{m=0}^{+\infty} c_m\varphi_m(\bar{r}),$$

并注意本征方程 (3.6.5) 就得到

$$\psi(\vec{r},t) = \left(I + \sum_{n=1}^{+\infty}\frac{(-\mathrm{i}t)^n}{n!}\left(\hat{H}(\vec{r})\right)^n\right)\phi_0(\vec{r}) = \sum_{m=0}^{+\infty} c_m\left(I + \sum_{n=1}^{+\infty}\frac{(-\mathrm{i}t)^n}{n!}\left(\hat{H}(\vec{r})\right)^n\right)\varphi_m(\vec{r})$$

$$= \sum_{m=0}^{+\infty} c_m\left(I + \sum_{n=1}^{+\infty}\frac{(-\mathrm{i}t)^n}{n!}E_m^n\right)\varphi_m(\vec{r}) = \sum_{m=0}^{+\infty} c_m\mathrm{e}^{-\mathrm{i}tE_m}\varphi_m(\vec{r}),$$

详写之,

$$\psi(\vec{r}, t) = c_0 \mathrm{e}^{-\mathrm{it}E_0}\varphi_0(\vec{r}) + c_1 \mathrm{e}^{-\mathrm{it}E_1}\varphi_1(\vec{r}) + c_2 \mathrm{e}^{-\mathrm{it}E_2}\varphi_2(\vec{r}) + \cdots + c_n\,\mathrm{e}^{-\mathrm{it}E_n}\varphi_n(\vec{r}) + \cdots .$$

在上面诸式中将时间 t 换成 "虚时间" $-\mathrm{it}$, 便有

$$\tilde{\psi}(\vec{r}, t) = \psi(\vec{r}, -\mathrm{it}) = \sum_{m=0}^{+\infty} c_m \mathrm{e}^{-tE_m}\varphi_m(\vec{r}) = c_0 \mathrm{e}^{-tE_0}\varphi_0(\vec{r})$$

$$+c_1 \mathrm{e}^{-tE_1}\varphi_1(\vec{r}) + c_2 \mathrm{e}^{-tE_2}\varphi_2(\vec{r}) + \cdots + c_n\,\mathrm{e}^{-tE_n}\varphi_n(\vec{r}) + \cdots 。$$

如果演化一个时间步长 $\Delta t > 0$,

$$\tilde{\psi}(\vec{r}, \Delta t) = \sum_{m=0}^{+\infty} c_m \mathrm{e}^{-\Delta tE_m}\varphi_m(\vec{r}) = c_0 \mathrm{e}^{-\Delta tE_0}\varphi_0(\vec{r})$$

$$+c_1 \mathrm{e}^{-\Delta tE_1}\varphi_1(\vec{r}) + c_2 \mathrm{e}^{-\Delta tE_2}\varphi_2(\vec{r}) + \cdots + c_n\,\mathrm{e}^{-\Delta tE_n}\varphi_n(\vec{r}) + \cdots ,$$

继续演化 2 个时间步长 $2\Delta t, \cdots, k$ 个时间步长 $k\Delta t$, 得到

$$\tilde{\psi}(\vec{r}, 2\Delta t) = \sum_{m=0}^{+\infty} c_m \mathrm{e}^{-2\Delta tE_m}\varphi_m(\vec{r}) = c_0 \mathrm{e}^{-2\Delta tE_0}\varphi_0(\vec{r})$$

$$+c_1 \mathrm{e}^{-2\Delta tE_1}\varphi_1(\vec{r}) + c_2 \mathrm{e}^{-2\Delta tE_2}\varphi_2(\vec{r}) + \cdots + c_n\,\mathrm{e}^{-2\Delta tE_n}\varphi_n(\vec{r}) + \cdots ,$$

$$\tilde{\psi}(\vec{r}, k\Delta t) = \sum_{m=0}^{+\infty} c_m \mathrm{e}^{-k\Delta tE_m}\varphi_m(\vec{r}) = c_0 \mathrm{e}^{-k\Delta tE_0}\varphi_0(\vec{r})$$

$$+c_1 \mathrm{e}^{-k\Delta tE_1}\varphi_1(\vec{r}) + c_2 \mathrm{e}^{-k\Delta tE_2}\varphi_2(\vec{r}) + \cdots + c_n\,\mathrm{e}^{-k\Delta tE_n}\varphi_n(\vec{r}) + \cdots ,$$

两端除以 $\mathrm{e}^{-k\Delta tE_0}$, 就得到

$$\frac{\tilde{\psi}(\vec{r}, k\Delta t)}{\mathrm{e}^{-k\Delta tE_0}} = c_0\varphi_0(\vec{r}) + \sum_{m=1}^{+\infty} c_m \mathrm{e}^{k\Delta t(E_0 - E_m)}\varphi_m(\vec{r}) = c_0\varphi_0(\vec{r}) + c_1 \mathrm{e}^{k\Delta t(E_0 - E_1)}\varphi_1(\vec{r})$$

$$+c_2 \mathrm{e}^{k\Delta t(E_0 - E_2)}\varphi_2(\vec{r}) + \cdots + c_n\,\mathrm{e}^{k\Delta t(E_0 - E_n)}\varphi_n(\vec{r}) + \cdots 。$$

由于分立态本征值 (3.6.3) 是负的、递增的, 可知

$$\cdots \leqslant E_0 - E_n \leqslant \cdots \leqslant E_0 - E_2 \leqslant E_0 - E_1 < 0,$$

当演化步数 $k \to +\infty$ 时

$$k\Delta t(E_0 - E_1), \, k\Delta t(E_0 - E_2), \cdots, k\Delta t(E_0 - E_n), \cdots \to -\infty,$$

$$c_1 \mathrm{e}^{k\Delta t(E_0 - E_1)}, c_2 \mathrm{e}^{k\Delta t(E_0 - E_2)}, \cdots, c_n\,\mathrm{e}^{k\Delta t(E_0 - E_n)}, \cdots \to 0,$$

$$\frac{\tilde{\psi}(\vec{r}, k\Delta t)}{\mathrm{e}^{-k\Delta t E_0}} \to c_0 \varphi_0(\vec{r}),$$

$$N_0^2 = \int_{-\infty}^{+\infty} \left(\frac{\tilde{\psi}(\vec{r}, k\Delta t)}{\mathrm{e}^{-k\Delta t E_0}}\right)^* \frac{\tilde{\psi}(\vec{r}, k\Delta t)}{\mathrm{e}^{-k\Delta t E_0}} \mathrm{d}\vec{r} \to |c_0|^2 \int_{-\infty}^{+\infty} (\varphi_0(\vec{r}))^* \varphi_0(\vec{r}) \mathrm{d}\vec{r} = |c_0|^2,$$

$$E_{0,k} = \frac{1}{N_0^2} \int_{-\infty}^{+\infty} \left(\frac{\tilde{\psi}(\vec{r}, k\Delta t)}{\mathrm{e}^{-k\Delta t E_{m0}}}\right)^* \hat{H}(\vec{r}) \frac{\tilde{\psi}(\vec{r}, k\Delta t)}{\mathrm{e}^{-k\Delta t E_0}} \mathrm{d}\vec{r}$$

$$\to \int_{-\infty}^{+\infty} (\varphi_0(\vec{r}))^* \hat{H}(\vec{r}) \varphi_0(\vec{r}) \mathrm{d}\vec{r} = E_0 \circ$$

对于给定的精度 $\varepsilon > 0$, 有正整数 k_M, 对任意 $k_1, k_2 \geqslant k_M$, 都有 $|E_{0,k_1} - E_{0,k_2}| < \varepsilon$。在通常计算中, 依据需要选取适当小的 ε 作为精度, 并取 $|E_{0,k} - E_{0,k+1}| < \varepsilon$ 作为演化结束的判据, 当此判据成立时即结束计算, 得到

$$\frac{\tilde{\psi}(\vec{r}, k\Delta t)}{\mathrm{e}^{-k\Delta t E_0}} = c_0 \varphi_0(\vec{r})$$

和归一化常数

$$N_0^2 = \int_{-\infty}^{+\infty} \left(\frac{\tilde{\psi}(\vec{r}, k\Delta t)}{\mathrm{e}^{-k\Delta t E_{m0}}}\right)^* \frac{\tilde{\psi}(\vec{r}, k\Delta t)}{\mathrm{e}^{-k\Delta t E_0}} \mathrm{d}\vec{r} = |c_0|^2 \int_{-\infty}^{+\infty} (\varphi_0(\vec{r}))^* \varphi_0(\vec{r}) \mathrm{d}\vec{r} = |c_0|^2,$$

以及定态 Schrödinger 方程 (6.4.6) 的基态

$$\varphi_0(\vec{r}) = \varphi_{0,k}(\vec{r}) = \frac{\tilde{\psi}(\vec{r}, k\Delta t)}{N_0 \mathrm{e}^{-k\Delta t E_0}}$$

和基态能量

$$E_0 = E_{0,k} = \frac{1}{N_0^2} \int_{-\infty}^{+\infty} \left(\frac{\tilde{\psi}(\vec{r}, k\Delta t)}{\mathrm{e}^{-k\Delta t E_{m0}}}\right)^* \hat{H}(\vec{r}) \frac{\tilde{\psi}(\vec{r}, k\Delta t)}{\mathrm{e}^{-k\Delta t E_0}} \mathrm{d}\vec{r}.$$

在本节的计算中取 $\varepsilon = 10^{-6}$。下面再介绍计算激发态的虚时间演化法。

在与定态 Schrödinger 方程 (3.6.1) 相关的含时 Schrödinger 方程的无穷空间初值问题 (3.6.6)(3.6.8) 中, 将初态换成

$$\tilde{\psi}(\vec{r}, 0) = \phi_{0,1}(\vec{r}), \tag{3.6.9}$$

$$\phi_{0,1}(\vec{r}) = \phi_0(\vec{r}) - \frac{\tilde{\psi}(\vec{r}, k\Delta t)}{\mathrm{e}^{-k\Delta t E_0}} = \sum_{n=1}^{+\infty} c_n \varphi_n(\vec{r}) = c_1 \varphi_1(\vec{r}) + c_2 \varphi_2(\vec{r}) + \cdots + c_n \varphi_n(\vec{r}) + \cdots \circ$$

如前, 时间相关 Schrödinger 方程的无穷空间初值问题 (3.6.6)(3.6.7)(3.6.9) 的解

$$\tilde{\psi}_1(\vec{r}, t) = \mathrm{e}^{-\mathrm{i}t\hat{H}(\vec{r})} \phi_{0,1}(\vec{r}) = \sum_{m=1}^{+\infty} c_m \mathrm{e}^{-\mathrm{i}t E_m} \varphi_m(\vec{r}),$$

还是由于分立态本征值 (3.6.3) 是负的、递增的, 可知

$$\cdots \leqslant E_1 - E_n \leqslant \cdots \leqslant E_1 - E_3 \leqslant E_1 - E_2 < 0,$$

当演化步数 $k \to +\infty$ 时

$$k\Delta t(E_1 - E_2), k\Delta t(E_1 - E_3), \cdots, k\Delta t(E_1 - E_n), \cdots \to -\infty,$$

$$c_2 \mathrm{e}^{k\Delta t(E_1 - E_2)}, c_3 \mathrm{e}^{k\Delta t(E_1 - E_3)}, \cdots, c_n\, \mathrm{e}^{k\Delta t(E_1 - E_n)}, \cdots \to 0,$$

$$\frac{\tilde{\psi}_1(\vec{r}, k\Delta t)}{\mathrm{e}^{-k\Delta t E_1}} \to c_1 \varphi_1(\vec{r}),$$

$$N_1^2 = \int_{-\infty}^{+\infty} \left(\frac{\tilde{\psi}_1(\vec{r}, k\Delta t)}{\mathrm{e}^{-k\Delta t E_1}} \right)^* \frac{\tilde{\psi}_1(\vec{r}, k\Delta t)}{\mathrm{e}^{-k\Delta t E_1}} \mathrm{d}\vec{r} \to |c_1|^2 \int_{-\infty}^{+\infty} (\varphi_1(\vec{r}))^* \varphi_1(\vec{r}) \mathrm{d}\vec{r} = |c_1|^2,$$

$$E_{1,k} = \frac{1}{N_1^2} \int_{-\infty}^{+\infty} \left(\frac{\tilde{\psi}_1(\vec{r}, k\Delta t)}{\mathrm{e}^{-k\Delta t E_1}} \right)^* \hat{H}(\vec{r}) \frac{\tilde{\psi}_1(\vec{r}, k\Delta t)}{\mathrm{e}^{-k\Delta t E_1}} \mathrm{d}\vec{r}$$

$$\to \int_{-\infty}^{+\infty} (\varphi_1(\vec{r}))^* \hat{H}(\vec{r}) \varphi_1(\vec{r}) \mathrm{d}\vec{r} = E_1.$$

当演化到满足判据 $|E_{1,k} - E_{1,k+1}| < \varepsilon$ 时, 结束计算, 得到

$$\frac{\tilde{\psi}_1(\vec{r}, k\Delta t)}{\mathrm{e}^{-k\Delta t E_1}} = c_1 \varphi_1(\vec{r})$$

和归一化常数

$$N_1^2 = \int_{-\infty}^{+\infty} \left(\frac{\tilde{\psi}_1(\vec{r}, k\Delta t)}{\mathrm{e}^{-k\Delta t E_1}} \right)^* \frac{\tilde{\psi}_1(\vec{r}, k\Delta t)}{\mathrm{e}^{-k\Delta t E_1}} \mathrm{d}\vec{r} = |c_1|^2 \int_{-\infty}^{+\infty} (\varphi_1(\vec{r}))^* \varphi_1(\vec{r}) \mathrm{d}\vec{r} = |c_1|^2,$$

以及定态 Schrödinger 方程 (3.6.6) 的第一激发态

$$\varphi_1(\vec{r}) = \varphi_{1,k}(\vec{r}) = \frac{\tilde{\psi}_1(\vec{r}, k\Delta t)}{N_1 \mathrm{e}^{-k\Delta t E_1}}$$

和第一激发态能量

$$E_1 = E_{1,k} = \frac{1}{N_1^2} \int_{-\infty}^{+\infty} \left(\frac{\tilde{\psi}_1(\vec{r}, k\Delta t)}{\mathrm{e}^{-k\Delta t E_1}} \right)^* \hat{H}(\vec{r}) \frac{\tilde{\psi}_1(\vec{r}, k\Delta t)}{\mathrm{e}^{-k\Delta t E_1}} \mathrm{d}\vec{r}。$$

仿上即可继续计算第二、第三、$\cdots$ 激发态。

下面应用虚时间演化法计算一维氢原子模型势 $V(x) = -\dfrac{1}{\sqrt{x^2 + 2}}$ 的分立态, 初态 $\psi(x, 0)$ 分别选取

$$f_1(x) = \frac{1}{\sqrt[4]{\pi}} \exp(-x^2/2),$$

$$f_2(x) \begin{cases} = \exp\left[-(x+a)^2/2b^2\right] + \exp\left[-(x-a)^2/2b^2\right], & x < 0, \\ = -\exp\left[-(x+a)^2/2b^2\right] - \exp\left[-(x-a)^2/2b^2\right], & x \geqslant 0, \end{cases}$$

$$f_3(x) = f_1(x) + f_2(x),$$

$f_2(x)$ 中 $a = 1.9$, $b = 0.87$。容易看出, $f_1(x)$ 是偶函数, $f_2(x)$ 是奇函数, $f_3(x)$ 是 $f_1(x)$ 与 $f_2(x)$ 的线性组合, 是非偶非奇的函数。它们的图像如图 3.6.1 所示.

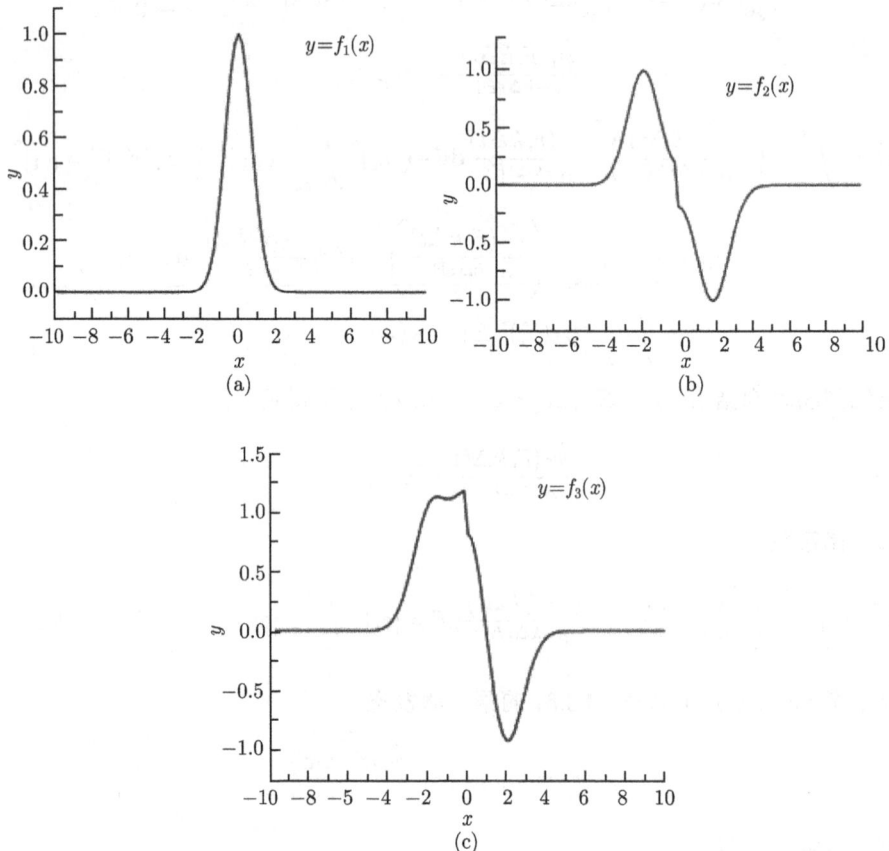

图 3.6.1 函数 $y = f_1(x)$, $y = f_2(x)$ 和 $y = f_3(x)$ 的图像

表 3.6.1 是应用虚时演化法分别选取 $f_1(x)$, $f_2(x)$, $f_3(x)$ 为初态时的计算结果。表中列出了算得的分立态能量本征值 E_n 和各个分立态在初始态波函数中的展开系数 c_n。

下面就表 3.6.1 中的计算结果和虚时间演化法的计算过程进行分析讨论:

(1) 表 3.6.1 中采用初态 $f_1(x)$ 算得的第一、第三、第五、⋯ 激发态在 $f_1(x)$ 的展开式中的展开系数非常小, 这是计算误差造成的结果, 表明实际计算中用虚时间演化法计算得不到这些激发态; 同样地, 采用初态 $f_2(x)$ 算得的基态与第二、第四、第六、$\cdots$ 激发态在 $f_2(x)$ 的展开式中的展开系数非常小, 表明用虚时间演化法计算得不到基态和这些激发态; 但是采用初态 $f_3(x)$ 的计算结果没有这种现象。这

表 3.6.1　虚时演化法的计算结果

n	$\psi(x,0) = f_1(x)$		$\psi(x,0) = f_2(x)$		$\psi(x,0) = f_3(x)$	
	E_n	c_n	E_n	c_n	E_n	c_n
0	−0.500138	0.920603	−0.500137	0.012029	−0.500138	0.549335
1	−0.233096	0.000174	−0.233096	0.820846	−0.233096	0.789932
2	−0.133979	0.536886	−0.133979	0.007480	−0.133980	0.242080
3	−0.084881	0.000530	−0.084881	0.511801	−0.084881	0.472601
4	−0.058927	0.313367	−0.058927	0.005283	−0.058927	0.139157
5	−0.042867	0.001115	−0.042867	0.327244	−0.042867	0.297574
6	−0.032776	0.205801	−0.032775	0.004758	−0.032776	0.091873
7	−0.020804	0.147388	−0.025707	0.227573	−0.025707	0.205630
8	−0.025707	0.001017	−0.020803	0.005139	−0.020804	0.066389
9	−0.014361	0.112095	−0.017099	0.169021	−0.017100	0.152171
10	−0.017098	0.001211	−0.014358	0.006121	−0.014360	0.051174
11	−0.010503	0.088916	−0.012186	0.131666	−0.012185	0.118148
12	−0.012182	0.001604	−0.010499	0.007458	−0.010501	0.041587
13	−0.008014	0.072802	−0.009122	0.106204	−0.009120	0.094914
14	−0.009115	0.002055	−0.008005	0.009064	−0.008008	0.035271
15	−0.006315	0.061104	−0.007085	0.087938	−0.007083	0.078198
16	−0.007073	0.002638	−0.005652	0.074476	−0.006305	0.031082
17	−0.005104	0.052340	−0.006306	0.006176	−0.005661	0.065626
18	−0.004203	0.045607	−0.004621	0.064734	−0.005088	0.028264
19	−0.005650	0.003040	−0.005092	0.006001	−0.004630	0.055832

是因为一维氢原子的模型势 $V(x) = -\dfrac{1}{\sqrt{x^2+2}}$ 是偶函数, 一维氢原子模型势的定态 Schrödinger 方程的分立态是偶函数与奇函数相间出现的, 即基态、第二激发态、第四激发态、$\cdots$ 是偶函数, 第一激发态、第三激发态、第五激发态、$\cdots$ 是奇函数。因为偶函数的展开式中不含奇函数, 所以取偶函数 $f_1(x)$ 做初态时用虚时间演化法计算得不到第一激发态、第三激发态、第五激发态、$\cdots$; 同样地, 取奇函数 $f_2(x)$ 作初态时用虚时间演化法计算得不到基态、第二激发态、第四激发态、$\cdots$。

(2) 应用虚时间演化法计算定态 Schrödinger 方程的分立态, 初态 $\phi_0(\vec{r})$ 的选取非常重要, 如果所选初态 $\phi_0(\vec{r})$ 中不包含某一分立态 $\varphi_m(\vec{r})$, 应用虚时间演化法就不能计算得到这一分立态 $\varphi_m(\vec{r})$。特别地, 如果所取的初态 $\phi_0(\vec{r})$ 中恰好不含定态 Schrödinger 方程的基态 $\varphi_0(\vec{r})$, 应用虚时间演化法就不能算得基态。所以, 当势函数是偶函数时, 为计算基态, 应选取偶函数作初态, 为计算第一激发态, 应选取奇函数作初态。

(3) 因为 $\dfrac{\tilde{\psi}(\vec{r}, k\Delta t)}{\mathrm{e}^{-k\Delta t E_0}}$ 并非精确地等于 $c_0\varphi_0(\vec{r})$, 而是 $\dfrac{\tilde{\psi}(\vec{r}, k\Delta t)}{\mathrm{e}^{-k\Delta t E_0}} = (c_0 - \sigma)\phi_0(\vec{r})$, 这里 σ 是一充分小实数。所以

$$\phi_{0,1}(\vec{r}) = \phi_0(\vec{r}) - \frac{\tilde{\psi}(\vec{r}, k\Delta t)}{\mathrm{e}^{-k\Delta t E_0}} = \sigma\phi_0(\vec{r}) + \sum_{n=1}^{+\infty} c_n\phi_n(\vec{r})$$

$$= \sigma\phi_0(\vec{r}) + c_1\phi_1(\vec{r}) + c_2\phi_2(\vec{r}) + \cdots + c_n\phi_n(\vec{r}) + \cdots,$$

即 $\phi_{0,1}(\vec{r})$ 中仍然包含基态。于是有

$$\tilde{\psi}_1(\vec{r}, t) = \mathrm{e}^{-\mathrm{i}t\hat{H}(\vec{r})}\phi_{0,1}(\vec{r}) = \sigma\mathrm{e}^{-\mathrm{i}t E_0} + \sum_{m=1}^{+\infty} c_m\mathrm{e}^{-\mathrm{i}t E_m}\varphi_m(\vec{r}),$$

$$\tilde{\psi}_1(\vec{r}, k\Delta t) = \sigma\mathrm{e}^{-k\Delta t E_0} + \sum_{m=1}^{+\infty} c_m\mathrm{e}^{-k\Delta t E_m}\varphi_m(\vec{r}) = \sigma\mathrm{e}^{-k\Delta t E_0}\varphi_0(\vec{r}) + c_1\mathrm{e}^{-k\Delta t E_1}\varphi_1(\vec{r})$$

$$+ c_2\mathrm{e}^{-k\Delta t E_2}\varphi_2(\vec{r}) + \cdots + c_n\,\mathrm{e}^{-k\Delta t E_n}\varphi_n(\vec{r}) + \cdots,$$

$$\frac{\tilde{\psi}_1(\vec{r}, k\Delta t)}{\mathrm{e}^{-k\Delta t E_1}} = \sigma\mathrm{e}^{k\Delta t(E_1 - E_0)}\varphi_0(\vec{r}) + c_1\varphi_1(\vec{r})$$

$$+ \sum_{m=2}^{+\infty} c_m\mathrm{e}^{k\Delta t(E_1 - E_m)}\varphi_m(\vec{r}) = \sigma\mathrm{e}^{k\Delta t(E_1 - E_0)}\varphi_0(\vec{r})$$

$$+ c_1\varphi_1(\vec{r}) + c_2\mathrm{e}^{k\Delta t(E_1 - E_2)}\varphi_2(\vec{r}) + \cdots + c_n\,\mathrm{e}^{k\Delta t(E_1 - E_n)}\varphi_n(\vec{r}) + \cdots.$$

因为 $E_1 - E_0 > 0$, $k\Delta t(E_1 - E_0) \to +\infty$ $(k \to +\infty)$, 随着 k 的增大, $\mathrm{e}^{k\Delta t(E_1 - E_0)}$ 迅速增大, $\mathrm{e}^{k\Delta t(E_1 - E_2)}$, $\mathrm{e}^{k\Delta t(E_1 - E_3)}$ 等迅速减小并趋于零, $\mathrm{e}^{k\Delta t(E_1 - E_0)}\varphi_0(\vec{r})$ 又占了主要成分, 不能演化得到第一激发态 $\varphi_1(\vec{r})$。为了解决这个问题, 每演化一步都要剔除残留的 $\varphi_0(\vec{r})$ 成分。譬如可以采用 "正交化方法", 设演化第一步后得到

$$\tilde{\psi}_{1,1}(\vec{r}, \Delta t) = \sigma\mathrm{e}^{-\Delta t E_0}\varphi_0(\vec{r}) + \sum_{m=1}^{+\infty} c_m\mathrm{e}^{-\Delta t E_m}\varphi_m(\vec{r}) = \sigma\mathrm{e}^{-\Delta t E_0}\varphi_0(\vec{r})$$

$$+ c_1\mathrm{e}^{-\Delta t E_1}\varphi_1(\vec{r}) + c_2\mathrm{e}^{-\Delta t E_2}\varphi_2(\vec{r}) + \cdots + c_n\,\mathrm{e}^{-\Delta t E_n}\varphi_n(\vec{r}) + \cdots.$$

由于本征态两两正交归一, $(\varphi_0(\vec{r}), \varphi_n(\vec{r})) = \delta_{0,n}$, 在上式两端左乘 $\varphi_0(\vec{r}) = \dfrac{\tilde{\psi}(\vec{r}, k\Delta t)}{N\mathrm{e}^{-k\Delta t E_0}}$ 并在全空间积分, 即得 $\sigma = \mathrm{e}^{\Delta t E_0}\left(\dfrac{\tilde{\psi}(\vec{r}, k\Delta t)}{N\mathrm{e}^{-k\Delta t E_0}}, \tilde{\psi}_{1,1}(r, \Delta t)\right)$, 取 $\tilde{\psi}_{1,1}(\vec{r}, \Delta t) - \sigma\mathrm{e}^{-\Delta t E_{0,k}}\dfrac{\tilde{\psi}(\vec{r}, k\Delta t)}{N_0\mathrm{e}^{-k\Delta t E_0}}$ 作为初态再演化第二步。同样地, 再演化第三步、第四步、$\cdots$。

(4) 应用虚时间演化法计算分立态 $\varphi_n(\vec{r})$ 时, 到第 k 步得到 $\tilde{\psi}(\vec{r}, k\Delta t) = \sum_{m=0}^{+\infty} c_m e^{-k\Delta t E_m} \varphi_m(\vec{r})$, 这时 $\varphi_n(\vec{r})$ 在 $\tilde{\psi}(\vec{r}, k\Delta t)$ 中的 "比重"(展开系数) 是 $c_n e^{-k\Delta t E_n}$, 因为定态 Schrödinger 方程的分立态本征值满足 $E_0 < E_1 \leqslant E_2 \leqslant \cdots \leqslant E_n \leqslant \cdots \to 0$, 当 n 稍大时, $|E_n - E_{n+1}|$ 很小, 在 k 增大的过程中, $e^{k\Delta t(E_n - E_{n+1})}$ 缓慢地趋于零, 如果 $|c_{n+1}|$ 远大于 $|c_n|$, 则有 $|c_{n+1} e^{-k\Delta t E_{n+1}}| > |c_n e^{-k\Delta t E_n}|$, 所以在计算中先得到 $\varphi_{n+1}(\vec{r})$ 后得到 $\varphi_n(\vec{r})$, 如表 3.6.1 中那样, 采用初态 $f_1(x)$ 算得的本征值 E_n, 第七与第八、第九与第十、$\cdots$ 是颠倒的; 采用初态 $f_2(x)$ 算得的本征值 E_n, 第十六与第十七、第十八与第十九是颠倒的。还是因为定态 Schrödinger 方程的分立态本征值满足 $E_0 < E_1 \leqslant E_2 \leqslant \cdots \leqslant E_n \leqslant \cdots \to 0$, 高激发态之间的能量间距越来越小, 随着 k 的增大, $e^{k\Delta t(E_n - E_{n+1})}$, $e^{k\Delta t(E_n - E_{n+2})}$, $\ldots$ 减小得很缓慢, 计算高激发态越来越困难。所以, 虚时演化法不适合于计算高激发态。

(5) 当本征态出现简并时, 譬如, $E_1 = E_2$, $\varphi_1(\vec{r})$ 与 $\varphi_2(\vec{r})$ 简并, 可选取两个线性无关的初态

$$\varphi_{0,c}(\vec{r}) = c_1 \phi_1(\vec{r}) + c_2 \phi_2(\vec{r}) + \cdots + c_m \phi_m(\vec{r}) + \cdots = \sum_{m=1}^{+\infty} c_m \phi_m(\vec{r}),$$

$$\varphi_{0,d}(\vec{r}) = d_1 \phi_1(\vec{r}) + d_2 \phi_2(\vec{r}) + \cdots + d_m \phi_m(\vec{r}) + \cdots = \sum_{m=1}^{+\infty} d_m \phi_m(\vec{r}),$$

应用虚时间演化法将分别求得两个线性无关的第一和第二激发态 $c_1 \varphi_1(\vec{r}) + c_2 \varphi_2(\vec{r})$ 和 $d_1 \varphi_1(\vec{r}) + d_2 \varphi_2(\vec{r})$, 将它们正交归一化即得所求的第一和第二激发态。

下面是一个数值算例[①], 应用虚时间演化法计算单粒子模型下氦原子二维软核势的基态。

氦原子是由原子核与两个电子组成的最简单的三体系统, 氦原子的单粒子模型就是将氦原子的两个电子中的一个看成与核组成一个 "核"(也称 "原子实"), 另一个电子围绕 "核" 运动, 将氦原子简化成了类氢系统。单粒子模型下氦原子的基态能量就是氦原子的第一电离能 24.6 eV=0.904a.u.—— 一个电子电离的能量。单粒子模型下氦原子二维软核势 $V(x,y) = -\dfrac{b}{\sqrt{x^2 + y^2 + a^2}}$, 软核 (截断) 参数 $b = 1.5$, $a^2 = 0.6$。应用虚时间演化法计算基态, 取初态 $\psi(x,y,0) = e^{-\frac{x^2+y^2}{2}}$, 空间大小 409.6 a.u.×409.6 a.u., 空间步长 $h = 0.4$ a.u., 时间步长 $\tau = 0.1$ a.u., 计算精度 $\varepsilon = 10^{-6}$。计算停止的判据为 $\underset{j,k}{\text{Max}} |\psi(x_j, y_k, n\tau) - \psi(x_j, y_k, (n-1)\tau)| < \varepsilon$, 其中 n 为计算步数, 当第 $n-1$ 步和第 n 步两次相邻计算的结果满足这个判据时

①此算例由吉林大学原子与分子物理研究所博士生夏昌龙提供。

停止计算, 并取 $\psi(x,y,n\tau)$ 为数值基态波函数. 图 3.6.2 是算得的单粒子模型下氢原子二维软核势的基态波函数的模方图, 计算步数 $n=126$ 步, 算得的基态能量为 -0.8897567a.u. 。

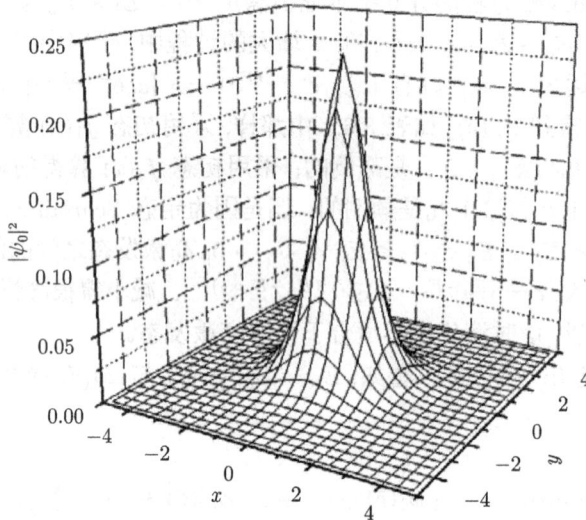

图 3.6.2 基态波函数的模方图

参 考 文 献

[1] 刘学深. 几个原子分子物理问题的辛算法. 吉林大学博士学位论文, 2001.

[2] Ley-Koo E, Mateos-Cortes S, Villa-Torres G. Vibrational-rotational levels and Franck-Condon factors of diatomic molecules via Morse potentials in a box. International Journal of Quantum Chemistry, 1996, 58: 23–28.

[3] Cooney P J, Kanter E P, Vager Z. Convenient numerical technique for solving the one-dimensional Schödinger equation for bound state, Am. J. Phys., 1981, 49(1): 76–77.

[4] Eid R. Higher order finite element solution of the one-dimensional Schrödinger equation. International Journal of Quantum Chemistry, 1999, 71: 147–152.

[5] 顾昌鑫主编, 顾昌鑫, 等. 计算物理学. 复旦大学出版社, 2010.

[6] Liu X S, Liu X Y, Zhou Z Y, er al. Numerical solution of one-dimensional time-independent Schrödinger equation by using symplectic schemes. International Journal of Quantum Chemistry, 2000, 79: 343–349.

[7] Liu X S, Su L W, Ding P Z. Symplectic algorithm for use in computing the time-independent Schrödinger equation. International Journal of Quantum Chemistry, 2002, 87: 1–11.

[8] Qi Y Y, Liu X S, Ding P Z. Continuum eigen-functions of 1-D time-independent

Schrödinger equation solved by symplectic algorithm. International Journal of Quantum Chemistry, 2005, 101: 21–26.

[9]   祁月盈. 强激光场中模型原子的保结构计算. 吉林大学博士学位论文, 2004.

[10] Feit M D, Fleck J A, Jr and Steiger A. Solution of the Schrödinger equation by a spectral method. J. Comput. Phys., 1982, 47: 412.

[11] Grobe R, Eberly J H. One-dimension model of a negative ion and its interaction with laser fields. Phys. Rev. A, 1993, 48: 4664.

[12] Feng K. Difference schemes for Hamiltonian formalism and symplectic geometry. J. Comput. Math., 1986, 4 (3): 279–289.

[13] 冯康, 秦孟兆. 哈密尔顿系统的辛几何算法. 杭州: 浙江科学技术出版社, 2003.

[14] Monovasilis Th, Simos T E. Numerical solution of the two-dimensional time independent Schrödinger equation by third order symplectic schemes. Chem. Phys., 2005, 313: 293–298.

[15] Roberts S M, Shipman J S. Two-Point Boundary Value Problems: Shooting Methods. American Elsevier: New York, 1972.

[16] Qi Y Y, Wang J G, Janev R K. Bound-bound transitions in hydrogenlike ions in Debye plasmas. Phys. Rev. A,2008, 78: 062511.

[17] Banerjee K, Bhatnagar S P. Two-well oscillator. Phys. Rev. D, 1978, 18: 4767–4769.

[18] 匙玉华. HF 分子在激光场中的经典解离与辛算法计算. 吉林大学硕士学位论文, 2005.

[19] Landau L D, Lifshitz E M. Quantum Mechanics. 3rd ed. 1999, A Division of Reed Educational and Professional Publishing Ltd.

[20] Ding P Z, Wu C X, Mu Y K, et al. Square-preserving and symplectic structure and scheme for quantum system, Chinese Phys. Lett., 1996,13(4): 245–248.

[21] Hairer H, Lubich C, Wanner G. Geometric Numerical Integration, Springer Series in Computational Mathematics 31. Berlin: Springer-Verlag, 2002.

[22] Qi Y Y, Wang J G,Janev R K. Dynamics of photoionization of hydrogenlike ions in Debye plasmas. Phys. Rev. A, 2009, 80:063404.

[23] 刘学深, 丁培柱. 量子系统保结构计算新进展. 物理学进展, 2004 24:48–91.

[24] 杨慧. 强激光场与一维 H 原子的相互作用及高次谐波转化效率的提高. 吉林大学硕士学位论文, 2006.

[25] 李娜娜. 强激光与 He^{+} 的相互作用研究及高次谐波平台的展宽和提高. 吉林大学硕士学位论文, 2006.

[26] Liu X S, Qi Y Y, He J F, et al. Recent progress in symplectic algorithms for use in quantum systems. Commun. Comput. Phys., 2007, 2(1): 1–53.

第 4 章　含时 Schrödinger 方程的辛算法计算

含时 Schrödinger 方程描述微观粒子的时间演化过程, 是量子力学中最重要的基本方程之一[1]; 随着计算机技术的飞速发展, 数值求解含时 Schrödinger 方程成为理论研究微观粒子时间演化的主要方法。譬如, 理论研究强激光尤其短脉冲强激光与原子的相互作用, 因为激光场强已接近甚至超过原子 Coulomb 势, 惯用的微扰法不适用了; 含时 Schrödinger 方程包容了原子、激光场及原子与激光场相互作用的全部物理内容, 20 世纪 80 年代后期以来直接数值求解含时 Schrödinger 方程以研究强激光与原子相互作用的方法, 日益受到人们的重视与采用[2-4]。

含时 Schrödinger 方程的解的时间演化保持波函数的酉积守恒, 等价于波函数模方与辛积守恒。所以, 量子系统是一个以波函数模方为守恒量的无穷维 Hamilton 系统。1987 年以来, Vazquez[5]、秦孟兆等[6,7] 探索了量子系统 Heisenberg 方程的保等时交换关系的辛格式; 丁培柱等基于量子系统是一个以波函数模方为守恒量的无穷维 Hamilton 系统, 说明了将含时 Schrödinger 方程离散成以离散波函数模方为守恒量的有限维 Hamilton 正则方程, 并采用模方守恒 —— 辛格式数值求解是计算量子系统时间演化的自然与合理的途径[8]。本章将介绍含时 Schrödinger 方程基于完备基展开的辛算法和基于渐近边界条件的辛算法, 以及对强激光与原子相互作用的应用。4.1 节介绍量子系统是一个无穷维 Hamilton 系统, 量子系统的时间演化保持模方和辛积守恒。4.2 节介绍基于完备基展开和伪分立态近似的辛算法, 应用于计算和数值研究激光场中一维模型势的电离和高次谐波。4.3 节介绍含时 Schrödinger 方程的空间辛离散 —— 空间变量离散法, 应用中心差商近似空间变量 2 阶偏导数将含时 Schrödinger 方程离散成有限维 Hamilton 正则方程。4.4 节介绍基于渐近边界条件的辛算法, 应用推导出的空间充分远处的渐近边界条件和空间辛离散方法, 将一维含时 Schrödinger 方程无穷空间初值问题辛离散成有限维 Hamilton 正则方程, 计算和数值研究单色激光场与双色激光场中一维模型势的跃迁、电离和高次谐波发射。

4.1　量子系统是一个无穷维 Hamilton 系统[8]

量子系统的时间演化由含时 Schrödinger 方程

$$i\frac{\partial}{\partial t}\psi(\vec{r}, t) = H\psi(\vec{r}, t) \tag{4.1.1}$$

描述, 这里 H 是 Hermite 算符。量子力学指出, 含时 Schrödinger 方程的解 (波函数) 的时间演化是酉变换的演化, 即波函数从一个时刻 t_1 到另一个时刻 t_2 的变换

$$U_H^{t_1,t_2} : \psi(\vec{r}, t_2) = U_H^{t_1,t_2}\psi(\vec{r}, t_1) \qquad (4.1.2)$$

是一个酉变换, 时间演化算符 $U_H^{t_1,t_2}$ 是酉算符, 它只与时间 t_1, t_2 和 H 有关, 与系统的初始状态无关。如果 $\phi(\vec{r}, t)$ 也是方程 (4.1.1) 的解, 则也有 $\phi(\vec{r}, t_2) = U_H^{t_1,t_2}\phi(\vec{r}, t_1)$。这两个解的酉积守恒

$$(\psi(\vec{r}, t_2), \phi(\vec{r}, t_2)) = (U_H^{t_1,t_2}\psi(\vec{r}, t_1), U_H^{t_1,t_2}\phi(\vec{r}, t_1)) = (\psi(\vec{r}, t_1), \phi(\vec{r}, t_1))。 \qquad (4.1.3)$$

因为量子系统的波函数是复函数, 令 $\psi(\vec{r}, t) = a(\vec{r}, t) + \mathrm{i}b(\vec{r}, t)$, $\phi(\vec{r}, t) = c(\vec{r}, t) + \mathrm{i}d(\vec{r}, t)$, 代入式 (4.1.3), 将实部、虚部分开得到

$$(a(\vec{r}, t_2), c(\vec{r}, t_2)) + (b(\vec{r}, t_2), d(\vec{r}, t_2)) = (a(\vec{r}, t_1), c(\vec{r}, t_1)) + (b(\vec{r}, t_1), d(\vec{r}, t_1)), \qquad (4.1.4)$$

$$(a(\vec{r}, t_2), d(\vec{r}, t_2)) - (b(\vec{r}, t_2), c(\vec{r}, t_2)) = (a(\vec{r}, t_1), d(\vec{r}, t_1)) - (b(\vec{r}, t_1), c(\vec{r}, t_1))。 \qquad (4.1.5)$$

将波函数的实部和虚部连在一起, $\begin{pmatrix} a(\vec{r}, t) & b(\vec{r}, t) \end{pmatrix}^{\mathrm{T}} = \begin{pmatrix} a_{\vec{r}}(t) & b_{\vec{r}}(t) \end{pmatrix}^{\mathrm{T}}$, $\begin{pmatrix} c(\vec{r}, t) & d(\vec{r}, t) \end{pmatrix}^{\mathrm{T}} = \begin{pmatrix} c_{\vec{r}}(t) & d_{\vec{r}}(t) \end{pmatrix}^{\mathrm{T}}$, 它们是 $2 \times \infty$ 维的实向量, 式 (4.1.4) 和式 (4.1.5) 说明, 含时 Schrödinger 方程的解 (波函数) 的时间演化保持内积和辛积守恒, 内积守恒等价于波函数模方守恒; 辛积守恒说明量子系统是一个无穷维 Hamilton 系统①。所以, 量子系统是一个以波函数模方为守恒量的无穷维 Hamilton 系统; 将含时 Schrödinger 方程离散成以离散波函数模方为守恒量的有限维 Hamilton 正则方程, 并采用模方守恒–辛格式是数值求解含时 Schrödinger 方程的自然与合理的途径[8,9]。

4.2　基于完备基展开和伪分立态近似的辛算法

本节介绍含时 Schrödinger 方程基于完备基展开的辛离散与辛算法, 应用于计算了激光场中 H 原子的高次谐波转化效率和多光子电离速率, 并与其他理论结果进行了比较[10]。

时间相关外场中单电子原子系统的时间演化由含时 Schrödinger 方程 (采用原子单位)

$$\mathrm{i}\frac{\mathrm{d}}{\mathrm{d}t}\psi(\vec{r}, t) = \hat{H}(\vec{r}, t)\psi(\vec{r}, t), \quad \hat{H}(\vec{r}, t) = \hat{H}_0(\vec{r}) + V(\vec{r}, t) \qquad (4.2.1)$$

描述。设 Hamilton 算符 $\hat{H}(\vec{r}, t)$ 是实的, $V(\vec{r}, t)$ 是外场, 譬如, 对于激光与原子相互作用, $H_0(\vec{r}) = -\frac{1}{2}\nabla^2 + V_0(\vec{r})$, $\nabla^2 = \Delta$ 是 Laplace 算符, $V_0(\vec{r})$ 是原子 Coulomb 势,

---

① 含时 Schrödinger 方程 (4.1.1) 描述的量子系统是线性系统, 辛积守恒等价于辛结构守恒。

$V(\vec{r}, t)$ 是激光与原子相互作用势。无外场时原子 Hamilton 算符 $\hat{H}_0(\vec{r})$ 的全体实本
征态构成正交归一完备基，将含时波函数 $\psi(r, t)$ 按 $\hat{H}_0(\vec{r})$ 的实本征态展开是求解
含时 Schrödinger 方程 (4.2.1) 的基本方法。当激光场强接近甚至超过原子 Coulomb
势时，$\hat{H}_0(\vec{r})$ 的全体实本征态构成的正交归一完备基中包含分立态和连续态

$$H_0\phi_m(\vec{r}) = E_m\phi_m(\vec{r}), \quad (\phi_m, \phi_n) = \delta_{mn}, \quad m, n = 1, 2, \cdots,$$

$$H_0\phi_\varepsilon(\vec{r}) = \varepsilon\phi_\varepsilon(\vec{r}), \quad (\phi_{\varepsilon'}, \phi_\varepsilon) = \delta(\varepsilon' - \varepsilon), \quad 0 \leqslant \varepsilon < \infty,$$

$$(\phi_m, \phi_\varepsilon) = 0, \quad m = 1, 2, \cdots, \quad 0 \leqslant \varepsilon < \infty。 \tag{4.2.2}$$

这里的内积是对 $\vec{r}$ 在全空间积分。将含时波函数按包含连续态的完备基 (4.2.2) 展
开，

$$\psi(\vec{r}, t) = \sum_{m=1}^{\infty} \{a_m(t) + ib_m(t)\}\phi_m(\vec{r}) + \int_0^{\infty} \{c_\varepsilon(t) + id_\varepsilon(t)\}\phi_\varepsilon(\vec{r})d\varepsilon,$$

对分立态取充分大正整数 N，对连续态取充分大正能量 $E_{\max}$ 作截断

$$\psi(\vec{r}, t) = \sum_{m=1}^{N} \{a_m(t) + ib_m(t)\}\phi_m(\vec{r}) + \int_0^{E_{\max}} \{c_\varepsilon(t) + id_\varepsilon(t)\}\phi_\varepsilon(\vec{r})d\varepsilon。 \tag{4.2.3}$$

再对式 (4.2.3) 中的积分用梯形求积公式离散，依据物理上的分析选取节点 $\varepsilon_0 = 0 < \varepsilon_1 < \cdots < \varepsilon_j < \cdots < \varepsilon_K = E_{\max}$ 将能量区间 $[0, E_{\max}]$ 分成 K 份，将小区间
$\Delta_j = [\varepsilon_{j-1}, \varepsilon_j]$ 的长度也记作 $\Delta_j = \varepsilon_j - \varepsilon_{j-1}$, $e_j = (\varepsilon_{j-1} + \varepsilon_j)/2$, $j = 1, 2, \cdots, K$。
于是展开式 (4.2.3) 离散成

$$\psi(\vec{r}, t) = \sum_{m=1}^{N} \{a_m(t) + ib_m(t)\}\phi_m(\vec{r}) + \sum_{j=1}^{K} \Delta_j\{c_{e_j}(t) + id_{e_j}(t)\}\phi_{e_j}(\vec{r})$$

$$= \sum_{m=1}^{N} \{a_m(t) + ib_m(t)\}\phi_m(\vec{r}) + \sum_{j=1}^{K} \{C_j(t) + iD_j(t)\}\Phi_j(\vec{r}), \tag{4.2.4}$$

在式 (4.2.4) 中 $C_j(t) = \sqrt{\Delta_j}c_{e_j}(t)$, $D_j(t) = \sqrt{\Delta_j}d_{e_j}(t)$, $\Phi_j(\vec{r}) = \sqrt{\Delta_j}\phi_{e_j}(\vec{r})$, 连续态
的展开式 $\int_0^{\infty} \{c_\varepsilon(t) + id_\varepsilon(t)\}\phi_\varepsilon(\vec{r})d\varepsilon$ 近似成了

$$\sum_{j=1}^{K} \Delta_j\{c_{e_j}(t) + id_{e_j}(t)\}\phi_{e_j}(\vec{r}) = \sum_{j=1}^{K} \{C_j(t) + iD_j(t)\}\Phi_j(\vec{r}),$$

所以将 $\sum_{j=1}^{K} \Delta_j\{c_{e_j}(t) + id_{e_j}(t)\}\phi_{e_j}(\vec{r})$ 或 $\sum_{j=1}^{K} \{C_j(t) + iD_j(t)\}\Phi_j(\vec{r})$ 称为连续态的伪

分立态近似 (或伪分立态模型)。为了提高伪分立态近似的精度, 在连续态截断能量 $E_{\max}$ 足够大时, 需要增多能量区间 $[0, E_{\max}]$ 中的节点数 K, 这势必增大计算机运行时间和存储量。从物理学上分析, 强激光场中的原子在连续态的布居密度随着能量由低到高而逐渐稀疏, 即原子在低能量连续态布居密集, 而在高能量连续态布居稀疏; 所以, 能量区间 $[0, E_{\max}]$ 中的节点的选取应随着能量从 0 增大到 $E_{\max}$ 而逐渐稀疏。原子处于连续态时, 电子只有动能 $\varepsilon = \dfrac{p^2}{2}$, 特别地, $E_{\max} = \dfrac{p_{\max}^2}{2}$。能量随动量非线性变化, 当 (正) 动量 p 线性地增大时能量 ε "平方" 地增大; 当 p 等分时, 能量 ε 不等分, 并且随 p 的增大, 相等的动量间隔 Δp 对应的能量间隔 $\Delta\varepsilon$ 将 "平方" 地增大。取充分大正整数 K, 令 $\Delta p = \dfrac{p_{\max}}{K}$, 记 $p_j = j\Delta p$, $\varepsilon_j = \dfrac{p_j^2}{2}$, $j = 0, 1, \cdots, K$, 则 $\varepsilon_0 = 0 < \varepsilon_1 < \varepsilon_2 < \cdots < \varepsilon_K = \varepsilon_{\max}$, $\Delta\varepsilon_1 = \varepsilon_1 - \varepsilon_0 = \varepsilon_1 = \dfrac{p_1^2}{2} = \dfrac{\Delta p^2}{2}$, $\Delta\varepsilon_j = \varepsilon_j - \varepsilon_{j-1} = \Delta\varepsilon_1 + (j-1)(\Delta p)^2$, $j = 1, 2, \cdots, K$。如上动量等分方案中能量的节点 $\varepsilon_0 = 0 < \varepsilon_1 < \varepsilon_2 < \cdots < \varepsilon_K = \varepsilon_{\max}$ 随着能量增大而逐渐稀疏; 还容易证明, 所需计算机运行时间和存储量是能量等分方案的 $\dfrac{1}{K}$ 倍。

将伪分立态近似展开式 (4.2.4) 代入含时 Schrödinger 方程 (4.2.1) 中, 得到

$$
\begin{aligned}
&\mathrm{i}\sum_{m=1}^{N}\left\{\frac{\mathrm{d}a_m(t)}{\mathrm{d}t} + \mathrm{i}\frac{\mathrm{d}b_m(t)}{\mathrm{d}t}\right\}\phi_m(\vec{r}) + \mathrm{i}\sum_{j=1}^{K}\left\{\frac{\mathrm{d}C_j(t)}{\mathrm{d}t} + \mathrm{i}\frac{\mathrm{d}D_j(t)}{\mathrm{d}t}\right\}\Phi_j(\vec{r}) \\
&= \sum_{m=1}^{N}\{a_m(t) + \mathrm{i}b_m(t)\}E_m\phi_m(\vec{r}) + \sum_{j=1}^{K}\{C_j(t) + \mathrm{i}D_j(t)\}e_j\,\Phi_j(\vec{r}) \\
&\quad + \sum_{m=1}^{N}\{a_m(t) + \mathrm{i}b_m(t)\}V(\vec{r}, t)\phi_m(\vec{r}) + \sum_{j=1}^{K}\{C_j(t) + \mathrm{i}D_j(t)\}V(\vec{r}, t)\Phi_j(\vec{r}),
\end{aligned}
$$

在上式两端分别乘以 $\phi_n(\vec{r})$ 和 $\Phi_k(\vec{r})$ (注意 $\phi_n(\vec{r})$ 和 $\Phi_k(\vec{r})$ 都是实函数) 并对 $\vec{r}$ 在全空间积分, 应用分立态的正交归一性, 分立态与连续态间的正交性和连续态在 δ 函数意义下的正交归一性

$$
\int_{-\infty}^{\infty}\Phi_k(\vec{r})\Phi_j(\vec{r})\mathrm{d}\vec{r} = \Delta_j\int_{-\infty}^{\infty}\phi_{\varepsilon_k}(\vec{r})\phi_{\varepsilon_j}(\vec{r})\mathrm{d}\vec{r} = \Delta_j\delta(\varepsilon_k, \varepsilon_j),
$$

$$
\begin{aligned}
\sum_{j=1}^{K}\int_{-\infty}^{\infty}\Phi_k(\vec{r})\sqrt{\Delta_j}f_j(t)\Phi_j(\vec{r})\mathrm{d}\vec{r} &= \sqrt{\Delta_k}\sum_{j=1}^{K}\Delta_j\int_{-\infty}^{\infty}\phi_{\varepsilon_k}(\vec{r})f_j(t)\phi_{\varepsilon_j}(\vec{r})\mathrm{d}\vec{r} \\
&= \sqrt{\Delta_k}\sum_{j=1}^{K}\Delta_j f_j(t)\delta(\varepsilon_k, \varepsilon_j) \approx \sqrt{\Delta_k}\int_{0}^{E_{\mathrm{Max}}}f_j(t)\delta(\varepsilon_k, \varepsilon_j)\mathrm{d}\varepsilon_j \\
&= \sqrt{\Delta_k}f_k(t),
\end{aligned}
$$

便得

$$i\left(\frac{\mathrm{d}a_n(t)}{\mathrm{d}t}+i\frac{\mathrm{d}b_n(t)}{\mathrm{d}t}\right)=E_n(a_n(t)+ib_n(t))+$$

$$+\sum_{m=1}^{N}v_{nm}^{a}(t)\{a_m(t)+ib_m(t)\}+\sum_{j=1}^{K}v_{nj}^{ac}(t)\{C_j(t)+iD_j(t)\},$$

$$i\left(\frac{\mathrm{d}C_k(t)}{\mathrm{d}t}+i\frac{\mathrm{d}D_k(t)}{\mathrm{d}t}\right)=e_k(C_k(t)+iD_k(t))+$$

$$+\sum_{m=1}^{M}v_{km}^{ca}(t)\{a_m(t)+ib_m(t)\}+\sum_{j=1}^{K}v_{kj}^{c}(t)\{C_j(t)+iD_j(t)\},$$

$$(4.2.5)$$

其中

$$v_{nm}^{a}(t)=\int_{-\infty}^{\infty}\phi_n(\vec{r})V(\vec{r},t)\phi_m(\vec{r})\mathrm{d}\vec{r},\quad v_{nj}^{ac}(t)=\int_{-\infty}^{\infty}\phi_n(\vec{r})V(\vec{r},t)\Phi_j(\vec{r})\mathrm{d}\vec{r},$$

$$v_{km}^{ca}(t)=\int_{-\infty}^{\infty}\Phi_k(\vec{r})V(\vec{r},t)\phi_m(\vec{r})\mathrm{d}\vec{r},\quad v_{kj}^{c}(t)=\int_{-\infty}^{\infty}\Phi_k(\vec{r})V(\vec{r},t)\Phi_j(\vec{r})\mathrm{d}\vec{r},$$

显然

$$v_{nm}^{a}(t)=v_{mn}^{a}(t),\quad v_{nj}^{ac}(t)=v_{jn}^{ca}(t),\quad v_{kj}^{c}(t)=v_{jk}^{c}(t)。$$

在式 (4.2.5) 中将实部与虚部分开, 得到微分方程组

$$\frac{\mathrm{d}a_n}{\mathrm{d}t}=E_nb_n+\sum_{m=1}^{N}v_{nm}^{a}(t)b_m+\sum_{j=1}^{K}v_{nj}^{ac}(t)D_j,$$

$$\frac{\mathrm{d}b_n}{\mathrm{d}t}=-\left(E_na_n+\sum_{m=1}^{N}v_{nm}^{a}(t)a_m+\sum_{j=1}^{K}v_{nj}^{ac}(t)C_j\right),\quad n=1,2,\cdots,N,$$

$$\frac{\mathrm{d}C_k}{\mathrm{d}t}=e_kD_k+\sum_{m=1}^{N}v_{km}^{ca}(t)b_m+\sum_{j=1}^{K}v_{kj}^{c}(t)D_j,$$

$$\frac{\mathrm{d}D_k}{\mathrm{d}t}=-\left(e_kC_k+\sum_{m=1}^{N}v_{km}^{ca}(t)a_m+\sum_{j=1}^{K}v_{kj}^{c}(t)C_j\right),\quad k=1,2,\cdots,K。$$

记

$$Q=(a_1,\cdots,a_N,C_1,\cdots,C_M)^{\mathrm{T}},\quad P=(b_1,\cdots,b_N,D_1,\cdots,D_M)^{\mathrm{T}},$$

$$Z=(a_1,\cdots,a_N,C_1,\cdots,C_M,b_1,\cdots,b_N,D_1\cdots,D_M)^{\mathrm{T}},$$

上述微分方程组可写成矩阵形式

$$\frac{\mathrm{d}Q}{\mathrm{d}t} = S(t)P, \quad \frac{\mathrm{d}P}{\mathrm{d}t} = -S(t)Q, \tag{4.2.6}$$

或

$$\frac{\mathrm{d}Z}{\mathrm{d}t} = B(t)Z, \quad B(t) = \begin{pmatrix} 0 & S(t) \\ -S(t) & 0 \end{pmatrix} = JA(t), \quad A(t) = \begin{pmatrix} S(t) & 0 \\ 0 & S(t) \end{pmatrix}, \tag{4.2.7}$$

其中 $S(t) = \Lambda + V(t)$,

$$\Lambda = \begin{pmatrix} E_1 & & & & & \\ & \ddots & & & O & \\ & & E_N & & & \\ & & & e_1 & & \\ & O & & & \ddots & \\ & & & & & e_K \end{pmatrix},$$

$$V(t) = \begin{pmatrix} v_{11}^a(t) & \cdots & v_{1N}^a(t) & v_{11}^{ac}(t) & \cdots & v_{1K}^{ac}(t) \\ \vdots & & \vdots & \vdots & & \vdots \\ v_{N1}^a(t) & \cdots & v_{NN}^a(t) & v_{N1}^{ac}(t) & \cdots & v_{NK}^{ac}(t) \\ v_{11}^{ca}(t) & \cdots & v_{1N}^{ca}(t) & v_{11}^c(t) & \cdots & v_{1K}^c(t) \\ \vdots & & \vdots & \vdots & & \vdots \\ v_{K1}^{ca}(t) & \cdots & v_{KN}^{ca}(t) & v_{K1}^c(t) & \cdots & v_{KK}^c(t) \end{pmatrix},$$

$S(t)$ 和 $A(t)$ 都是实对称矩阵。

在许多情况下, 量子系统时间演化中不出现电离, 系统在连续态的布居几率为零, 譬如, 研究量子波包的传播, 又如激光与原子相互作用当激光场强远小于原子 Coulomb 势时。这时, 含时波函数展开的完备基中只含分立态, 即

$$\psi(\vec{r}, t) = \sum_{m=1}^{\infty} \{a_m(t) + \mathrm{i}b_m(t)\}\phi_m(\vec{r}),$$

离散成的正则方程简化成

$$\frac{\mathrm{d}a_n}{\mathrm{d}t} = E_n b_n + \sum_{m=1}^{N} v_{nm}^a(t) b_m, \quad \frac{\mathrm{d}b_n}{\mathrm{d}t} = -\left(E_n a_n + \sum_{m=1}^{N} v_{nm}^a(t) a_m\right), \quad n = 1, 2, \cdots, N,$$

或

$$\frac{\mathrm{d}Z}{\mathrm{d}t} = B(t)Z, \quad B(t) = \begin{pmatrix} 0 & S(t) \\ -S(t) & 0 \end{pmatrix} = JA(t), \quad A(t) = \begin{pmatrix} S(t) & 0 \\ 0 & S(t) \end{pmatrix},$$

其中 $Z = (a_1, \cdots, a_N, b_1, \cdots, b_N)^{\mathrm{T}}$, 实对称矩阵 $S(t) = \Lambda + V(t)$,

$$\Lambda = \begin{pmatrix} E_1 & & O \\ & \ddots & \\ O & & E_N \end{pmatrix}, \quad V(t) = \begin{pmatrix} v_{11}^a(t) & \cdots & v_{1N}^a(t) \\ \vdots & & \vdots \\ v_{N1}^a(t) & \cdots & v_{NN}^a(t) \end{pmatrix}.$$

容易验证, 微分方程组 (4.2.7) 中的 $B(t) = JA(t)$ 是无穷小辛矩阵, 事实上

$$(JA(t))^{\mathrm{T}} J + JJA(t) = A(t)^{\mathrm{T}} J^{\mathrm{T}} J + JJA(t) = A(t) - A(t) = 0.$$

微分方程组 (4.2.7) 是 Hamilton 函数

$$H(Z,t) = \frac{1}{2} Z^{\mathrm{T}} A(t) Z = \frac{1}{2} Q^{\mathrm{T}} S(t) Q + \frac{1}{2} P^{\mathrm{T}} S(t) P$$

的显含时间可分线性 Hamilton 系统的正则方程; 还容易验证 $\frac{\mathrm{d}}{\mathrm{d}t} \{Z(t)\}^2 = 0$, 离散波函数模方 $\{Z(t)\}^2 = \{Q(t)\}^2 + \{P(t)\}^2$ 守恒。所以, 含时 Schrödinger 方程 (4.2.1) 离散成了以离散波函数模方为守恒量的有限维 Hamilton 正则方程 (4.2.7); 采用模方守恒的 (显含时间可分线性 Hamilton 系统的) 辛格式是数值求解正则方程 (4.2.7) 的合理方法。譬如, 1.2 节中的 Euler 中点格式 (1.2.31)

$$Q^{n+1} = Q^n + \frac{h}{2} S^{n+\frac{1}{2}} (P^n + P^{n+1}), \quad P^{n+1} = P^n - \frac{h}{2} S^{n+\frac{1}{2}} (Q^n + Q^{n+1}) \quad (4.2.8)$$

是保持离散波函数模方守恒的 2 阶隐式辛格式, 其中 $S^{n+\frac{1}{2}} = S\left(t_n + \frac{h}{2}\right)$。又如 1.2 节中的 2 阶 "模方守恒优化" 的显式辛格式 (1.2.32)

$$u = Q^n + \left(1 - \frac{1}{\sqrt{2}}\right) h S^{n+\frac{1}{2}} P^n, \quad v = P^n - \frac{1}{\sqrt{2}} h S^{n+\frac{1}{2}} u,$$

$$Q^{n+1} = u + \frac{1}{\sqrt{2}} h S^{n+\frac{1}{2}} v, \quad P^{n+1} = v - \left(1 - \frac{1}{\sqrt{2}}\right) h S^{n+\frac{1}{2}} Q^{n+1}, \quad (4.2.9)$$

它计算离散波函数模方的局部误差是 $O(h^4)$, 较格式的局部误差高 1 阶。再如 1.2 节中的 4 阶 "模方守恒优化" 的显式辛格式 (1.2.33) 和式 (1.2.34), 它计算离散波函数模方的局部误差是 $O(\tau^6)$, 较格式的局部误差高 1 阶。

设 T 是激光场作用时间, M 是充分大正整数, 取时间步长 $\tau = \dfrac{T}{M}$, 记 $t_m = m\tau$, $m = 0, 1, 2, \cdots, M$。应用辛格式 (4.2.8) 或式 (4.2.9) 即可求得各个时刻的展开系数 $a_n(t_m) + \mathrm{i}b_n(t_m)$ 和 $c_{e_k}(t_m) + \mathrm{i}d_{e_k}(t_m) = \dfrac{1}{\sqrt{\Delta_k}}\{C_k(t_m) + \mathrm{i}D_k(t_m)\}$, 以及数值波函数

$$\psi(\vec{r}, t_m) = \sum_{n=1}^{N}\{a_n(t_m) + \mathrm{i}b_n(t_m)\}\phi_n(\vec{r})$$

$$+ \sum_{k=1}^{K}\Delta_k\{c_{e_k}(t_m) + \mathrm{i}d_{e_k}(t_m)\}\phi_{e_k}(\vec{r}), \quad m = 0, 1, 2, \cdots, M。$$

因为辛格式 (4.2.8) 是模方守恒的 (或者辛格式 (4.2.9) 是模方守恒优化的), 波函数在 t_m 时刻的归一化常数

$$N(t_m) = \sum_n\{a_n(t_m)^2 + b_n(t_m)^2\} + \sum_j\{c_{e_k}(t_m)^2 + d_{e_k}(t_m)^2\} = 1(\approx 1), \quad (4.2.10)$$

其中电子在基态的布居几率

$$P_1(t_m) = \{a_1(t_m)^2 + b_1(t_m)^2\} = |(\phi_1(\vec{r})\,|\,\psi(\vec{r}, t_m))|^2, \quad (4.2.11)$$

在束缚态的总布居几率

$$P_b(t_m) = \sum_n\{a_n(t_m)^2 + b_n(t_m)^2\} = \sum_n|(\phi_n(\vec{r})\,|\,\psi(\vec{r}, t_m))|^2, \quad (4.2.12)$$

电子的电离几率

$$P_i(t_m) = \sum_k\{c_{e_k}(t_m)^2 + d_{e_k}(t_m)^2\} = \sum_k|(\phi_{\delta_k}(\vec{r}), \psi(\vec{r}, t_m))|^2 = 1 - P_b(t_m)。 \quad (4.2.13)$$

当激光电场沿着 x 方向时, 激光场中单电子原子产生的高次谐波的强度正比于 $|d(\omega)|^2$, 这里 $d(\omega)$ 是电子在激光场作用下的电偶极矩 $\partial(t)$ 的 Fourier 变换

$$d(\omega) = \frac{1}{T}\int_0^T \partial(t)\mathrm{e}^{-\mathrm{i}\omega t}\mathrm{d}t, \quad (4.2.14)$$

在长度规范下的电偶极矩

$$\partial(t) = (\psi, x\psi) = \int_{-\infty}^{\infty}\psi^*(\vec{r}, t)x\psi(\vec{r}, t)\mathrm{d}\vec{r}, \quad (4.2.15)_{\mathrm{L}}$$

在加速度规范下的电偶极矩

$$\partial(t) = -\int_{-\infty}^{+\infty}\psi^*(\vec{r}, t)\frac{\partial V}{\partial x}\psi(\vec{r}, t)\mathrm{d}x + \varepsilon(t)。 \quad (4.2.15)_{\mathrm{A}}$$

应用算得的数值波函数 $\psi(\vec{r}, t)$ 即可依据式 (4.2.11)~(4.2.15) 数值研究激光与原子的相互作用, 计算电子的跃迁、电离和高次谐波发射。

例 1　激光场中具有一个束缚态 P-T 模型势的时间演化[11]。

下面将应用辛算法和 "伪分立态近似" 数值研究 "矩形" 激光场 $E(t)$ 中具有一个束缚态 P-T 模型势的阈上电离和电子的平均能量、空间运动的平均值。矩形激光场

$$\varepsilon(t) = \begin{cases} \varepsilon_0 \sin(\omega_0 t), & t_{\mathrm{on}} \leqslant t \leqslant NT_0, \\ 0, & NT_0 < t \leqslant t_{\mathrm{off}}, \end{cases}$$

其中 $T_0 = \dfrac{2\pi}{\omega_0}$ 是激光的光学周期。已知具有一个束缚态的 P-T 模型势 $V_0(x) = -\dfrac{1}{\cosh^2 x}$, 这个束缚态的能量本征值 $E_0 = -0.5$a.u., 本征函数 $\varphi_0(x) = \dfrac{1}{\sqrt{2}\cosh x}$, 详见 3.3 节。计算中取 $NT_0 = 10T_0$, 最大能量 $E_{\max} = 6.0$a.u., 空间边界 $X_{\max} = 500$a.u., 动量间隔 $\Delta p = \dfrac{\pi}{X_{\max}} = 0.00628$a.u., 动量等分点 $p_i = (i - 0.5)\Delta p$, 能量分点 $\varepsilon_i = \dfrac{p_i^2}{2}$, 能量间隔 $\Delta\varepsilon_j = \varepsilon_j - \varepsilon_{j-1} = (j - 1)\Delta p^2$; 选取 "伪分立态" 本征函数 1103 个, 包括 1 个束缚态 $\varphi_0(x)$ 以及应用保 Wronskian 算法计算得到的偶宇称和奇宇称连续态本征函数各 551 个: $\phi_{ej}(x) = \varphi_{\varepsilon_{2j}}(x)$, $\phi_{oj}(x) = \varphi_{\varepsilon_{2j-1}}(x)$, $j = 1, 2, \cdots, 551$; 取时间步长 $\tau = 0.001$a.u.。应用 "伪分立态近似" 和 2 阶辛格式计算激光频率 $\omega_0 = 0.2$a.u., 激光场强分别为 $\varepsilon_0 = 0.05$a.u., 0.08a.u., 0.13a.u. 时的数值波函数

$$\psi(x_k, t_m) = (a_0(t_m) + \mathrm{i}b_0(t_m))\varphi_0(x_k) + \sum_{j=1}^{1102} (c_j(t_m) + \mathrm{i}d_j(t_m))\Delta\varepsilon_j\varphi_{\varepsilon_j}(x_k),$$

进一步计算阈上电离谱和电子的平均能量、电子在空间运动的平均值、脉冲结束后电子的波函数。阈上电离谱是阈上电离几率

$$P_{\mathrm{ati}}(t) = 1 - P_b(t)$$

的 Fourier 变换

$$Q(\omega) = \frac{1}{NT_0 - t_{\mathrm{on}}} \int_{t_{\mathrm{on}}}^{NT_0} P_i(t)\mathrm{e}^{-\mathrm{i}\omega t}\mathrm{d}t,$$

因为 Fourier 逆变换 $\displaystyle\int_{-\infty}^{+\infty} Q(\omega)\mathrm{e}^{\mathrm{i}\omega t}\mathrm{d}\omega = P_i(t)$, $Q(\omega)$ 是 $P_{\mathrm{i}}(t)$ 按 $\mathrm{e}^{\mathrm{i}\omega t}$ 展开的谱密度, 激光频率 ω_0 是单光子能量, $Q(n\omega_0)$ 是 $\omega = n\omega_0$ 处的谱密度。随着激光场的时间演化, 电子能量的平均值

$$\bar{E}(t) = (\psi(x, t), \hat{H}\psi(x, t))$$

$$= \frac{1}{2}(\nabla\psi(x,t), \nabla\psi(x,t)) + (\psi(x,t), (V_0(x) - xE(t))\psi(x,t)),$$

电子空间运动的平均值

$$\bar{x}(t) = (\psi(x,t), x\psi(x,t)),$$

脉冲结束后电子波函数的模 $|\psi(x,t_{10T_0})|$。结果绘制成图 4.2.1 ~ 图 4.2.3。从图中看出，算得的阈上电离谱与已有的结果[12] 符合得很好。

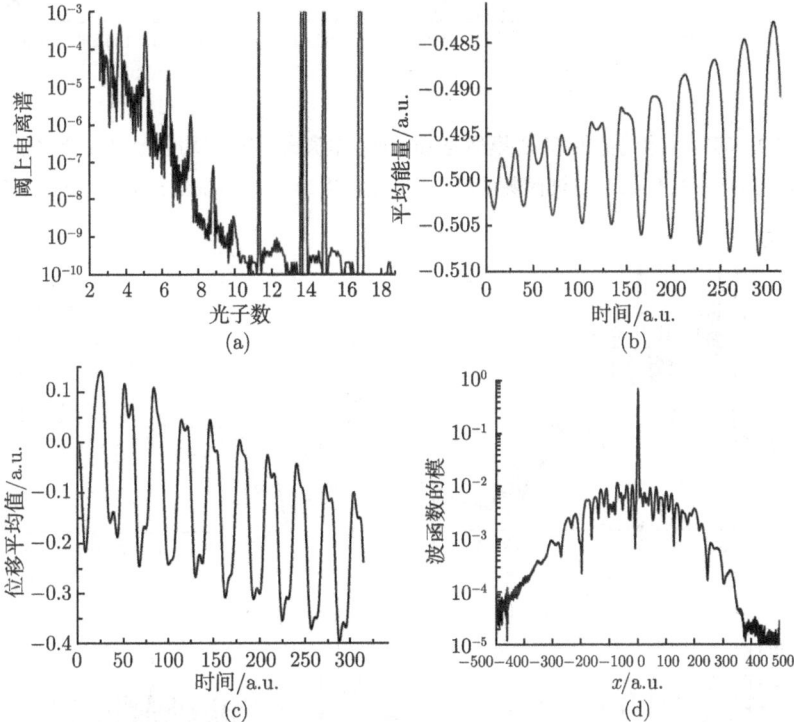

图 4.2.1　有一个束缚态的 T-P 模型势的 (a) 阈上电离谱, (b) 平均能量, (c) 位移平均值, (d) $t = 10T_0 = 314.2\text{a.u.}$ 时波函数的模。激光场参数 $E_0 = 0.05\text{a.u.}, \omega_0 = 0.2\text{a.u.}, T = 10T_0$

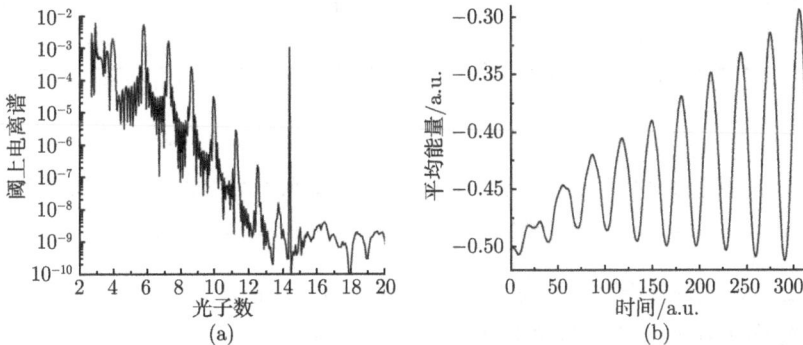

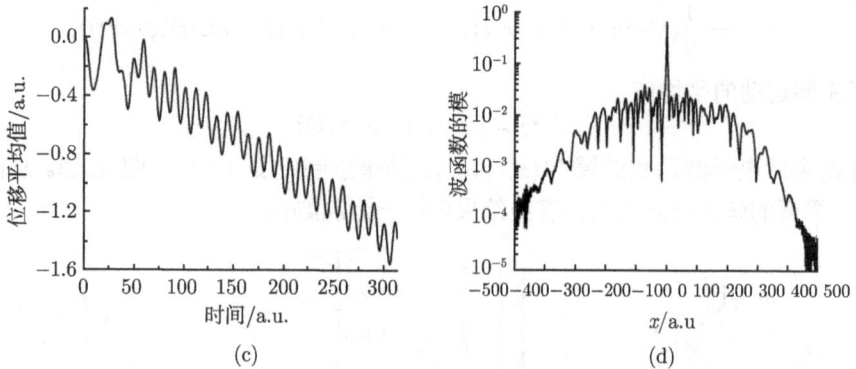

(c)　　　　　　　　　　　　　　　　(d)

图 4.2.2　有一个束缚态的 T-P 模型势 (a) 阈上电离谱, (b) 平均能量, (c) 位移平均值, (d) 在 $t=10T_0=314.2$a.u. 时波函数的模。激光场参数为 $E_0=0.08$a.u., $\omega_0=0.2$a.u., $T=10T_0$

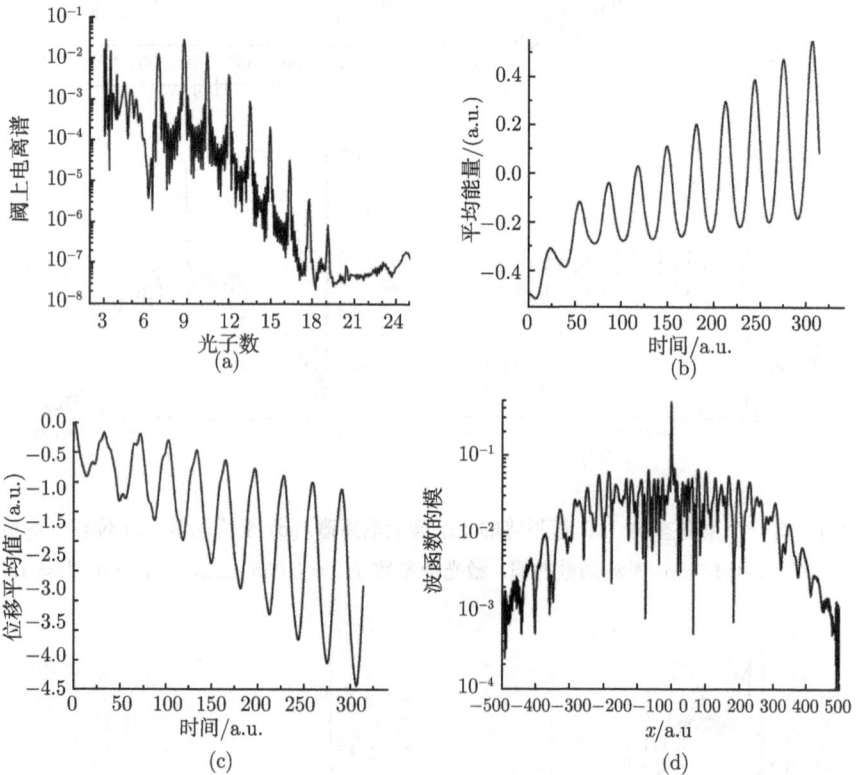

(a)　　　　　　　　　　　　　　　　(b)

(c)　　　　　　　　　　　　　　　　(d)

图 4.2.3　有一个束缚态的 T-P 模型势的 (a) 阈上电离谱, (b) 平均能量, (c) 位移平均值, (d) 在 $t=10T_0=314.2$a.u. 时波函数的模。激光场参数为 $E_0=0.13$a.u., $\omega_0=0.2$a.u., $T=10T_0$

例 2　激光场中 H 原子的多光子电离速率与高次谐波转化效率[13,14]。

激光场中 H 原子的时间演化由含时 Schrödinger 方程 (采用原子单位)

描述, 其中

$$\mathrm{i}\frac{\partial}{\partial t}\psi(\vec{r},t) = H(t)\psi(\vec{r},t), \quad H(t) = H_0(\vec{r}) + V(\vec{r},t)$$

描述, 其中 $H_0(\vec{r}) = -\dfrac{1}{2}\left(\dfrac{\partial^2}{\partial x^2}+\dfrac{\partial^2}{\partial y^2}+\dfrac{\partial^2}{\partial z^2}\right)-\dfrac{1}{r}$, 设激光电场方向沿着 z 轴, 激光与电子的相互作用势 $V(\vec{r},t) = -E_0 z f(t)\sin\omega_0 t = -E_0 r\cos\theta f(t)\sin\omega_0 t$. 设激光脉冲包络函数

$$f(t) = \begin{cases} \sin^2\Omega t, & 0 \leqslant t < \dfrac{\pi}{2\Omega} \\ 1, & t \geqslant \dfrac{\pi}{2\Omega} \end{cases},$$

其中 $\Omega = \dfrac{\omega_0}{40}$, 于是 $\dfrac{\pi}{2\Omega} = \dfrac{20\pi}{\omega_0}$, 这说明激光场经 10 个光学周期达到峰值, 然后保持这个值. 因为体系绕 z 轴旋转对称, 含时波函数与 φ 角无关, $\psi(\vec{r},t) = \psi(r,\theta,t)$, 据之展开的 $H_0(\vec{r})$ 的分立态和连续态本征函数的角向部分中只有 $m=0$ 的球函数 $Y_{l0}(\theta,\varphi)$,

$$\psi(r,\theta,t) = \sum_{n,l}\{a_{nl}(t)+\mathrm{i}b_{nl}(t)\}\phi_{nl0}(r,\theta) + \sum_l\int_0^\infty\{c_{\varepsilon l}(t)+\mathrm{i}d_{\varepsilon l}(t)\}\phi_{\varepsilon l0}(r,\theta)\mathrm{d}\varepsilon.$$

应用前面所述的伪分立态近似和辛算法计算数值波函数 $\psi(r,\theta,t_m)$, 再按照式 (4.2.10) ∼ 式 (4.2.13) 即可计算波函数的归一化常数 N、基态布居几率 P_1、束缚态布居几率 P_b 和电离几率 $P_i = 1 - P_b$ 随时间的演化曲线. 图 4.2.4 是激光场强 $\varepsilon_0 = 1.75\times 10^{14}$ W/cm^2, 激光频率 (原子单位下等于单光子能量) $\omega_0 = 0.2$a.u.(1a.u. $= 4.3598 \times 10^{-18}$J) 的计算结果. 从图 4.2.4 可以看出, 在激光场经过 10 个光学周期 $\left(\dfrac{\pi}{2\Omega} = \dfrac{20\pi}{\omega_0} \approx 314\text{a.u.}, 1\text{a.u.} = 2.419 \times 10^{-7}\text{s}\right)$ 达到峰值后的一段时间内, 束缚态的几率随时间按指数规律下降. 为了得到电离速率, 在 $314 \sim 440$a.u. 时间段内对束缚态的几率随时间的演化曲线作指数拟合, 得到曲线 P_b^{Fit}, 由此计算曲线 $1 - P_b^{\text{Fit}}$ 的斜率即为多光子电离速率. 这样得到的电离速率为 3.27×10^{14}s^{-1}, 介于 Kulander K. C. 直接求解含时 Schrödinger 方程[15] 的结果 4.0×10^{14}s^{-1} 与 Chu S. I. 基于 Floquet 理论[16] 的结果 2.89×10^{14}s^{-1} 之间. 表 4.2.1 是应用前述伪分立态近似和辛算法算得的不同激光场强和不同激光频率下 H 原子的多光子电离速率, 以及与 Kulander 的结果 R_1 和 Chu S. I. 的结果 R_2 的比较, 从表中可见, 当激光场强较小而频率 (单光子能量) 较大时, 伪分立态近似和辛算法的结果比另两种方法的结果稍大; 当频率较小时, 伪分立态近似和辛算法的结果介于另两种方法的结果之间. 从图 4.2.4 中看出, 束缚态几率的时间演化曲线是伴随有小振荡的指数下降曲线, 具体计算结果还显示, 激光场强较小而频率较大时, 束缚态几率演化曲线中伴随的小振荡更为突出, 致使用指数拟合估算电离速率的误差增大, 这可能是伪分立态模型和辛算法的结果稍大的原因. 图 4.2.5 是应用算得的数值波函数 $\psi(r,\theta,t_m)$ 按照式

(4.2.14) 和 (4.2.15)$_L$ 计算的高次谐波谱, 从图中看出, 高次谐波谱的三区 —— 快速下降区、平台区和谐波截止 (cut-off) 区 —— 结构与理论和实验结果一致; 谐波的截止区出现在 40 次谐波附近, 到 43 次谐波时完全截止, 这与截止规则 $I_{\mathrm{p}} + 3.2U_{\mathrm{p}}\Big(I_{\mathrm{p}}$ 为原子的电离能, $U_{\mathrm{p}} = \dfrac{\varepsilon_0^2}{4\omega_0^2}$ 为有质动力能 $\Big)$ 预言的结果符合得很好。

表 4.2.1　H 原子的多光子电离速率

ω_0/a.u.	ε_0/(W/cm^2)	R/s^{-1}	R_1/s^{-1}	R_2/s^{-1}
0.55	7.00×10^{12}	3.37×10^{13}	1.4×10^{13}	1.43×10^{13}
0.28	7.00×10^{12}	6.04×10^{11}	3.3×10^{11}	3.73×10^{11}
0.28	4.38×10^{13}	1.88×10^{13}	1.2×10^{13}	1.33×10^{13}
0.20	4.38×10^{13}	3.19×10^{12}	2.8×10^{12}	3.86×10^{12}
0.20	1.75×10^{14}	3.27×10^{14}	4.0×10^{14}	2.89×10^{14}
0.20	3.94×10^{14}	6.71×10^{14}	7.0×10^{14}	5.64×10^{14}

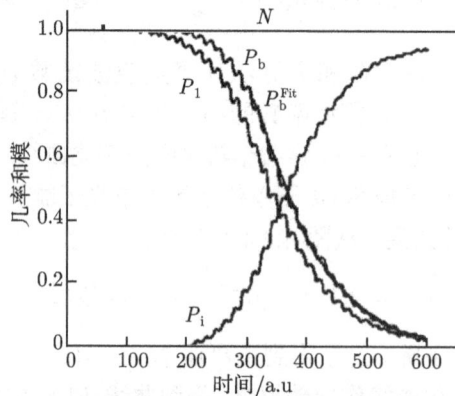

图 4.2.4　归一化常数 N、基态布居几率 P_1、束缚态布居几率 P_{b} 和电离几率 $P_{\mathrm{i}} = 1 - P_{\mathrm{b}}$ 的时间演化, $P_{\mathrm{b}}^{\mathrm{Fit}}$ 是 P_{b} 的指数拟合

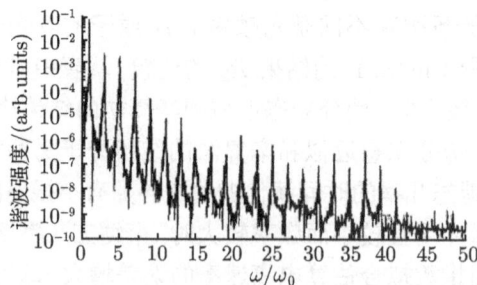

图 4.2.5　激光场中 H 原子的高次谐波谱 ($\varepsilon_0 = 2.5\times10^{14}$W/cm^2, 激光波长 800nm)

对于一维量子系统的时间演化, 譬如, 强激光场中的一维模型原子, 很容易应用辛–打靶法和保 Wronskian 算法计算数值分立态和连续态本征函数, 使得应用伪分立态近似和辛算法数值研究一维量子系统的时间演化是可行的; 从本节的计算结果可以看出, 应用伪分立态近似、连续态能量的动量等距离散和辛算法, 数值求解一维含时 Schrödinger 方程的无穷空间初值问题和理论研究激光场中一维模型原子的动力学, 是合理、可行和准确的[①]。

4.3 含时 Schrödinger 方程的空间辛离散 —— 空间变量离散法

考虑一维含时 Schrödinger 方程的初边值问题

$$\mathrm{i}\frac{\partial}{\partial t}\psi(x,t) = \left\{-\frac{1}{2}\frac{\partial^2}{\partial x^2} + V_0(x) + V(x,t)\right\}\psi(x,t) \quad (t>0, \ a<x<b), \quad (4.3.1)$$

$$\psi(a,t) = l(t), \quad \psi(b,t) = r(t) \quad (t>0), \tag{4.3.2}$$

$$\psi(x,0) = \phi(x), \quad (a<x<b), \tag{4.3.3}$$

其中波函数是复值 $\psi(x,t) = q(x,t) + \mathrm{i}p(x,t)$, Hamilton 算符 $H(x,t) = -\frac{1}{2}\frac{\partial^2}{\partial x^2} + V_0(x) + V(x,t)$ 是实 Hermite 算符, 初态 $\phi(x) = c(x) + \mathrm{i}d(x)$ 归一化 $\int_a^b |\phi(x)|^2\,\mathrm{d}x = 1$。譬如, 无限深势阱

$$V_0(x) = \begin{cases} 0, & a<x<b, \\ \infty, & x \leqslant a, x \geqslant b \end{cases}$$

中微观粒子满足零边界条件

$$\psi(a,t) = 0, \quad \psi(b,t) = 0 \quad (t>0), \tag{4.3.2$_0$}$$

粒子的时间演化由一维含时 Schrödinger 方程的零边值初值问题 (4.3.1) (4.3.2)$_0$ (4.3.3) 描述。又如一维晶格中的电子的时间演化满足周期边界条件 (4.3.2)$_p$, 由一维含时 Schrödinger 方程的周期初 (边) 值问题

$$\mathrm{i}\frac{\partial}{\partial t}\psi(x,t) = \left\{-\frac{1}{2}\frac{\partial^2}{\partial x^2} + V(x,t)\right\}\psi(x,t) \quad (t>0, \ 0<x<L), \quad (4.3.1)_p$$

[①]氢原子有解析的分立态和连续态本征函数, 但是, 也可应用辛–打靶法和保 Wronskian 算法数值计算氢原子分立态和连续态的数值径向波函数[10], 用作伪分立态近似的完备基。

$$\psi(x+L,t) = \psi(x,t) \quad \left(\text{或 } \psi(0,t) = \psi(L,t), \quad \frac{\partial}{\partial x}\psi(0,t) = \frac{\partial}{\partial x}\psi(L,t)\right), \quad (4.3.2)_{\mathrm{p}}$$

$$\psi(x,0) = \phi(x) \quad (0 < x < L) \tag{4.3.3$_{\mathrm{p}}$}$$

描述。

取充分大的正整数 N, 记步长 $h = (b-a)/N$, $x_j = a + jh$, $V_j(t) = V(x_j, t)$, $\psi_j(t) = \psi(x_j, t) = q(x_j, t) + \mathrm{i}\, p(x_j, t) = q_j(t) + \mathrm{i} p_j(t)$, $\phi_j = \phi(x_j) = c(x_j) + \mathrm{i} d(x_j) = c_j + \mathrm{i} d_j$, $j = 0, 1, 2, \cdots, N$, $l(t) = l_r(t) + \mathrm{i} l_i(t)$, $r(t) = r_r(t) + \mathrm{i} r_i(t)$。已知 2 阶中心 (对称) 差商

$$\frac{\partial^2 \psi(x_j, t)}{\partial x^2} = \frac{\psi_{j-1}(t) - 2\psi_j(t) + \psi_{j+1}(t)}{h^2} + O(h^2),$$

用 2 阶中心差商代替空间变量 2 阶偏导数的局部误差是 $O(h^2)$, 这很容易应用 Taylor 展开

$$g(x \pm h) = g(x) \pm h \frac{\mathrm{d}}{\mathrm{d}x}g(x) + \frac{h^2}{2!}\frac{\mathrm{d}^2}{\mathrm{d}x^2}g(x) \pm \frac{h^3}{3!}\frac{\mathrm{d}^3}{\mathrm{d}x^3}g(x) + \frac{h^4}{4!}\frac{\mathrm{d}^4}{\mathrm{d}x^4}g(x) + O(h^5)$$

推导出来。还可用高阶中心差商代替空间变量 2 阶偏导数, 譬如, 4 阶和 6 阶中心差商, 详见 5.2 节。用 2 阶中心差商代替空间变量 2 阶偏导数, 含时 Schrödinger 方程 (4.3.1) 和边界条件 (4.3.2) 离散成 $N-1$ 个方程的方程组

$$\mathrm{i}\frac{\mathrm{d}\psi_1(t)}{\mathrm{d}t} = -\frac{1}{2h^2}(l(t) - 2(1 + h^2 V_1(t))\psi_1(t) + \psi_2(t)),$$

$$\mathrm{i}\frac{\mathrm{d}\psi_j(t)}{\mathrm{d}t} = -\frac{1}{2h^2}(\psi_{j-1}(t) - 2(1 + h^2 V_j(t))\psi_j(t) + \psi_{j+1}(t)), \quad j = 2, \cdots, N-2,$$

$$\mathrm{i}\frac{\mathrm{d}\psi_{N-1}(t)}{\mathrm{d}t} = -\frac{1}{2h^2}(\psi_{N-2}(t) - 2(1 + h^2 V_{N-1}(t))\psi_{N-1}(t) + r(t))。$$

记

$$\psi(t) = (\psi_1(t) \cdots \psi_j(t) \cdots \psi_{N-1}(t))^{\mathrm{T}}, \quad \phi = (\phi_1 \cdots \phi_j \cdots \phi_{N-1})^{\mathrm{T}},$$

$$Y(t) = -\frac{1}{2h^2}(l(t)0 \cdots 0 r(t))^{\mathrm{T}},$$

$\psi(t)$, φ 和 $Y(t)$ 是 $N-1$ 维复向量, 上面的方程组可写成矩阵形式

$$\mathrm{i}\frac{\partial \psi(t)}{\partial t} = S(t)\, \psi(t) + Y(t), \tag{4.3.4}$$

其中 $S(t)$ 是 $N-1$ 阶实对称三对角矩阵

$$
-\frac{1}{2h^2}
\begin{pmatrix}
-2(1+h^2V_1(t)) & 1 & & & O \\
1 & -2(1+h^2V_2(t)) & 1 & & \\
& & \ddots & & \\
& & 1 & -2(1+h^2V_{N-2}(t)) & 1 \\
O & & & 1 & -2(1+h^2V_{N-1}(t))
\end{pmatrix}.
$$

再记

$$
q(t) = (q_1(t),\cdots,q_j(t),\cdots,q_{N-1}(t))^{\mathrm{T}}, \quad p(t) = (p_1(t),\cdots,p_j(t),\cdots,p_{N-1}(t))^{\mathrm{T}},
$$

$$
c = (c_1,\cdots,c_j,\cdots,c_{N-1})^{\mathrm{T}}, \quad d = (d_1,\cdots,d_j,\cdots,d_{N-1})^{\mathrm{T}},
$$

$$
Y_r(t) = -\frac{1}{2h^2}(l_r(t),0,\cdots,0,r_r(t))^{\mathrm{T}}, \quad Y_i(t) = -\frac{1}{2h^2}(l_i(t),0,\cdots,0,r_i(t))^{\mathrm{T}},
$$

$q(t), p(t), c, d$ 和 $Y_r(t), Y_l(t)$ 是 $N-1$ 维实向量。将方程组 (4.3.4) 的实部和虚部分开, 得到

$$
\frac{\mathrm{d}}{\mathrm{d}t}q(t) = S(t)p(t) + Y_i(t), \quad \frac{\mathrm{d}}{\mathrm{d}t}p(t) = -S(t)q(t) - Y_r(t), \tag{4.3.5}
$$

$$
q(0) = c, \quad p(0) = d, \tag{4.3.6}
$$

这是一个 Hamilton 函数

$$
H(q,p,t) = V(q,t) + U(p,t),
$$

$$
V(q,t) = \frac{1}{2}q^{\mathrm{T}}S(t)q + Y_1(t)^{\mathrm{T}}q, \quad U(p,t) = \frac{1}{2}p^{\mathrm{T}}S(t)p + Y_2(t)^{\mathrm{T}}p
$$

的显含时间的 $N-1$ 维可分 Hamilton 系统。这样, 含时 Schrödinger 方程的初边值问题 (4.3.1) (4.3.2) (4.3.3) 离散成非齐正则方程的初值问题 (4.3.5)(4.3.6)。正则方程 (4.3.5) 也可写成

$$
\frac{\mathrm{d}}{\mathrm{d}t}q(t) = \frac{\partial U(p,t)}{\partial p}, \quad \frac{\mathrm{d}}{\mathrm{d}t}p(t) = -\frac{\partial V(q,t)}{\partial q},
$$

正则方程 (4.3.5) 就是 1.2 节中含时 Schrödinger 方程非零边值初值问题离散成的非齐正则方程 (1.2.30), 故数值求解可以采用辛格式 (1.2.35) $\sim$ (1.2.38)。

Euler 中点格式 ——2 阶隐式辛格式

$$
q^{n+1} = q^n + \tau\left\{S\left(t_n + \frac{\tau}{2}\right)\frac{p^{n+1}+p^n}{2} + Y_2\left(t_n + \frac{\tau}{2}\right)\right\},
$$

$$
p^{n+1} = p^n - \tau\left\{S\left(t_n + \frac{\tau}{2}\right)\frac{q^{n+1}+q^n}{2} + Y_1\left(t_n + \frac{\tau}{2}\right)\right\}. \tag{4.3.7}
$$

2 阶显式辛格式

$$x = q^n, \quad y = p^n - \frac{\tau}{2}\{S(t_n)x + Y_1(t_n)\},$$

$$q^{n+1} = x + \tau\left\{S\left(t_n + \frac{\tau}{2}\right)y + Y_2\left(t_n + \frac{\tau}{2}\right)\right\},$$

$$p^{n+1} = y - \frac{\tau}{2}\{S(t_{n+1})q^{n+1} + Y_1(t_{n+1})\}$$

和

$$y = p^n, \quad x = q^n + \frac{\tau}{2}\{S(t_n)y + Y_2(t_n)\},$$

$$p^{n+1} = y - \tau\left\{S\left(t_n + \frac{\tau}{2}\right)x + Y_1\left(t_n + \frac{\tau}{2}\right)\right\},$$

$$q^{n+1} = x + \frac{\tau}{2}\{S(t_{n+1})p^{n+1} + Y_2(t_{n+1})\}。 \tag{4.3.8}$$

4 阶显式辛格式

$$x_1 = q^n + c_1\tau\{S(t_n)p^n + Y_2(t_n)\}, \quad \xi_1 = t_n + c_1\tau,$$

$$y_1 = p^n - d_1\tau\{S(\xi_1)x_1 + Y_1(\xi_1)\}, \quad \eta_1 = t_n + d_1\tau,$$

$$x_2 = q^n + c_1\tau\{S(\eta_1)y_1 + Y_2(\eta_1)\}, \quad \xi_2 = \xi_1 + c_2\tau,$$

$$y_2 = y_1 - d_1\tau\{S(\xi_2)x_2 + Y_1(\xi_2)\}, \quad \eta_2 = \eta_1 + d_2\tau,$$

$$x_3 = q^n + c_1\tau\{S(\eta_2)y_2 + Y_2(\eta_2)\}, \quad \xi_3 = \xi_2 + c_3\tau,$$

$$y_3 = y_2 - d_3\tau\{S(\xi_3)x_3 + Y_1(\xi_3)\}, \quad \eta_3 = \eta_2 + d_3\tau,$$

$$q^{n+1} = x_3 + c_4\tau\{S(\eta_3)y_3 + Y_2(\eta_3)\}, \quad Q_1^{n+1} = \xi_3 + c_4\tau = t_{n+1},$$

$$p^{n+1} = y_3 - d_4\tau\{S(t_{n+1})q^{n+1} + Y_1(t_{n+1})\}, \quad P_2^{n+1} = \eta_3 + d_4\tau = t_{n+1}, \tag{4.3.9}$$

其中系数

$$c_1 = 0, \quad c_2 = c_4 = \alpha, \quad c_3 = \beta, \quad d_1 = d_4 = \alpha/2, \quad d_2 = d_3 = (\alpha+\beta)/2,$$

或

$$c_1 = c_4 = \alpha/2, \quad c_2 = c_3 = (\alpha+\beta)/2, \quad d_1 = d_3 = \alpha, \quad d_2 = \beta, \quad d_4 = 0,$$

这里 $\alpha = (2 - 2^{1/3})^{-1}$, $\beta = 1 - 2\alpha$。

很多情况下, 譬如, 一维无限深势阱中的微观粒子满足零边界条件 $(4.3.2)_0$, 采用上述离散方法, 它的一维含时 Schrödinger 方程的初边值问题 $(4.3.1)_0$ $(4.3.2)_0$ $(4.3.3)_0$ 离散成 (齐次) 正则方程的初值问题

$$\frac{\mathrm{d}}{\mathrm{d}t}q(t) = S(t)p(t), \quad \frac{\mathrm{d}}{\mathrm{d}t}p(t) = -S(t)q(t), \tag{4.3.5}_0$$

$$q(0) = c, \quad p(0) = d,$$

或写成矩阵形式

$$\frac{\mathrm{d}}{\mathrm{d}t}Z(t) = B(t)Z(t), \quad B(t) = JC(t) = J\begin{pmatrix} S(t) & 0 \\ 0 & S(t) \end{pmatrix},$$

$$Z(0) = z,$$

Hamilton 函数

$$H(q,p,t) = \frac{1}{2}q^{\mathrm{T}}S(t)q + \frac{1}{2}p^{\mathrm{T}}S(t)p \quad 或 \quad H(Z,t) = \frac{1}{2}Z^{\mathrm{T}}C(t)Z,$$

这里的 $S(t)$ 与上面非齐正则方程 (4.3.5) 中的相同, $S(t)$ 和 $C(t)$ 是实对称矩阵, $B(t) = JC(t)$ 是无穷小辛矩阵, 并且

$$B(t)^{\mathrm{T}} + B(t) = C(t)^{\mathrm{T}}J^{\mathrm{T}} + JC(t)$$

$$= \begin{pmatrix} S(t) & 0 \\ 0 & S(t) \end{pmatrix}\begin{pmatrix} 0 & -1 \\ 1 & 0 \end{pmatrix} + \begin{pmatrix} 0 & 1 \\ -1 & 0 \end{pmatrix}\begin{pmatrix} S(t) & 0 \\ 0 & S(t) \end{pmatrix}$$

$$= \begin{pmatrix} 0 & -S(t) \\ S(t) & 0 \end{pmatrix} + \begin{pmatrix} 0 & S(t) \\ -S(t) & 0 \end{pmatrix} = 0,$$

所以

$$\frac{\mathrm{d}}{\mathrm{d}t}\{Z(t)\}^2 = \frac{\mathrm{d}}{\mathrm{d}t}\{Z(t)^{\mathrm{T}}Z(t)\} = \left\{\frac{\mathrm{d}}{\mathrm{d}t}Z(t)^{\mathrm{T}}\right\}Z(t) + Z(t)^{\mathrm{T}}\frac{\mathrm{d}}{\mathrm{d}t}Z(t)$$

$$= \{B(t)Z(t)\}^{\mathrm{T}}Z(t) + Z(t)^{\mathrm{T}}B(t)Z(t)$$

$$= Z(t)^{\mathrm{T}}\{B(t)^{\mathrm{T}} + B(t)\}Z(t) = 0,$$

可见波函数 $\psi(x,t)$ 的离散模方守恒, $\{Z(t)\}^2 = \sum_{j=-N+1}^{N-1} |\psi(x_j)|^2$。所以, 量子系统 $(4.3.1)_0$ $(4.3.2)_0$ $(4.3.3)_0$ 离散成了 Hamilton 函数显含时间且以离散波函数模方为守恒量的正则方程的初值问题 $(4.3.5)_0(4.3.6)$, 这里的正则方程 $(4.3.5)_0$ 就是正则方程 (4.2.7), 可以采用 Euler 中点格式 (4.2.8) 或 "模方守恒优化" 的 2 阶显式辛格式 (4.2.9) 数值求解, 也可采用 "模方守恒优化" 的 4 阶显式辛格式 (1.2.33) 和辛格式 (1.2.34) 数值求解。

一维晶格中电子的时间演化满足周期边界条件 $(4.3.2)_0$, 它的一维含时 Schrödinger 方程的周期初值问题 $(4.3.1)_p$ $(4.3.2)_p$ $(4.3.3)_p$ 仍可应用上述方法辛离散成 Hamilton 函数显含时间且以离散波函数模方为守恒量的正则方程初值问题

$$\frac{\mathrm{d}}{\mathrm{d}t}q(t) = S(t)p(t), \qquad \frac{\mathrm{d}}{\mathrm{d}t}p(t) = -S(t)q(t), \tag{4.3.5}_p$$

$$q(0) = c, \quad p(0) = d,$$

或写成矩阵形式

$$\frac{\mathrm{d}}{\mathrm{d}t}Z(t) = B(t)Z(t), \quad B(t) = JC(t) = J\begin{pmatrix} S(t) & 0 \\ 0 & S(t) \end{pmatrix},$$

$$Z(0) = z,$$

但是这里的矩阵 $S(t)$ 换成了

$$-\frac{1}{2h^2}\begin{pmatrix} -2(1+h^2V_1(t)) & 1 & 0 & \cdots & 0 & 1 \\ 1 & -2(1+h^2V_2(t)) & 1 & & & 0 \\ 0 & & \ddots & & & 0 \\ 0 & & 1 & -2(1+h^2V_{N-1}(t)) & 1 \\ 1 & 0 & \cdots & 0 & 1 & -2(1+h^2V_N(t)) \end{pmatrix},$$

它仍然是实对称矩阵, 但不是三对角矩阵. 注意正则方程 $(4.3.5)_p$ 与方程 $(4.3.5)_0$ 形式相同, 所以保持波函数 $\psi(x,t)$ 的离散模方守恒, 也可以采用 Euler 中点格式 $(4.2.8)$ 或 "模方守恒优化" 的 2 阶显式辛格式 $(4.2.9)$ 或 4 阶显式辛格式 $(1.2.33)$ 和 $(1.2.34)$ 数值求解.

一些物理问题, 譬如 4.4 节强激光场中一维模型单电子原子的动力学过程, 由含时 Schrödinger 方程的无穷空间初值问题 $(4.4.1)$ $(4.4.2)$ 描述, 数值研究需要在充分远空间 $\pm X_0$ 处作截断并在截断处给出边界条件

$$\psi(-X_0, t) = l(t), \quad \psi(X_0, t) = r(t) \quad (t > 0) \tag{4.3.2}_B$$

将无穷空间初值问题截断成有界空间初边值问题; 之后, 可以采用上面的方法, 取步长 $h = X_0/N$, $x_j = jh$, $j = 0, \pm1, \pm2, \cdots, \pm N$, 其他记号如前, 采用中心差商逼近空间变量二阶偏导数, 将截断成的有界空间初边值问题 $(4.4.1)_B$ $(4.3.2)_B$ $(4.4.2)_B$ 辛离散, 详见 4.4 节.

空间变量离散法还可应用于辛离散立方非线性含时 Schrödinger 方程. 立方非线性 Schrödinger 方程出现在非线性光学、受控核聚变、Bose-Einstein(玻色-爱因斯坦) 凝聚、等离子体物理等的研究中. 譬如, 受控核聚变研究中的一维立方非线性 Schrödinger 方程的周期初值问题

$$\mathrm{i}\frac{\partial}{\partial t}\psi(x,t) = \left\{-\frac{1}{2}\frac{\partial^2}{\partial x^2} + |\psi(x,t)|^2\right\}\psi(x,t) \quad (t>0,\ 0<x<L), \qquad (4.3.1)_{\mathrm{N}}$$

$$\psi(x+L,t) = \psi(x,t)\ \left(\text{或}\psi(0,t)=\psi(L,t),\frac{\partial}{\partial x}\psi(0,t)=\frac{\partial}{\partial x}\psi(L,t)\right),$$

$$\psi(x,0) = \phi(x)\ (0<x<L)\text{。}$$

如前述周期初值问题那样辛离散成非线性正则方程

$$\frac{\mathrm{d}}{\mathrm{d}t}q(t) = S(z)p(t), \quad \frac{\mathrm{d}}{\mathrm{d}t}p(t) = -S(z)q(t), \qquad (4.3.5)_{\mathrm{N}}$$

$$q(0) = c, \quad p(0) = d,$$

或写成矩阵形式

$$\frac{\mathrm{d}}{\mathrm{d}t}Z(t) = B(z)Z(t), \quad B(z) = JC(z) = J\left(\begin{array}{cc} S(z) & 0 \\ 0 & S(z) \end{array}\right),$$

$$Z(0) = z,$$

这里的矩阵 $S(z) = D + V(z)$,

$$D = -\frac{1}{2h^2}\left(\begin{array}{ccccccc} -2 & 1 & 0 & & & 0 & 1 \\ 1 & -2 & 1 & & & 0 & 0 \\ & & & \ddots & & & \\ 0 & 0 & & & 1 & -2 & 1 \\ 1 & 0 & & & 0 & 1 & -2 \end{array}\right),$$

$$V(z) = \left(\begin{array}{ccccc} q_1^2+p_1^2 & & & & \\ & \ddots & & & O \\ & & q_j^2+p_j^2 & & \\ & & & \ddots & \\ O & & & & q_N^2+p_N^2 \end{array}\right),$$

系统的 Hamilton 函数

$$H(q,p,t) = \frac{1}{2}(q^{\mathrm{T}}D\,q + p^{\mathrm{T}}D\,p) + \frac{1}{4}\sum_{j=1}^{N}(q_j^2+p_j^2)^2\text{。}$$

还可应用高阶精度的中心差商逼近空间变量 2 阶偏导数将立方非线性含时 Schrödinger 方程辛离散, 譬如, 4 阶和 6 阶中心 (对称) 差商, 详见 5.2 节。

4.4　强激光场中的一维模型原子 —— 基于渐近边界条件的辛算法[10]

　　随着激光技术尤其短脉冲强激光技术的飞速发展, 基于激光技术的研究, 譬如, 激光武器、激光在工业、激光在医学中的应用等取得了巨大进展, 引起了世界各国政府和科学家极大的关注, 使得激光与原子、分子、团簇相互作用的研究成为了物理、化学与材料科学领域极为活跃的前沿研究课题, 激光场中原子的动力学过程 —— 计算电子的激发与电离和光子的发射 (高次谐波) 是理论研究中最重要最基本的内容。因为是强场, 惯用的微扰法不适用了, 人们发展了 Floquet 方法[17]、2 阶对称分拆算符方法[18]、直接数值求解含时 Schrödinger 方程方法[19] 等多种理论方法。描述强激光与原子相互作用的含时 Schrödinger 方程包容了原子、激光场以及激光与原子相互作用的全部物理内容, 直接数值求解含时 Schrödinger 方程的方法日益受到重视和越来越多地采用。考虑强激光场中的单电子原子, 因为电子在激光电场方向上所受的作用远大于其他方向, 所以一维模型能够很好地描述强激光场中单电子原子的物理过程。研究强激光场中一维模型单电子原子的动力学过程归结为求解一维含时 Schrödinger 方程的无穷空间初值问题

$$\mathrm{i}\frac{\partial}{\partial t}\psi(x,t)=\left[-\frac{1}{2}\frac{\partial^2}{\partial x^2}+X(x)-x\varepsilon(t)\right]\psi(x,t)\quad (t>0,-\infty<x<+\infty),\quad (4.4.1)$$

$$\psi(x,0)=\varphi(x),\quad \int_{-\infty}^{+\infty}|\varphi(x)|^2\,\mathrm{d}x=1\quad(-\infty<x<+\infty),\quad (4.4.2)$$

其中 $x\varepsilon(t)$ 是原子与激光场 $\varepsilon(t)$ 的相互作用势, $\varepsilon(t)=\varepsilon_0 f(t)\sin(\omega_0 t)$, 激光脉冲包络 $f(t)=\sin^2(\omega t)$, ε_0 是激光场强的峰值, ω_0 为激光的频率, 原子势 $V(x)$ 和初态 $\varphi(x)$ 是局域的或速降的。于是不妨设有充分大的 $X_0>0$, 当 $|x|\geqslant X_0$ 时, $V(x)\approx 0$ 和 $\varphi(x)\approx 0$。为了数值计算需要在空间充分远处作截断, 因为是强激光场, 在充分远处的边界条件不能简单地取为零。人们从物理学上考虑或基于含时 Schrödinger 方程构造了多种空间充分远处的边界条件[20-23]。下面给出渐近边界条件和基于渐近边界条件的辛离散以及简单应用。

　　由于原子势 $V(x)$ 和初态 $\varphi(x)$ 是局域的或速降的, 在充分远 $|x|\geqslant X_0$ 处 $V(x)\approx 0$ 和 $\varphi(x)\approx 0$, 故而考虑 (4.4.1) 中忽略原子势的含时Schrödinger方程

$$\mathrm{i}\frac{\partial}{\partial t}\tilde\psi(x,t)=\left[-\frac{1}{2}\frac{\partial^2}{\partial x^2}-\varepsilon(t)x\right]\tilde\psi(x,t)\quad (t>0,-\infty<x<\infty),\quad (4.4.3)$$

设想无穷空间初值问题 (4.4.3) (4.4.2) 的解 $\tilde\psi(x,t)$ 在充分远 $|x|\geqslant X_0$ 处近似于原问题 (4.4.1) (4.4.2) 的解 $\psi(x,t)$, 可取 $\tilde\psi(\pm X_0,t)$ 作为 $\psi(x,t)$ 在 $|x|=X_0$ 处的边

界条件, 称为渐近边界条件。应用 Fourier 变换可以求得无穷空间初值问题 (4.4.3) (4.4.2) 的解

$$\tilde{\psi}(x,t) = \frac{1-\mathrm{i}}{2\sqrt{\pi t}} \exp\left(-\mathrm{i}A(t)x - \frac{\mathrm{i}}{2}\beta(t)\right) \int_{-\infty}^{\infty} \phi(\xi) \exp\left(\frac{\mathrm{i}(x-\alpha(t)-\xi)^2}{2t}\right) \mathrm{d}\xi$$

$$= \frac{1-\mathrm{i}}{2\sqrt{\pi t}} \exp\left(-\mathrm{i}A(t)x - \frac{\mathrm{i}}{2}\beta(t)\right) \int_{-X_0}^{X_0} \phi(\xi) \exp\left(\frac{\mathrm{i}(x-\alpha(t)-\xi)^2}{2t}\right) \mathrm{d}\xi \quad (4.4.4)$$

和 $|x| = X_0$ 处的渐近边界条件 $\tilde{\psi}(\pm X_0, t)$。$\tilde{\psi}(x,t)$ 是 Volkov 波函数, 描述自由电子在激光场中的运动。因为 (4.4.4) 中的被积函数是激烈振荡的, 应用相积分法[24], 可以证明

$$\int_{-X_0}^{+X_0} \phi(x') \exp\left[\mathrm{i}\frac{(\pm x - \alpha - x')^2}{2t}\right] \mathrm{d}x' \sim \sqrt{\pi t}(1+\mathrm{i})\phi(\pm x - \alpha)。$$

从而解 (4.4.4) 和渐近边界条件简化成

$$\tilde{\psi}(x,t) = \varphi(x-\alpha(t)) \exp\left(-\mathrm{i}A(t)x - \mathrm{i}\frac{1}{2}\beta(t)\right), \quad |x| \geqslant X_0, \quad (4.4.5)$$

$$\tilde{\psi}(\pm X_0, t) = \varphi(\pm X_0 - \alpha(t)) \exp\left(-\mathrm{i}A(t)(\pm X_0) - \mathrm{i}\frac{1}{2}\beta(t)\right), \quad (4.4.6)$$

其中 $A(t) = -\int_0^t \varepsilon(t)\mathrm{d}t, \; \alpha(t) = \int_0^t A(t)\mathrm{d}t, \; \beta(t) = \int_0^t A^2(t)\mathrm{d}t$。应用渐近边界条件 (4.4.6), 强激光场中一维模型原子的无穷空间初值问题截断成有界空间的初边值问题

$$\mathrm{i}\frac{\partial}{\partial t}\psi(x,t) = \left[-\frac{1}{2}\frac{\partial^2}{\partial x^2} + V(x) - \varepsilon(t)x\right]\psi(x,t) \quad (t>0, -X_0 < x < X_0), \quad (4.4.1)_\mathrm{B}$$

$$\psi(\pm X_0, t) = \phi(\pm X_0 - \alpha(t)) \exp\left(-\mathrm{i}A(t)(\pm X_0) - \mathrm{i}\frac{1}{2}\beta(t)\right) \quad (t>0), \quad (4.4.6)$$

$$\psi(x,0) = \varphi(x) \quad (-X_0 \leqslant x \leqslant X_0)。 \quad (4.4.2)_\mathrm{B}$$

这就是 4.3 节中的 (4.3.1)(4.3.2)(4.3.3), 可应用 4.3 节中的方法将上述有界空间的初边值问题辛离散。令 $\psi(x,t) = q(x,t) + \mathrm{i}p(x,t)$, $U(x,t) = V(x) - \varepsilon(t)x$。取充分大正整数 N 将区间 $(-X_0, +X_0)2N$ 等分, 步长 $h = X_0/N$。记 $x_j = jh, \; j = 0, \pm 1, \cdots, \pm N$。像 4.3 节中那样引进记号和采用中心差商逼近空间变量的 2 阶偏导数, 方程 $(4.4.1)_\mathrm{B}$ 和边界条件 (4.4.6) 离散成

$$\mathrm{i}\frac{\mathrm{d}\psi_{-N+1}(t)}{\mathrm{d}t} = -\frac{1}{2h^2}(\tilde{\psi}_{-N}(t) - 2(1+h^2 U_{-N+1}(t))\psi_{-N+1}(t) + \psi_{-N+2}(t)),$$

$$\mathrm{i}\frac{\mathrm{d}\psi_j(t)}{\mathrm{d}t} = -\frac{1}{2h^2}(\psi_{j-1}(t) - 2(1+h^2 U_j(t))\psi_j(t) + \psi_{j+1}(t)), \quad j=0, \pm 1, \cdots, \pm(N-2),$$

$$\mathrm{i}\frac{\mathrm{d}\psi_{N-1}(t)}{\mathrm{d}t} = -\frac{1}{2h^2}(\psi_{N-2}(t) - 2(1 + h^2U_{N-1}(t))\psi_{N-1}(t) + \tilde{\psi}_N(t))。$$

将实部和虚部分开, 也将边界条件 (4.4.6) 的实部和虚部分开,

$$\begin{cases} \psi(t, -X_0) = \tilde{\psi}_{-N}(t) = \tilde{q}_{-N}(t) + \mathrm{i}\tilde{p}_{-N}(t), \\ \psi(t, +X_0) = \tilde{\psi}_N(t) = \tilde{q}_N(t) + \mathrm{i}\tilde{p}_N(t), \end{cases} \tag{4.4.7}$$

得到 $(2N-1)$ 维非齐线性正则方程的初值问题

$$\frac{\mathrm{d}q}{\mathrm{d}t} = S(t)p + Y_2(t), \quad \frac{\mathrm{d}p}{\mathrm{d}t} = -S(t)q - Y_1(t), \tag{4.4.8}$$

$$q(0) = c, \quad p(0) = d, \tag{4.4.9}$$

Hamilton 函数

$$H(q, p, t) = U(p, t) + V(q, t),$$

$$U(p, t) = \frac{1}{2}p^{\mathrm{T}}S(t)p + Y_2(t)^{\mathrm{T}}p, \quad V(q, t) = \frac{1}{2}q^{\mathrm{T}}S(t)q + Y_1(t)^{\mathrm{T}}q,$$

非齐线性正则方程 (4.4.8) 可写成

$$\frac{\mathrm{d}q}{\mathrm{d}t} = \frac{\partial U(p, t)}{\partial p}, \quad \frac{\mathrm{d}p}{\mathrm{d}t} = -\frac{\partial V(q, t)}{\partial q}。 \tag{4.4.10}$$

上面诸式中的

$$q = (q_{-N+1}, \cdots, q_{-1}, q_0, q_1, \cdots, q_{N-1})^{\mathrm{T}}, \quad p = (p_{-N+1}, \cdots, p_{-1}, p_0, p_1, \cdots, p_{N-1})^{\mathrm{T}},$$

$$Y_1(t) = \frac{-1}{2h^2}(\tilde{q}_{-N}(t), 0, \cdots, 0, \tilde{q}_N(t))^{\mathrm{T}}, \quad Y_2(t) = \frac{-1}{2h^2}(\tilde{p}_{-N}(t), 0, \cdots, 0, \tilde{p}_N(t))^{\mathrm{T}}$$

都是 $2N-1$ 维实向量, $S(t)$ 是实对称三对角矩阵

$$S = -\frac{1}{2h^2}\begin{pmatrix} -2(1+h^2U_{-N+1}) & 1 & 0 & 0 & \cdots & 0 \\ 1 & -2(1+h^2U_{-N+2}) & 1 & 0 & \cdots & 0 \\ 0 & & \ddots & \ddots & & \vdots \\ \vdots & & & \ddots & \ddots & 0 \\ 0 & \cdots & 0 & 1 & -2(1+h^2U_{N-2}) & 1 \\ 0 & \cdots & 0 & 0 & 1 & -2(1+h^2U_{N-1}) \end{pmatrix}.$$

这里的非齐线性正则方程 (4.4.8) 就是方程 (4.3.5), 它们都是非齐正则方程 (1.2.30), 故数值求解同样可采用辛格式 (4.3.7) ~ (4.3.9)。但是算得的离散波函数

模方不守恒, 这是因为渐近边界条件 (4.4.6) 非零, 电子按一定几率穿过边界, 初边值问题 $(4.4.1)_B(4.4.6)(4.4.2)_B$ 的解不保持波函数模方守恒。

应用辛格式求得波函数 $\psi(x,t) = q(x,t) + \mathrm{i}p(x,t)$ 在节点 (t_k, x_j) 处的数值后, 再在 $|x| \geqslant X_0$ 上衔接渐近解 $\tilde{\psi}(x,t)$, 这就在 $\{t > 0, -\infty < x < \infty\}$ 上得到强激光场中一维模型单电子原子的近似数值含时波函数, 仍记作 $\psi(x,t)$。应用这个数值含时波函数即可按式 (4.2.11) $\sim$ (4.2.15) 数值研究强激光场中原子的动力学过程 —— 计算电子的激发与电离和光子的发射 (高次谐波)。

通常研究原子在一个激光脉冲中的动力学过程。因为初态 $\varphi(x)$ 是速降的, 在一个激光脉冲中 $\alpha(t)$ 有界, 由边值条件 (4.4.6) 可见, 渐近边界条件 $\tilde{\psi}(\pm X_0, t)$ 随着 $|X_0|$ 增大而迅速趋于零。所以, 在给定的精度下, 可应用渐近边界条件 (4.4.6) 确定使边界条件近似为零的边界点 $\tilde{X}_0$。若在这样的边界点 $\pm \tilde{X}_0$ 处截断, 则可取零边界条件

$$\psi(\pm X_0, t) = 0 \quad (t > 0)。 \tag{$4.4.6)_0$}$$

这样, 强激光场中一维模型原子的无穷空间初值问题转化为有界空间的零边值初值问题 $(4.4.1)_B$ $(4.4.6)_0$ $(4.4.2)_B$, 重复上述采用中心差商逼近空间变量 2 阶偏导数的方法, 这个零边值初值问题辛离散成显含时间且以离散波函数模方为守恒量的正则方程的初值问题

$$\frac{\mathrm{d}q}{\mathrm{d}t} = S(t)p, \quad \frac{\mathrm{d}p}{\mathrm{d}t} = -S(t)q, \tag{$4.4.8)_0$}$$

$$q(0) = c, \quad p(0) = d。 \tag{4.4.9}$$

可以采用 Euler 中点格式 (4.2.8) 或 "模方守恒优化" 的 2 阶显式辛格式 (4.2.9) 或 4 阶显式辛格式 (1.2.33) 和辛格式 (1.2.34) 数值求解, 计算数值波函数。应用算得的数值波函数即可按照式 (4.2.11) $\sim$ (4.2.15) 数值研究强激光与原子的相互作用, 计算电子跃迁、电离和高次谐波发射。

例 1　具有一个束缚态的 P-T 模型势。

一维 P-T 模型势 $V_0(x) = \dfrac{-1}{\cosh^2 x}$ 只有一个束缚态, 能量本征值 $E_0 = -0.5$, 归一化本征函数 $\phi_0(x) = \dfrac{1}{\sqrt{2}\cosh x}$。下面计算和数值研究这个 P-T 模型势 $V_0(x)$ 在激光场

$$\varepsilon(t) = \varepsilon_0 \sin(\omega_0 t), \quad 0 \leqslant t \leqslant NT_0$$

中的动力学过程。取初态为本征函数 $\phi_0(x)$, 激光场强 $\varepsilon_0 = 0.1\mathrm{a.u.}$, 频率 $\omega_0 = 0.2\mathrm{a.u.}$, 激光的光学周期 $T_0 = \dfrac{2\pi}{\omega_0}$, 在空间 $\pm 600\mathrm{a.u.}$ 处截断并取渐近边界条件, 取空间步长 $h = 0.1\mathrm{a.u.}$ 作辛离散, 取计算误差 10^{-4}, 再取时间步长 $\tau = 0.001\mathrm{a.u.}$, 应用 Hamilton 显含时间 2 阶辛格式 (4.3.8) (即式 (1.2.37)) 计算数值含时波函数

$\psi(x_j, t_k)$, 之后数值研究电子在激光场中的运动, 计算结果绘制成图 4.4.1 和图 4.4.2。
图 4.4.1(a) 绘制了 $N =16$ 个光学周期后波函数的模在空间段 $[-50\text{a.u.}, 50\text{a.u.}]$ 上的
值 $|\psi(x_j, t_{16T_0})|$, 图 4.4.1(b) 绘制了空间在 $\pm600\text{a.u.}$ 处与 $\pm700\text{a.u.}$ 处截断时算得
的数值波函数之差的绝对值, 这些值的最大值在计算误差 10^{-4} 范围内。图 4.4.1(c)
绘制了波函数模方 $|\psi(x, t)|^2$ 随时间的演化, 仅在个别点上大于 1 (属于计算误差,
远小于 10^{-4}), 在绝大多数时间点上, 模方小于 1, 说明有一定几率的电子电离了。
图 4.4.2 绘制了电子在激光场 $\varepsilon(t)$ 中的电离几率 $P_{\text{ion}} = 1 - P_b$,

$$P_b(t_m) = a_0(t_m)^2 + b_0(t_m)^2 = |(\phi_0(\vec{r})\,|\,\psi(x, t_m))|^2,$$

电离几率曲线上的几个电离极小值点分别对应 3 光子电离 (A 点)、4 光子电离 (B
点) 的被抑制点; 从图 4.4.2 中还可看出, 不同长度的激光脉冲, 电离几率曲线的形
状类似, 只是电离几率大小不同, 激光脉冲越长, 电离几率越大。

图 4.4.1(a) 中的曲线与文献 [12] 中图 2(a) 相同, 图 4.4.2 的电离几率曲线与文
献 [12] 中图 6、文献 [25] 中图 3 的电离几率曲线一致, 这些充分说明本章提出的渐
近边界条件是合理和准确的。

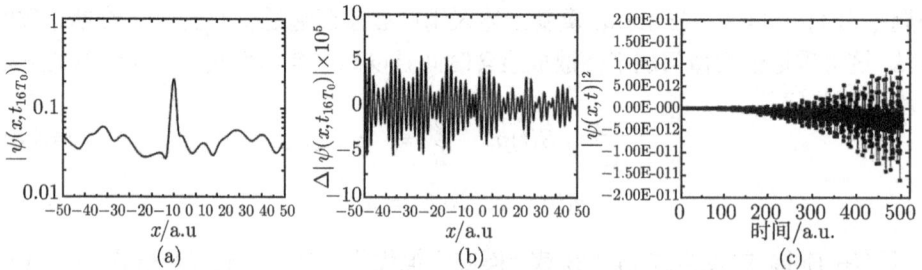

图 4.4.1   激光场强 $\varepsilon_0 = 0.1\text{a.u.}$, 频率 $\omega_0 = 0.2\text{a.u.}$ 时, (a)16 个光学周期时波函数的模
$|\psi(x, t_{16T_0})|$, (b) 空间在 $x = \pm600\text{a.u.}$ 与 $x = \pm700\text{a.u.}$ 截断时 16 个光学周期处两个波函数
的模之差 $\Delta|\psi(x, t_{16T_0})| \times 10^{-5}$, (c) 波函数模方 $|\psi(x, t)|^2$ 的时间演化

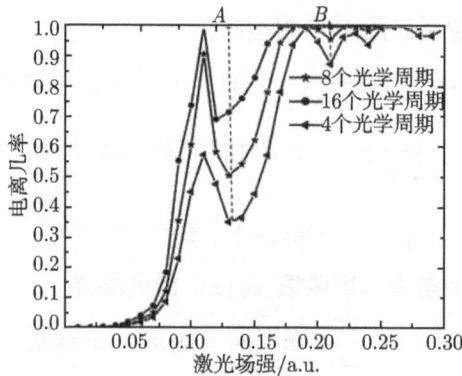

图 4.4.2   激光频率 $\omega_0 = 0.20\text{a.u.}$ 时, 4 个 (◄) 8 个 (★) 和 16 个 (●) 光学周期后, 电离几
率随激光场强的变化

例 2 具有三个束缚态的 P-T 模型势。

一维 P-T 模型势 $V_0(x) = \dfrac{-0.7}{\cosh^2(0.4x)}$ 有三个束缚态, 它的能量本征值分别为

$E_0 = -0.5\text{a.u.}$, $E_1 = -0.18\text{a.u.}$, $E_2 = -0.02\text{a.u.}$, 对应的归一化本征函数分别为

$$\varphi_0(x) = \frac{4}{\sqrt{15\pi}}(\cosh(\alpha_0 x))^{-2.5}, \quad \varphi_1(x) = \frac{4}{\sqrt{5\pi}}(\cosh(\alpha_0 x))^{-1.5}\tanh(\alpha_0 x),$$

$$\varphi_2(x) = \sqrt{\frac{6}{5\pi}}\left[(\cosh(\alpha_0 x))^{-0.5} - \frac{4}{3}(\cosh(\alpha_0 x))^{-2.5}\right],$$

详见 3.3 节。研究这个一维 P-T 势 $V_0(x)$ 在矩形激光场

$$\varepsilon(t) = \begin{cases} \varepsilon_0 \sin(\omega_0 t), & 0 \leqslant t \leqslant NT_0, \\ 0, & t > NT_0 \end{cases}$$

和近似 Gauss 型激光场

$$\varepsilon(t) = \begin{cases} \varepsilon_0 \sin^2\left(\dfrac{\omega_0 t}{2N}\right)\sin(\omega_0 t), & 0 \leqslant t \leqslant NT_0 \\ 0, & t > NT_0 \end{cases}$$

中的跃迁和基态与第一激发态间的 Rabi 共振, 这里激光的光学周期 $T_0 = \dfrac{2\pi}{\omega_0}$, 激光脉冲宽度为 $N = 15$ 个光学周期, 激光场强分别为 $\varepsilon_0 = 0.01\text{a.u.}$, 0.02a.u., 0.03a.u., 第一激发态与基态的能级差 ——Rabi 共振频率 $\omega_0 = 0.32\text{a.u.}$, 取初态为基态 $\phi_0(x)$, 其他如例 1 中那样选取和计算数值含时波函数 $\psi(x_j, t_k)$, 之后计算基态与第一激发态布居几率的时间演化, 研究电子在激光场 $\varepsilon(t)$ 中的跃迁和基态与第一激发态间的 Rabi 共振, 基态的布居几率

$$P_0(t_m) = \{a_0(t_m)^2 + b_0(t_m)^2\} = |(\phi_0(x)\,|\,\psi(x, t_m))|^2,$$

第一激发态的布居几率

$$P_1(t_m) = \{a_1(t_m)^2 + b_1(t_m)^2\} = |(\phi_1(x)\,|\,\psi(x, t_m))|^2,$$

结果绘制成图 4.4.3, 图 (a) 是矩形激光场的结果, 图 (b) 是近似 Gauss 型激光场的结果。从图中看出, 激光场强越大, 基态与第一激发态布居几率时间演化曲线越陡, 电子在两个能级之间的跃迁速率越快; 激光场强较小时, 基态与第一激发态间的 Rabi 共振占主导地位, 这个结果与量子力学微扰理论的分析一致。从图中还可看出, 基态与第一激发态间的 Rabi 共振明显地依赖于激光脉冲外形, 矩形激光脉

冲的场强不是很大时, Rabi 共振就被抑制; 而近似 Gauss 型激光脉冲的场强比较大时, Rabi 共振才被抑制。

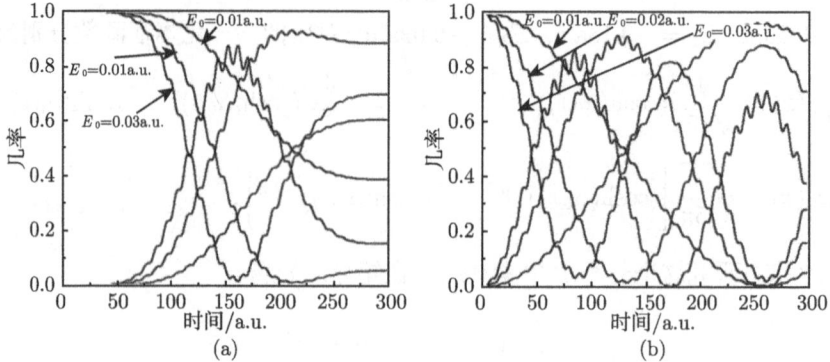

图 4.4.3　(a) 近似 Gauss 型激光场中与 (b) 矩形激光场中的 Rabi 共振

例 3　具有两个束缚态的 P-T 模型势。

一维 P-T 模型势 $V_0(x) = \dfrac{-2\alpha^2}{\cosh^2(\alpha x)}$, $\alpha = \dfrac{2}{\sqrt{17}-1}$, 有两个束缚态, 它的能量本征值分别为 $E_0 = -0.5$, $E_1 = -0.0646603$, 对应的归一化本征函数分别为

$$\phi_0(x) = A_0\{1 - \tanh^2(\alpha x)\}^{\frac{\sqrt{-2E_0}}{2\alpha}}, \quad \phi_1(x) = A_1 \tanh(\alpha x)\{1 - \tanh^2(\alpha x)\}^{\frac{\sqrt{-2E_1}}{2\alpha}},$$

式中, A_0, A_1 是归一化常数。应用渐近边界条件和辛算法计算这个 P-T 模型势在激光场

$$\varepsilon(t) = \begin{cases} \varepsilon_0 \sin^2\left(\dfrac{\omega_0 t}{2N}\right)\sin(\omega_0 t), & 0 \leqslant t \leqslant NT_0, \\ 0, & t > NT_0 \end{cases}$$

中的基态几率和束缚态总几率、电离几率和高次谐波转化效率。计算中激光频率 $\omega_0 = 0.055\text{a.u.}$, $N = 6$, 取基态 $\phi_0(x)$ 为初态, 在充分远 $\pm X_0 = \pm1000\text{a.u.}$ 处截断并取渐近边界条件, 取空间步长 $h = 0.1\text{a.u.}$ 作空间辛离散, 应用 Hamilton 显含时间非齐正则方程的辛格式计算数值波函数 $\psi(x,t)$, 之后计算基态几率和束缚态总几率、电离几率、高次谐波转化效率, 结果绘制成图 4.4.4 ～ 图 4.4.6。

图 4.4.4 是激光场强 $\varepsilon_0 = 0.05\text{a.u.}$ 和 $\varepsilon_0 = 0.14\text{a.u.}$ 时边界内波函数模方

$$(\psi(x,t), \psi(x,t))^2 = \int_{-X_0}^{+X_0} |\psi(x,t)|^2 \mathrm{d}x$$

随时间的演化, 从图中看出, 当激光场强很小时, 波函数模方守恒, 说明逃到边界外的电子几乎为零; 当激光场强增大, 随着时间的延长, 边界内波函数模方稍稍小于 1, 说明有很少量电子逃逸到边界外面了。

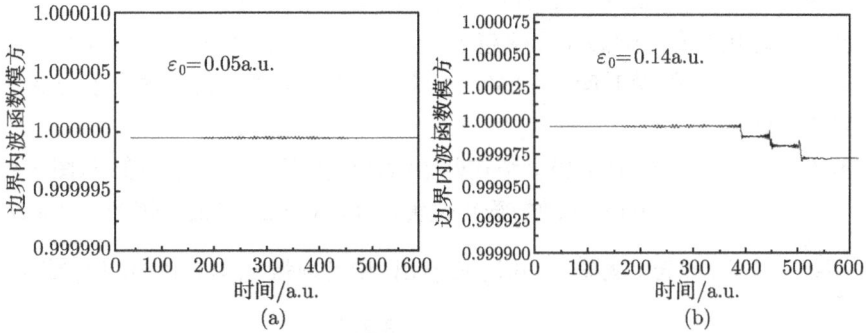

图 4.4.4 边界内波函数模方随时间的演化

对这个 P-T 模型势 $V_0(x)$, 基态几率、束缚态总几率和电离几率是

$$P_0(t) = |(\phi_0(x), \psi(x,t))|^2,$$

$$P_b(t) = |(\phi_0(x), \psi(x,t))|^2 + |(\phi_1(x), \psi(x,t))|^2$$

和

$$P_{\text{ion}}(t) = 1 - P_b(t) = 1 - |(\phi_0(x), \psi(x,t))|^2 + |(\phi_1(x), \psi(x,t))|^2 \, .$$

图 4.4.5 绘制了四种激光场强 $\varepsilon_0 = 0.08$a.u., 0.12a.u., 0.16a.u., 0.20a.u. 下基态几率和束缚态总几率随时间的演化, 从图中看出, 随着时间推移, 基态几率和束缚态总

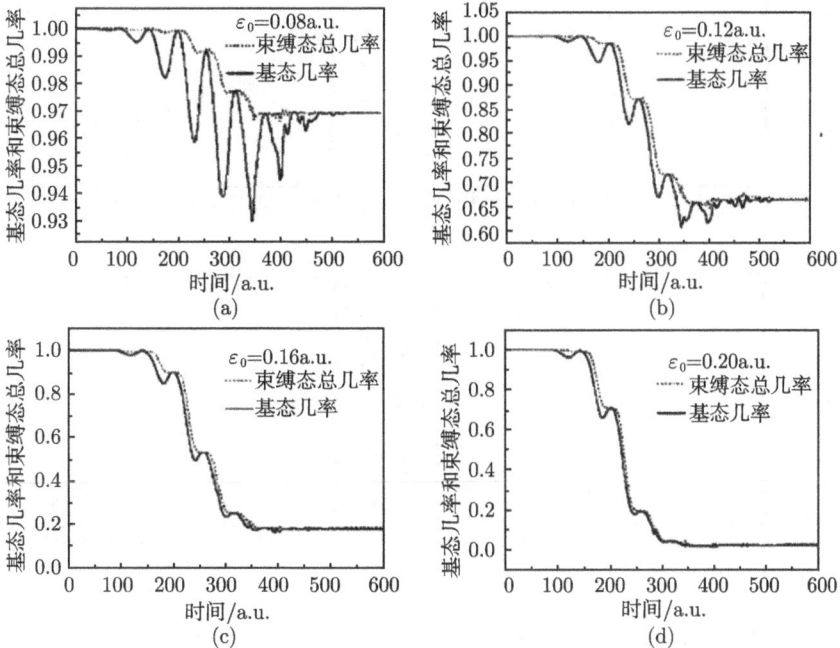

图 4.4.5 基态几率和束缚态总几率随时间的演化

几率振荡着减小, 至时间 $t = 350$a.u. 逐渐趋于稳定; 还可看出, 在相同时间, 激光场强越大基态几率和束缚态总几率越小, 电离几率越大, 更多的电子电离, 当激光场强 $\varepsilon_0 = 0.20$a.u. 时, 至时间 $t = 350$a.u. 基态几率和束缚态总几率几乎为零, 电子几乎完全电离了。

图 4.4.6 是激光场中 P-T 模型势在四个激光场强下的高次谐波谱。从图 4.4.6(a) 中看出, 激光场强 $\varepsilon_0 = 0.08$a.u. 时, 截止位置在 40 次左右, 与截止规则 $I_p + 3.2U_p = I_p + \dfrac{3.2\varepsilon_0^2}{4\omega_0^2} = 39\omega_0$ 相符。从图 4.4.6(b) 中看出, 激光场强 $\varepsilon_0 = 0.12$a.u. 时, 截止位置在 $75 \sim 80$ 次, 与截止规则 $I_p + 3.2U_p = I_p + \dfrac{3.2\varepsilon_0^2}{4\omega_0^2} = 78\omega_0$ 相符。从图 4.4.6(c) 中看出, 激光场强 $\varepsilon_0 = 0.16$a.u. 时, 截止位置在 120 次前后或 130 次前后, 按截止规则计算是 $132\omega_0$, 仍与截止规则相符, 但平台有点下斜。从图 4.4.6(d) 中看出, 激光场强 $\varepsilon_0 = 0.20$a.u. 时, 截止位置在 200 次前后, 与截止规则 $I_p + 3.2U_p = I_p + \dfrac{3.2\varepsilon_0^2}{4\omega_0^2} = 201\omega_0$ 相符, 但是在 109 次附近有一个突然陡下的台阶; 再继续增大激光场强时, 高次谐波将在突然陡下的台阶处截止, 与截止规则不符了, 所以, 可以判定, 激光场强 $\varepsilon_0 = 0.20$a.u. 是一个饱和值。

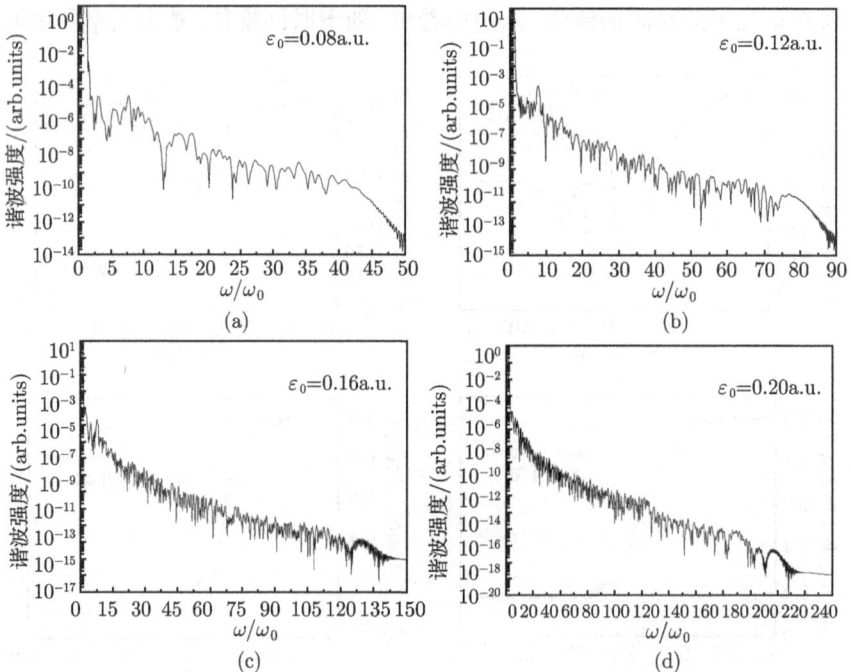

图 4.4.6　高次谐波谱 (a) $\varepsilon_0 = 0.08$a.u. (b) $\varepsilon_0 = 0.12$a.u. (c) $\varepsilon_0 = 0.16$a.u. (d) $\varepsilon_0 = 0.20$a.u.

例 4   双色激光场中一维模型 He$^+$ 的高次谐波。

应用渐近边界条件和辛算法计算双色激光场

$$\varepsilon(t) = \varepsilon_0 f(t)\{\sin(\omega_0 t) + r\sin(n\omega_0 t)\}, \quad f(t) = \sin^2(\omega_0 t/2N), \quad 0 \leqslant t \leqslant NT_0$$

中一维模型He$^+$ 的高次谐波产生效率[26]。一维模型He$^+$ 软核势 $V(x) = -\dfrac{2}{\sqrt{x^2+0.5}}$，

计算中 $\varepsilon_0 = 0.3$a.u., $\omega_0 = 0.056$a.u., 激光的光学周期 $T_0 = \dfrac{2\pi}{\omega_0}$, 激光脉冲包含 $N = 5$ 个光学周期。空间于 $\pm X_0 = \pm 500$a.u. 处截断, 取空间步长 $h = 0.2$a.u., 应用渐近边界条件和空间辛离散, 取时间步长 $\tau = 0.02$a.u., 采用显含时间 Hamilton 系统的 4 阶辛格式 (1.2.33) 计算得到数值含时波函数 $\psi(x,t)$, 研究了单色场和添加场强比 $r = 0.1$ 的 2 倍频光、19 倍频光和 30 倍频光的双色场中一维模型 He$^+$ 的动力学 过程, 结果绘制成图 4.4.7 ~ 图 4.4.11。图 4.4.7 是电离几率, 从图中看出, 添加倍 频光的双色场使电离几率提高, 但是, 添加 2 倍频光和添加 30 倍频光使电离几率 提高不大, 而添加 19 倍频光使电离几率提高很大; 这是由于添加的 19 倍频光的频 率 $\omega_0 = 1.064$a.u. 接近于模型 He$^+$ 离子第一激发态与基态的能级差 1.068a.u., 使 电子很容易地从基态吸收单光子跃迁到第一激发态, 从而增大了第一激发态的布居 几率, 使得从第一激发态跃迁到连续态偶宇称的通道更畅通。图 4.4.8 是电子的平 均位移 $\bar{x}(t) = (\psi(x,t)|x|\psi(x,t))$, 从图中看出, 电子在 He$^+$ 的 "离子核 (ion care)" 附近迅速振荡, 添加 19 倍频光的双色场中电子振荡的振幅远大于单色场和添加 2 倍频光和 30 倍频光的双色场; 电子在添加 19 倍频光的双色场中迅速大幅度振荡 使得电子与离子核碰撞复合的几率增大, 辐射出更多的高能光子。图 4.4.9(a) 是单 色场和双色场的谐波谱, 图 4.4.9(b) 是图 4.4.9(a) 的局部放大。从图中看出, 单色场 中高次谐波的截止位置在 420 次前后, 与截止规则 $\dfrac{I_{\mathrm{P}} + 3.2U_{\mathrm{P}}}{\omega_0} = \dfrac{I_{\mathrm{P}} + \dfrac{3.2\varepsilon_0^2}{4\omega_0^2}}{\omega_0} = 419$ 次相符, 还看出添加 2 倍和 30 倍频光使高次谐波产生效率稍有提高, 而添加 19 倍 频光使高次谐波产生效率提高 2 个数量级或更多。图 4.4.10 是电子第一激发态的 布居几率, 从图中看出, 在添加 2 倍和 30 倍频光的双色场中, 第一激发态布居几 率稍高于单色场中的, 而添加 19 倍频光双色场中第一激发态布居几率明显高于单 色场。图 4.4.11 是电子从连续态返回束缚态的跃迁几率, 更详细地说, 电子从连续 态返回束缚态与离子核碰撞复合发射频率 ω 的高能光子 —— $\dfrac{\omega}{\omega_0}$ 次高次谐波, 图 4.4.11 只绘制了发射 $\dfrac{\omega}{\omega_0} = 240 - 260$ 次高次谐波的跃迁几率, 从图中看出, 添加 2 倍和 30 倍频光的双色场发射高次谐波的跃迁几率稍高于单色场, 但添加 19 倍频 光的双色场比单色场提高近 2 个数量级。基于图 4.4.7 ~ 图 4.4.11 的数值结果容易

得出下面的理论分析和结论: 19 倍频光的频率 $\omega_0 = 1.064\text{a.u.}$ 接近于模型 He$^+$ 第一激发态与基态的能级差 1.068a.u., 电子在添加 19 倍频光的双色场中很容易地从基态吸收单光子跃迁到第一激发态, 而单光子跃迁几率远大于其他类型, 从而增大

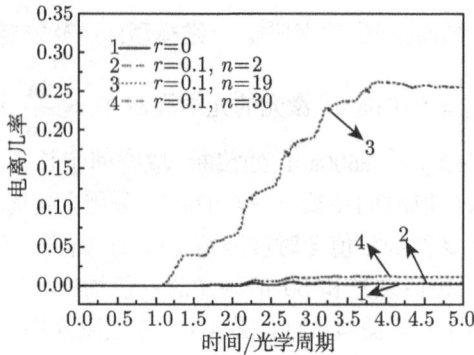

图 4.4.7 单色场与双色场中的电离几率

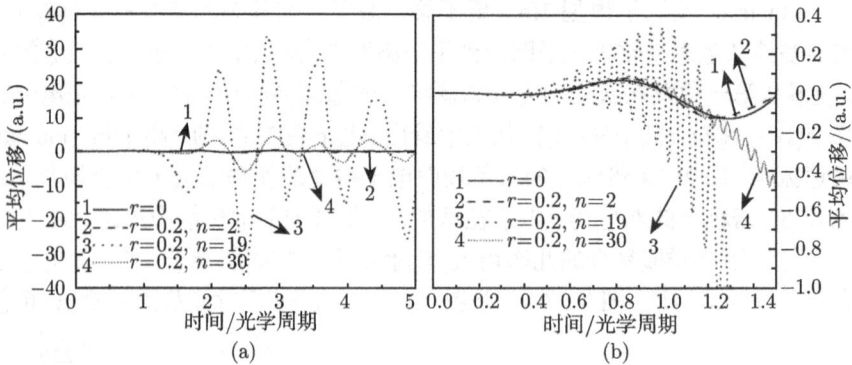

图 4.4.8 单色场中与双色场中电子位移的平均值, (b) 是 (a) 的局部放大图

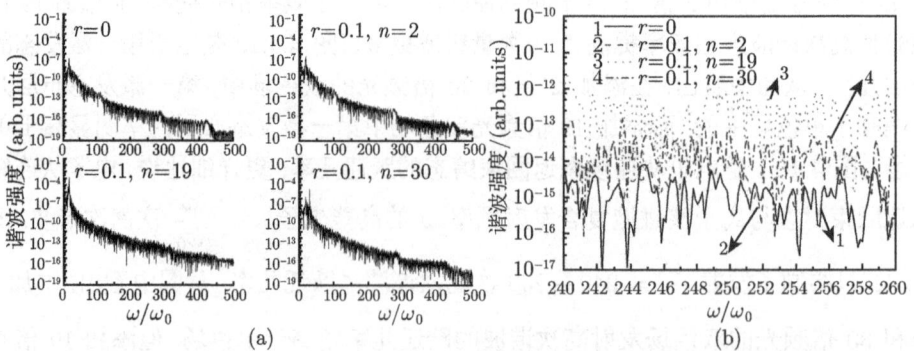

图 4.4.9 (a) 单色场中与双色场中的高次谐波谱, (b) 是图 (a) 的局部放大图

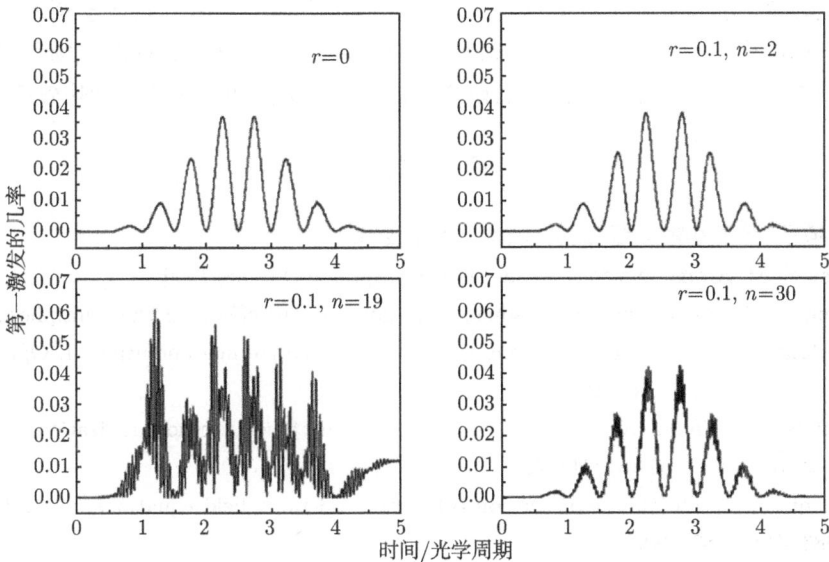

图 4.4.10 单色场中与双色场中第一激发态的几率

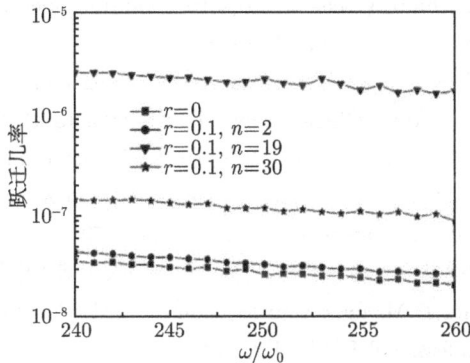

图 4.4.11 单色场中与双色场中的跃迁几率

了第一激发态的布居几率, 使得跃迁到连续态偶宇称的通道更畅通, 电子在连续态的布居几率增大, 电子从连续态返回束缚态与离子核碰撞复合发射高能光子的跃迁几率极大增加, 极大地提高了发射高次谐波的效率。

张春丽、祁月盈等[10,26-30] 应用算得的含时波函数计算了基态、第一激发态、第二激发态、 $\cdots$ 的几率分布和电离几率的时间演化, 电子的平均位移、加速度和能量, 还应用渐近边界条件和辛算法做了更多地计算, 基于高次谐波产生的三步模型, 深入精细地数值研究了添加适当倍频光极大提高高次谐波产生效率的微观机制, 计算和数值研究了取不同初态时激光场中电子的运动、几率分布、电离几率和高次谐波产生效率。还给出了激光场中二维模型原子的渐近边界条件, 将基于渐近边界条件的辛算法推广到二维空间, 数值研究了线偏振激光场、椭圆偏振激光场和圆偏振激光场中二维模型原子和二维多势阱模型的跃迁、电离和高次谐波转化效率[26]。

参 考 文 献

[1] 曾谨言. 量子力学. 4 版. 北京: 科学出版社, 2007.

[2] Nayfeh M. Atoms in strong Fields. BerLin: Springer Verlag, 1990.

[3] Sanpera A, Roso-Franco L. Resonant and nonresonant effects in the multiphoton detachment of a one-dimensional model ion with a short-range potential. J. Opt. Soc. Am., 1991, B8(8):1568–1575.

[4] Sundaram B, Armstrong Jr. Modeling strong-field above-threshold ionization. J. Opt. Soc. Am., 1990, B7 (4) :414–424.

[5] Vazquez L Z. On the discretization o f certain operator field equations. Naturforsch, 1986, 41a : 788–790.

[6] Qin M Z, Zhang M Q J. Explicit Runge-Kutta-like schemes to solve certain quantum operator equations of motion. J. Statistical Physics, 1990, 60(5/6) : 839–844.

[7] Zhang M Q. Explicit unitary schemes to solve quantum operator equation of motion. J. Statistical Physics, 1991, 65(3/4): 793–799.

[8] Ding P Z, Wu C X, Mu Y K, et al. Square-preserving and symplectic structure and scheme for quantum system. Chinese Phys. Lett., 1996, 13(4): 245–248.

[9] Liu X Y, Liu X S, Ding P Z et al. The symplectic algorithm for use in a model of laser field, X-Ray Lasers 2002: 8th International Conference on X-Ray Lasers. Rocca J J, et al. ed. AIP Conference Proceedings, 2002, 641: 265–270.

[10] 祁月盈. 强激光场中模型原子的保结构计算 [D]. 吉林大学博士学位论文, 2004.

[11] Landau L D, Lifshitz E M. Quantum Mechanics. 3rd ed. 1999, A Division of Reed Educational and Professional Publishing Ltd.

[12] Ermolarv A M, Puzynin I V, Selin A V, et al. Integral boundary conditions for the time-dependent Schrödinger equation: Atom in a laser field. Phys. Rev. A, 1999, 60:4831–4845.

[13] 周忠源, 朱顾人, 丁培柱, 等. 激光场中 H 原子的多光子电离速率. 强激光与粒子束, 2000, 12(2):169–171.

[14] 王乃宏, 周忠源, 朱顾人, 等. 激光场中 H 原子高次谐波. 原子与分子物理学报, 2000, 17(2):303–305

[15] Kulander K C. Multi-photon ionization of hydrogen; A time-dependent theory. Phys. Rev. A, 1987, 35: 445–447.

[16] Chu S-I, Cooper J. Threshold shift and above-threshold multi-photon ionization of atomic hydrogen in intense laser fields. Phys. Rev. A, 1985, 32:2769–2775.

[17] Potvlige R M, Shakeshaft R. Time-independent theory of multiphoton ionization of an atom by an intense field. Phys. Rev. A, 1988, 38: 4597–4621.

[18] Jiang T F, Chu S I. High order harmonic generat ion in atomic Hydrogen at 248 nm: dipole moment versus acceleration spectrum. Phys. Rev. A, 1992, 46(11): 7322.

[19] Kulander K C, Schaf er K J, Krause J L. Time dependent studies of multi-photon progresses. Mihai Gavrila, Progresses. Atoms in Intense Laser Fields. New York: Academic Progress, 1992: 427.

[20] Ermolarv A M, Puzynin I V, Selin A V, et al. Integral boundary conditions for the time-dependent Schrödinger equation: Atom in a laser field. Phys. Rev. A, 1999, 60: 4831–4845.

[21] Boucke K, Schmitz H. Radiation conditions for the time-dependent Schrödinger equation: Application to strong-field photo ionization. Phys. Rev. A, 1997, 56: 763–771.

[22] Mangin-Brinet M, Carbonell J, Gignoux C. Search for high-mass narrow resonance sin virtual photon-photon interactions. Phys. Rev. Lett, 1998, 57: 3245–3248.

[23] Sikdy E Y, Esry B D. Boundary-free propagation with the time-dependent Schrödinger equation. Phys. Rev. Lett, 2000, 85:5086–5089.

[24] Heading J. An introduction to phase integral methods. London: Methuen and Co., 1962.

[25] Protopapas M, Keitel C H, Knight P L. Atomic physics with Super-high intensity lasers. Rep. Prog. Phys, 1997, 60: 389–486.

[26] 张春丽. 强激光场中原子高次谐波发射的数值研究 [D]. 吉林大学博士学位论文, 2008 年 6 月.

[27] Zhang C, Liu X, Qi Y, et al. The enhancement of efficiency of high-order harmonic in entensi laser field based o asymptotic boundary conditions and symplectic algorithm. J. Math. Chem., 2006, 39: 451–463.

[28] 张春丽, 祁月盈, 刘学深, 等. 双色场中高次谐波转化效率的提高. 物理学报, 2007, 56: 774–780.

[29] Zhang C, Liu X, Ding P. The Quantitative analysis of Enhancement of High-order Harmonics in Two-Color intense Laser Fields. J. Math. Chem., 2008, 43:1429–1436.

[30] 张春丽, 祁月盈, 刘学深, 等. 双色场中高次谐波转化效率提高的数值研究. 物理学报, 2009, 58: 3078–3083.

[31] Liu X S, Qi Y Y, He J F, et al. Recent progress in symplectic algorithms for use in quantum systems. Commun. Comput. Phys., 2007, 2(1): 1–53.

第5章 立方非线性 Schrödinger 方程的辛算法与 Bose-Einstein 凝聚的数值研究

非线性 Schrödinger 方程 (NSE)

$$i\frac{\partial\psi}{\partial t} + \nabla^2\psi + f(|\psi|^2)\psi = 0 \tag{5.0.1}$$

是物理学中一类重要的非线性方程, 它广泛应用于非线性光学、等离子体物理、激光聚变以及凝聚态物理等领域。由于非线性 Schrödinger 方程 (5.0.1) 很难求得精确的解析解, 数值求解就成为理论研究非线性 Schrödinger 方程 (5.0.1) 所描述系统的物理状态与过程的重要与可行途径。数值求解非线性 Schrödinger 方程 (5.0.1) 有多种方法[1-7], 如 Crank-Nicolson 格式、分步 Fourier 变换和守恒型差分格式等。由于非线性 Schrödinger 方程 (5.0.1) 可以转化成无穷维 Hamilton 正则方程[8-12], 它的解的时间演化是辛变换的演化, 辛结构守恒, 所以应用辛算法 —— 将非线性 Schrödinger 方程 (5.0.1) 转化、离散成有限维 Hamilton 正则方程并应用辛格式求解 —— 是数值求解非线性 Schrödinger 方程 (5.0.1) 的自然、合理途径。本章 5.1 节就非线性 Schrödinger 方程 (5.0.1) 的一维情形讨论辛结构守恒, 介绍辛离散和辛格式; 5.2 节介绍一维立方非线性 Schrödinger 方程的辛算法计算; 5.3 节应用辛算法数值研究一维立方非线性 Schrödinger 方程的动力学性质; 5.4 节简单介绍 Bose-Einstein 凝聚体干涉效应的数值研究。

5.1 一维非线性 Schrödinger 方程

为表述简单, 考虑一维非线性 Schrödinger 方程

$$i\frac{\partial\psi}{\partial t} + \frac{\partial^2\psi}{\partial x^2} + f(|\psi|^2)\psi = 0 \quad \text{或} \quad i\frac{\partial\psi}{\partial t} = -\frac{\partial^2\psi}{\partial x^2} - f(|\psi|^2)\psi \quad (t>0), \tag{5.1.1}$$

讨论一维非线性 Schrödinger 方程 (5.1.1) 在无穷空间上具有零边值条件

$$\psi(-\infty,t) = 0, \quad \psi(+\infty,t) = 0 \quad (t>0) \tag{5.1.2}$$

的系统 (以下称为无穷空间零边值问题) 和具有周期边值条件

$$\psi(x+L,t) = \psi(x,t) \quad \text{或} \quad \psi(x,t) = \psi(L,t), \quad \frac{\partial}{\partial x}\psi(x,t) = \frac{\partial}{\partial x}\psi(L,t) \quad (t>0) \tag{5.1.3}$$

的系统 (以下称为周期边值问题)。

Bose-Einstein 凝聚理论研究中 (无量纲形式) 的 Gross-Pitaevskii 方程 (G-P 方程)[13]

$$\mathrm{i}\frac{\partial\psi}{\partial t} + \frac{\partial^2\psi}{\partial x^2} + q\,|\psi|^2\,\psi = 0 \tag{5.1.4}$$

就是一个一维立方非线性 Schrödinger 方程, q 是立方非线性参数, 描述非线性相互作用的强弱。方程 (5.1.4) 应用广泛, 波函数 $\psi(x,t)$ 在非线性光学和光纤中描述电磁场的复杂包络[14], 在等离子体物理中描述 Langmuir 波[15]; 这个方程还是孤立子理论中完全可积系统的重要模型之一[16]。如果 $\psi(x,t)$ 满足零边值条件 (5.1.2), 并且在 $x \to \pm\infty$ 时平缓 (非振荡) 的趋于零, 则 $\dfrac{\partial\psi}{\partial x}$ 也趋于零, Bose-Einstein 凝聚研究中就是这样, 这个系统有无限多个守恒量[15,17], 如模方 (粒子数)

$$I_1 = N = \int_{-\infty}^{+\infty} |\psi(x,t)|^2 \mathrm{d}x, \tag{5.1.5}$$

动量

$$I_2 = M = \frac{\mathrm{i}}{2}\int_{-\infty}^{+\infty} (\psi\psi_x^* - \psi_x^*\psi)\mathrm{d}x \tag{5.1.6}$$

和能量

$$I_3 = E = \int_{-\infty}^{+\infty} \left(\frac{q}{2}\,|\psi|^4 - |\psi_x|^2\right)\mathrm{d}x。 \tag{5.1.7}$$

如果 $\psi(x,t)$ 满足周期条件 (5.1.3), 系统也有无穷多个守恒量, 包括模方 (粒子数)、动量和能量等, 但积分中的上下限分别是 L 和 0。在本章中, 模方 (粒子数) 记作 I_1 或 N, 动量记作 I_2 或 M, 能量记作 I_3 或 E, 这是因为引用了不同的文献。

如果研究中考虑阻尼和耗散效应时, 就会遇到立方 - 五次方非线性 Schrödinger 方程

$$\mathrm{i}\frac{\partial\psi}{\partial t} + \frac{\partial^2\psi}{\partial x^2} + q\,|\psi|^2\,\psi - g\,|\psi|^4\,\psi = 0, \tag{5.1.8}$$

其中五次方非线性参数 g 描述阻尼和耗散效应。方程 (5.1.8) 也描述等离子体中 Langmuir 波与电子的非线性相互作用[6]。

一维非线性 Schrödinger 方程 (5.1.1) 中的非线性项 $f(|\psi|^2)$, 常见的还有 $q\,|\psi|^{2\alpha}$, $\dfrac{|\psi|^2}{1 + g\,|\psi|^2}$, $\dfrac{1}{2g}\left(1 - \mathrm{e}^{-2g|\psi|^2}\right)$ 等。

波函数 $\psi = \psi(x,t)$ 是复值函数, 令 $\psi = u + \mathrm{i}v$, $u = u(x,t)$, $v = v(x,t)$, 其中 $-\infty < x < +\infty$ 或 $0 \leqslant x \leqslant L$, 将 t 看成自变量, x 看成向量标记, 则 u 和 v 是无穷维向量, 将 u 和 v 连接起来得到的 $Z = (u,v)^{\mathrm{T}}$ 是 $2 \times \infty$ 维向量。将 $\psi = u + \mathrm{i}v$

代入一维非线性 Schrödinger 方程 (5.1.1) 中并将实部和虚部分开, 则一维非线性 Schrödinger 方程 (5.1.1) 转化成

$$\frac{\partial u}{\partial t} = -\frac{\partial^2 v}{\partial x^2} - f(|\psi|^2)v, \quad \frac{\partial v}{\partial t} = \frac{\partial^2 u}{\partial x^2} + f(|\psi|^2)u \quad (t > 0), \qquad (5.1.9)$$

或

$$\frac{\partial Z}{\partial t} = JAZ, \quad J = \begin{pmatrix} 0 & 1 \\ -1 & 0 \end{pmatrix}, \quad A = \begin{pmatrix} -\dfrac{\partial^2}{\partial x^2} - f(u^2 + v^2) & 0 \\ 0 & \dfrac{\partial^2}{\partial x^2} + f(u^2 + v^2) \end{pmatrix}。$$

无穷空间零边值条件 (5.1.2) 转化成

$$u(\pm\infty, t) = 0, \quad v(\pm\infty, t) = 0 \quad (t > 0), \qquad (5.1.10)$$

周期边界条件 (5.1.3) 转化成

$$u(x + L, t) = u(x, t), \quad v(x + L, t) = v(x, t) \quad (t > 0)。 \qquad (5.1.11)$$

于是 $Z = (u, v)^{\mathrm{T}}$ 是辛流形 $\mathfrak{S}$ 中的向量, 并且有辛结构

$$\omega = \frac{1}{2}\mathrm{d}Z \wedge J\mathrm{d}Z = \int_a^b (\mathrm{d}u \wedge \mathrm{d}v)\mathrm{d}x。 \qquad (5.1.12)$$

式中, 对无穷空间零边值问题, 积分限 $a = -\infty$, $b = +\infty$, 积分展布在 $(-\infty, +\infty)$ 上; 对周期边值问题, 积分限 $a = 0$, $b = L$, 积分展布在 $(0, L)$ 上。可以验证, 这两个系统都保持辛结构守恒。为此只需验证 $\dfrac{\mathrm{d}\omega}{\mathrm{d}t} = 0$。因为 $\dfrac{\mathrm{d}}{\mathrm{d}t}$ 与 $\displaystyle\int_a^b$ 可交换, $\dfrac{\partial}{\partial t}$ 与 d 可交换, 故有

$$\frac{\mathrm{d}\omega}{\mathrm{d}t} = \frac{\mathrm{d}}{\mathrm{d}t}\int_a^b (\mathrm{d}u \wedge \mathrm{d}v)\mathrm{d}x = \int_a^b \left(\mathrm{d}\frac{\partial u}{\partial t} \wedge \mathrm{d}v + \mathrm{d}u \wedge \mathrm{d}\frac{\partial v}{\partial t} \right)\mathrm{d}x, \qquad (5.1.13)$$

将式 (5.1.9) 代入式 (5.1.13) 并应用外积的线性性和反对称性以及 d 与 $\dfrac{\partial}{\partial x}$ 可交换, 便得

$$\mathrm{d}\frac{\partial u}{\partial t} \wedge \mathrm{d}v = \mathrm{d}\left(-\frac{\partial^2 v}{\partial x^2} - f(|\psi|^2)v \right) \wedge \mathrm{d}v$$

$$= \left[-\frac{\partial^2}{\partial x^2}\mathrm{d}v - f(|\psi|^2)\mathrm{d}v - 2f'(|\psi|^2)(uv\mathrm{d}u + v^2\mathrm{d}v) \right] \wedge \mathrm{d}v$$

$$= -\frac{\partial^2}{\partial x^2}\mathrm{d}v \wedge \mathrm{d}v - 2f'(|\psi|^2)uv\mathrm{d}u \wedge \mathrm{d}v,$$

$$\mathrm{d}u \wedge \mathrm{d}\frac{\partial v}{\partial t} = \mathrm{d}u \wedge \mathrm{d}\left(\frac{\partial^2 u}{\partial x^2} + f(|\psi|^2)u\right)$$

$$= \mathrm{d}u \wedge \left[\frac{\partial^2}{\partial x^2}\mathrm{d}u + f(|\psi|^2)\mathrm{d}u + 2f'(|\psi|^2)(u^2\mathrm{d}u + uv\mathrm{d}v)\right]$$

$$= \mathrm{d}u \wedge \frac{\partial^2}{\partial x^2}\mathrm{d}u + 2\mathrm{d}u \wedge f'(|\psi|^2)uv\mathrm{d}v$$

如果 $x \to \pm\infty$ 时 $\psi(x,t)$ 平缓地趋于 0, 则有 $\frac{\partial}{\partial x}\psi(x,t) \to 0$, $\mathrm{d}u \to 0$, $\mathrm{d}v \to 0$, 譬如, 描述 Bose-Einstein 凝聚时就是这种情况, 于是

$$\int_{-\infty}^{+\infty}\left(\mathrm{d}\frac{\partial u}{\partial t} \wedge \mathrm{d}v\right)\mathrm{d}x = -\int_{-\infty}^{+\infty}\left(\frac{\partial^2}{\partial x^2}\mathrm{d}v \wedge \mathrm{d}v\right)\mathrm{d}x - 2\int_{-\infty}^{+\infty}(f'(|\psi|^2)uv\mathrm{d}u \wedge \mathrm{d}v)\mathrm{d}x$$

$$= -\frac{\partial}{\partial x}\mathrm{d}v \wedge \mathrm{d}v\Big|_{-\infty}^{+\infty} - \int_{-\infty}^{+\infty}\left(\frac{\partial}{\partial x}\mathrm{d}v \wedge \frac{\partial}{\partial x}\mathrm{d}v\right)\mathrm{d}x$$

$$\quad -2\int_{-\infty}^{+\infty}(f'(|\psi|^2)uv\mathrm{d}u \wedge \mathrm{d}v)\mathrm{d}x$$

$$= -2\int_{-\infty}^{+\infty}(f'(|\psi|^2)uv\mathrm{d}u \wedge \mathrm{d}v)\mathrm{d}x,$$

$$\int_{-\infty}^{+\infty}\left(\mathrm{d}u \wedge \mathrm{d}\frac{\partial}{\partial x}\mathrm{d}v\right)\mathrm{d}x = \int_{-\infty}^{+\infty}\left(\mathrm{d}u \wedge \frac{\partial^2}{\partial x^2}\mathrm{d}u\right)\mathrm{d}x + 2\int_{-\infty}^{+\infty}(\mathrm{d}u \wedge f'(|\psi|^2)uv\mathrm{d}v)\mathrm{d}x$$

$$= \mathrm{d}u \wedge \frac{\partial}{\partial x}\mathrm{d}u\Big|_{-\infty}^{+\infty} + \int_{-\infty}^{+\infty}\left(\frac{\partial}{\partial x}\mathrm{d}u \wedge \frac{\partial}{\partial x}\mathrm{d}u\right)\mathrm{d}x$$

$$\quad +2\int_{-\infty}^{+\infty}(\mathrm{d}u \wedge f'(|\psi|^2)uv\mathrm{d}v)\mathrm{d}x$$

$$= +2\int_{-\infty}^{+\infty}(\mathrm{d}u \wedge f'(|\psi|^2)uv\mathrm{d}v)\mathrm{d}x,$$

$$\frac{\mathrm{d}\omega}{\mathrm{d}t} = \frac{\mathrm{d}}{\mathrm{d}t}\int_{-\infty}^{+\infty}(\mathrm{d}u \wedge \mathrm{d}v)\mathrm{d}x = \int_{-\infty}^{+\infty}\left(\mathrm{d}\frac{\partial u}{\partial t} \wedge \mathrm{d}v + \mathrm{d}u \wedge \mathrm{d}\frac{\partial v}{\partial t}\right)\mathrm{d}x$$

$$= -2\int_{-\infty}^{+\infty}(f'(|\psi|^2)uv\mathrm{d}u \wedge \mathrm{d}v)\mathrm{d}x + 2\int_{-\infty}^{+\infty}(\mathrm{d}u \wedge f'(|\psi|^2)uv\mathrm{d}v)\mathrm{d}x$$

$$= 0。$$

当周期边界条件 $\psi(x+L,t) = \psi(x,t)$ 满足时, 偏导数也满足周期边界条件

$\frac{\partial}{\partial x}\psi(x+L,t) = \frac{\partial}{\partial x}\psi(x,t)$, 于是同样地可以证明

$$\frac{\mathrm{d}\omega}{\mathrm{d}t} = \frac{\mathrm{d}}{\mathrm{d}t}\int_0^L (\mathrm{d}u \wedge \mathrm{d}v)\mathrm{d}x = 0。$$

所以, 上述一维非线性 Schrödinger 方程 (5.1.1) 的无穷空间零边值问题和周期边值问题都保持辛结构守恒, 都是无穷维 Hamilton 系统, 辛算法 —— 将一维非线性 Schrödinger 方程连同边值条件离散成有限维 Hamilton 正则方程并应用辛格式数值求解 —— 是数值求解上述系统的合理途径。

一维非线性 Schrödinger 方程 (5.1.1) 满足无穷空间零边值条件和周期边值条件时, 除了辛结构守恒, 还有许多守恒量, 譬如, 粒子数 (模方)

$$I_1 = \int_{-\infty}^{+\infty} |\psi(x,t)|^2 \mathrm{d}x = \int_{-\infty}^{+\infty} (u^2 + v^2)\mathrm{d}x$$

和

$$I_1 = \int_0^L |\psi(x,t)|^2 \mathrm{d}x = \int_0^L (u^2 + v^2)\mathrm{d}x。$$

这只需验证 $\frac{\mathrm{d}I_1}{\mathrm{d}t} = 0$, 即

$$\frac{\mathrm{d}I_1}{\mathrm{d}t} = \frac{\mathrm{d}}{\mathrm{d}t}\int_{-\infty}^{+\infty}(u^2+v^2)\mathrm{d}x = 2\int_{-\infty}^{+\infty}\left(u\frac{\partial u}{\partial t} + v\frac{\partial v}{\partial t}\right)\mathrm{d}x,$$

$$\int_{-\infty}^{+\infty} u\frac{\partial u}{\partial t}\mathrm{d}x = -\int_{-\infty}^{+\infty} u\frac{\partial^2 v}{\partial x^2}\mathrm{d}x - \int_{-\infty}^{+\infty} f(u^2+v^2)uv\mathrm{d}x$$

$$= -u\frac{\partial v}{\partial x}\Big|_{-\infty}^{+\infty} + \int_{-\infty}^{+\infty}\frac{\partial u}{\partial x}\frac{\partial v}{\partial x}\mathrm{d}x - \int_{-\infty}^{+\infty} f(u^2+v^2)uv\mathrm{d}x$$

$$= \int_{-\infty}^{+\infty}\frac{\partial u}{\partial x}\frac{\partial v}{\partial x}\mathrm{d}x - \int_{-\infty}^{+\infty} f(u^2+v^2)uv\mathrm{d}x,$$

$$\int_{-\infty}^{+\infty} v\frac{\partial v}{\partial t}\mathrm{d}x = \int_{-\infty}^{+\infty} v\frac{\partial^2 u}{\partial x^2}\mathrm{d}x + \int_{-\infty}^{+\infty} f(u^2+v^2)vu\mathrm{d}x$$

$$= v\frac{\partial u}{\partial x}\Big|_{-\infty}^{+\infty} - \int_{-\infty}^{+\infty}\frac{\partial v}{\partial x}\frac{\partial u}{\partial x}\mathrm{d}x + \int_{-\infty}^{+\infty} f(u^2+v^2)vu\mathrm{d}x,$$

$$= -\int_{-\infty}^{+\infty}\frac{\partial v}{\partial x}\frac{\partial u}{\partial x}\mathrm{d}x + \int_{-\infty}^{+\infty} f(u^2+v^2)vu\mathrm{d}x,$$

于是,

$$\frac{\mathrm{d}I_1}{\mathrm{d}t} = \int_{-\infty}^{+\infty} \frac{\partial u}{\partial x}\frac{\partial v}{\partial x}\mathrm{d}x - \int_{-\infty}^{+\infty} f(u^2 + v^2)uv\mathrm{d}x$$
$$- \int_{-\infty}^{+\infty} \frac{\partial v}{\partial x}\frac{\partial u}{\partial x}\mathrm{d}x + \int_{-\infty}^{+\infty} f(u^2 + v^2)vu\mathrm{d}x = 0。$$

同样地, 可就周期边值条件验证 $\frac{\mathrm{d}I_1}{\mathrm{d}t} = 0$。所以数值求解上述一维非线性 Schrö-dinger 方程的无穷空间零边值问题和周期边值问题应该应用保持模方守恒的辛算法 —— 离散成离散模方守恒的有限维 Hamilton 正则方程并应用模方守恒辛格式数值求解。

取充分大 $L > 0$, 将一维非线性 Schrödinger 方程的无穷空间零边值问题 (5.1.9) (5.1.10) 截断成有界空间 $[-L, +L]$ 上的零边值问题

$$\frac{\partial u}{\partial t} = -\frac{\partial^2 v}{\partial x^2} - f(|\psi|^2)v, \quad \frac{\partial v}{\partial t} = \frac{\partial^2 u}{\partial x^2} + f(|\psi|^2)u \quad (-L < x < +L, t > 0), \quad (5.1.14)$$

$$u(\pm L, t) = 0, \quad v(\pm L, t) = 0 \quad (t > 0), \quad\quad (5.1.15)$$

再取充分大正整数 N 和 $h = \frac{L}{N}$, 用节点 $x_j = jh(j = 0, \pm 1, \pm 2, \cdots, \pm N)$ 将 $[-L, +L]$ 离散。对周期边值问题, 取充分大正整数 N 和 $h = \frac{L}{N}$, 用节点 $x_j = jh(j = 0, 1, 2, \cdots, N)$ 将 $[0, L]$ 离散。将函数 $g(x)$ 和 $g(x, t)$ 在节点上的数值简记作 $g_j = g(x_j)$ 和 $g_j(t) = g(x_j, t)$。

已知用 2 阶中心差商 (也称对称差商)

$$\frac{g(x - h) - 2g(x) + g(x + h)}{h^2}, \quad\quad (5.1.16)$$

近似 2 阶导数 $\frac{\mathrm{d}^2 g(x)}{\mathrm{d}x^2}$ 的局部误差是 $O(h^2)$, 这很容易应用 Taylor 展开

$$g(x \pm h) = g(x) \pm h\frac{\mathrm{d}}{\mathrm{d}x}g(x) + \frac{h^2}{2!}\frac{\mathrm{d}^2}{\mathrm{d}x^2}g(x) \pm \frac{h^3}{3!}\frac{\mathrm{d}^3}{\mathrm{d}x^3}g(x) + \frac{h^4}{4!}\frac{\mathrm{d}^4}{\mathrm{d}x^4}g(x) + O(h^5)$$

推导出来。

在节点 x_j 上用中心差商 (5.1.16) 近似 2 阶偏导数, 一维非线性 Schrödinger 方程 (转化、截断成的无穷维 Hamilton 正则方程) 在 $[-L, +L]$ 上的零边值问题 (5.1.14) (5.1.15) 离散成 $2(N-1) + 1 = 2N - 1$ 维 Hamilton 正则方程

$$\frac{\mathrm{d}}{\mathrm{d}t}u_{N-1}(t) = -\frac{1}{h^2}(-2v_{N-1}(t) + v_{N-2}(t)) - f(u_{N-1}^2(t) + v_{N-1}^2(t))v_{N-1}(t),$$

$$\frac{\mathrm{d}}{\mathrm{d}t}v_{N-1}(t) = \frac{1}{h^2}(-2u_{N-1}(t) + u_{N-2}(t)) + f(u_{N-1}^2(t) + v_{N-1}^2(t))u_{N-1}(t),$$

$$\frac{\mathrm{d}}{\mathrm{d}t}u_j(t) = -\frac{1}{h^2}(v_{j+1}(t) - 2v_j(t) + v_{j-1}(t)) - f(u_j^2(t) + v_j^2(t))v_j(t),$$

$$\frac{\mathrm{d}}{\mathrm{d}t}v_j(t) = \frac{1}{h^2}(u_{j+1}(t) - 2u_j(t) + u_{j-1}(t)) + f(u_j^2(t) + v_j^2(t))u_j(t),$$

$$j = N-2, N-3, \cdots, -N+3, -N+2,$$

$$\frac{\mathrm{d}}{\mathrm{d}t}u_{-N+1}(t) = -\frac{1}{h^2}(v_{-N+2}(t) - 2v_{-N+1}(t)) - f(u_{-N+1}^2(t) + v_{-N+1}^2(t))v_{-N+1}(t),$$

$$\frac{\mathrm{d}}{\mathrm{d}t}v_{-N+1}(t) = \frac{1}{h^2}(u_{-N+2}(t) - 2u_{-N+1}(t)) + f(u_{-N+1}^2(t) + v_{-N+1}^2(t))u_{-N+1}(t),$$

$$(5.1.17)$$

记

$$U = (u_{N-1}, u_{N-2}, \cdots, u_{-N+2}, u_{-N+1})^{\mathrm{T}}, \quad V = (v_{N-1}, v_{N-2}, \cdots, v_{-N+2}, v_{-N+1})^{\mathrm{T}},$$

$$Z = (U, V)^{\mathrm{T}} = (u_{N-1}, u_{N-2}, \cdots, u_{-N+2}, u_{-N+1}, v_{N-1}, v_{N-2}, \cdots, v_{-N+2}, v_{-N+1})^{\mathrm{T}},$$

上述 Hamilton 正则方程可写成更紧凑的矩阵形式

$$\frac{\mathrm{d}U}{\mathrm{d}t} = (G+F)V, \quad \frac{\mathrm{d}V}{\mathrm{d}t} = -(G+F)U, \qquad (5.1.18)$$

$$G = -\frac{1}{h^2}\begin{pmatrix} -2 & 1 & 0 & & & & \\ 1 & -2 & 1 & 0 & & O & \\ 0 & 1 & -2 & & & & \\ & 0 & & \ddots & & 0 & \\ & & & & -2 & 1 & 0 \\ O & & 0 & & 1 & -2 & 1 \\ & & & & 0 & 1 & -2 \end{pmatrix},$$

$$F = -\begin{pmatrix} f(u_{N-1}^2+v_{N-1}^2) & 0 & 0 & & O \\ 0 & f(u_{N-2}^2+v_{N-2}^2) & 0 & & \\ 0 & 0 & \ddots & 0 & 0 \\ & & 0 & f(u_{-N+2}^2+v_{-N+2}^2) & 0 \\ O & & 0 & 0 & f(u_{-N+1}^2+v_{-N+1}^2) \end{pmatrix},$$

或

$$\frac{\mathrm{d}Z}{\mathrm{d}t} = BZ, \quad B = JA, \quad J = \begin{pmatrix} O & I \\ -I & O \end{pmatrix}, \quad A = \begin{pmatrix} G+F & O \\ O & G+F \end{pmatrix}. \qquad (5.1.19)$$

这里 I 和 O 是 $2N-1$ 阶单位矩阵和零矩阵, J 是 $2(2N-1)$ 阶辛矩阵, $G^{\mathrm{T}} = G$, $F^{\mathrm{T}} = F$ 和 $A^{\mathrm{T}} = A$ 都是实对称矩阵, 但 G 是三对角矩阵.

同样地, 一维非线性 Schrödinger 方程转化成的无穷维 Hamilton 正则方程的周期边值问题 (5.1.9)(5.1.11) 离散成 N 维 Hamilton 正则方程

$$\frac{\mathrm{d}}{\mathrm{d}t}u_N(t) = -\frac{1}{h^2}(v_1(t) - 2v_N(t) + v_{N-1}(t)) - f(u_N^2(t) + v_N^2(t))v_N(t),$$

$$\frac{\mathrm{d}}{\mathrm{d}t}v_N(t) = \frac{1}{h^2}(u_1(t) - 2u_N(t) + u_{N-1}(t)) + f(u_N^2(t) + v_N^2(t))u_N(t),$$

$$\frac{\mathrm{d}}{\mathrm{d}t}u_j(t) = -\frac{1}{h^2}(v_{j+1}(t) - 2v_j(t) + v_{j-1}(t)) - f(u_j^2(t) + v_j^2(t))v_j(t),$$

$$\frac{\mathrm{d}}{\mathrm{d}t}v_j(t) = \frac{1}{h^2}(u_{j+1}(t) - 2u_j(t) + u_{j-1}(t)) + f(u_j^2(t) + v_j^2(t))u_j(t),$$

$$j = N-1, N-2, \cdots, 3, 2, \tag{5.1.20}$$

$$\frac{\mathrm{d}}{\mathrm{d}t}u_1(t) = -\frac{1}{h^2}(v_2(t) - 2v_1(t) + v_N(t)) - f(u_1^2(t) + v_1^2(t))v_1(t),$$

$$\frac{\mathrm{d}}{\mathrm{d}t}v_1(t) = \frac{1}{h^2}(u_2(t) - 2u_1(t) + u_N(t)) + f(u_1^2(t) + v_1^2(t))u_1(t),$$

记

$$U = (u_N, u_{N-1}, \cdots, u_2, u_1)^{\mathrm{T}}, \quad V = (v_N, v_{N-1}, \cdots, v_2, v_1)^{\mathrm{T}},$$

$$Z = (U, V)^{\mathrm{T}} = (u_N, u_{N-1}, \cdots, u_2, u_1, v_N, v_{N-1}, \cdots, v_2, v_1)^{\mathrm{T}},$$

上述 Hamilton 正则方程可写成更紧凑的矩阵形式

$$\frac{\mathrm{d}U}{\mathrm{d}t} = (G+F)V, \quad \frac{\mathrm{d}V}{\mathrm{d}t} = -(G+F)U, \tag{5.1.21}$$

$$F = -\begin{pmatrix} f(u_N^2 + v_N^2) & 0 & 0 & & O \\ 0 & f(u_{N-1}^2 + v_{N-1}^2) & 0 & & \\ 0 & 0 & \ddots & 0 & 0 \\ & O & & 0 & f(u_2^2 + v_2^2) & 0 \\ & & & 0 & 0 & f(u_1^2 + v_1^2) \end{pmatrix},$$

$$G = -\frac{1}{h^2}\begin{pmatrix} -2 & 1 & 0 & & 0 & 0 & 1 \\ 1 & -2 & 1 & 0 & & 0 & 0 \\ 0 & 1 & -2 & & & & 0 \\ & 0 & & \ddots & & 0 & \\ 0 & & & & -2 & 1 & 0 \\ 0 & 0 & & 0 & 1 & -2 & 1 \\ 1 & 0 & 0 & & 0 & 1 & -2 \end{pmatrix},$$

或

$$\frac{\mathrm{d}Z}{\mathrm{d}t} = BZ, \quad B = JA, \quad J = \begin{pmatrix} O & I \\ -I & O \end{pmatrix}, \quad A = \begin{pmatrix} G+F & O \\ O & G+F \end{pmatrix}. \quad (5.1.22)$$

这里 I 和 O 是 N 阶单位矩阵和零矩阵, J 是 $2N$ 阶辛矩阵, $G^{\mathrm{T}} = G$, $F^{\mathrm{T}} = F$ 和 $A^{\mathrm{T}} = A$ 都是实对称矩阵, 但 G**不是三对角**矩阵。

上面, 我们将一维非线性 Schrödinger 方程转化成的无穷维 Hamilton 正则方程 (5.1.9) 的无穷空间零边值问题和周期边值问题离散成了有限维 Hamilton 正则方程 (5.1.18) 和正则方程 (5.1.20), 容易验证, 它们的辛结构和模方守恒。有限维 Hamilton 正则方程 (5.1.18) 的辛结构和模方是

$$\omega = \frac{1}{2}\mathrm{d}Z \wedge J\mathrm{d}Z = \mathrm{d}U \wedge \mathrm{d}V = \sum_{j=-N+1}^{N-1} \mathrm{d}u_j \wedge \mathrm{d}v_j$$

和

$$I_1 = Z^{\mathrm{T}}Z = U^{\mathrm{T}}U + V^{\mathrm{T}}V = \sum_{j=-N+1}^{N-1} (u_j^2 + v_j^2),$$

有限维 Hamilton 正则方程 (5.1.20) 的辛结构和模方是

$$\omega = \frac{1}{2}\mathrm{d}Z \wedge J\mathrm{d}Z = \mathrm{d}U \wedge \mathrm{d}V = \sum_{j=1}^{N} \mathrm{d}u_j \wedge \mathrm{d}v_j$$

和

$$I_1 = Z^{\mathrm{T}}Z = U^{\mathrm{T}}U + V^{\mathrm{T}}V = \sum_{j=1}^{N} (u_j^2 + v_j^2).$$

下面来验证 $\dfrac{\mathrm{d}\omega}{\mathrm{d}t} = 0$ 和 $\dfrac{\mathrm{d}I_1}{\mathrm{d}t} = 0$: 因为 d 与 $\dfrac{\mathrm{d}}{\mathrm{d}t}$ 可交换,

$$2\frac{\mathrm{d}\omega}{\mathrm{d}t} = \frac{\mathrm{d}}{\mathrm{d}t}(\mathrm{d}U \wedge \mathrm{d}V) = \left(\mathrm{d}\frac{\mathrm{d}}{\mathrm{d}t}U \wedge \mathrm{d}V\right) + \left(\mathrm{d}U \wedge \mathrm{d}\frac{\mathrm{d}}{\mathrm{d}t}V\right)$$

$$= (\mathrm{d}(G+F)V \wedge \mathrm{d}V) - (\mathrm{d}U \wedge \mathrm{d}(G+F)U)$$

$$= (G\mathrm{d}V + F\mathrm{d}V + (\mathrm{d}F)V) \wedge \mathrm{d}V - \mathrm{d}U \wedge (G\mathrm{d}U + F\mathrm{d}U + (\mathrm{d}F)U)$$

$$= (\mathrm{d}F)V \wedge \mathrm{d}V - \mathrm{d}U \wedge (\mathrm{d}F)U,$$

又因为

$$\mathrm{d}F = \begin{pmatrix} \begin{array}{c} -2f'(u_{N-1}^2 + v_{N-1}^2) \\ (u_{N-1}\mathrm{d}u_{N-1} + v_{N-1}\mathrm{d}v_{N-1}) \end{array} & 0 & O \\ 0 & \ddots & 0 \\ O & 0 & \begin{array}{c} -2f'(u_{-N+1}^2 + v_{-N+1}^2) \\ (u_{-N+1}\mathrm{d}u_{-N+1} + v_{-N+1}\mathrm{d}v_{-N+1}) \end{array} \end{pmatrix},$$

于是依据外积的线性性和反对称性,

$$(\mathrm{d}F)V \wedge \mathrm{d}V = -2 \sum_{-N+1}^{N-1} f'(u_j^2+v_j^2)(u_jv_j\mathrm{d}u_j \wedge \mathrm{d}v_j + v_j^2\mathrm{d}v_j \wedge \mathrm{d}v_j)$$

$$= -2 \sum_{-N+1}^{N-1} f'(u_j^2+v_j^2)u_jv_j\mathrm{d}u_j \wedge \mathrm{d}v_j,$$

$$\mathrm{d}U \wedge (\mathrm{d}F)U = -2 \sum_{-N+1}^{N-1} \mathrm{d}u_j \wedge f'(u_j^2+v_j^2)(u_j^2\mathrm{d}u_j + u_jv_j\mathrm{d}v_j)$$

$$= -2 \sum_{-N+1}^{N-1} f'(u_j^2+v_j^2)u_jv_j\mathrm{d}u_j \wedge \mathrm{d}v_j,$$

所以, $(\mathrm{d}F)V \wedge \mathrm{d}V = \mathrm{d}U \wedge (\mathrm{d}F)U$, $2\dfrac{\mathrm{d}\omega}{\mathrm{d}t} = (\mathrm{d}F)V \wedge \mathrm{d}V - \mathrm{d}U \wedge (\mathrm{d}F)U, \dfrac{\mathrm{d}\omega}{\mathrm{d}t} = 0$。再注意 G 和 F 以及 $G+F$ 都是实对称矩阵, 于是

$$\frac{\mathrm{d}I_1}{\mathrm{d}t} = \frac{\mathrm{d}}{\mathrm{d}t}(U^{\mathrm{T}}U + V^{\mathrm{T}}V) = \left(\frac{\mathrm{d}U}{\mathrm{d}t}\right)^{\mathrm{T}}U + U^{\mathrm{T}}\frac{\mathrm{d}U}{\mathrm{d}t} + \left(\frac{\mathrm{d}V}{\mathrm{d}t}\right)^{\mathrm{T}}V + V^{\mathrm{T}}\frac{\mathrm{d}}{\mathrm{d}t}V$$

$$= ((G+F)V)^{\mathrm{T}}U + U^{\mathrm{T}}(G+F)V - ((G+F)U)^{\mathrm{T}}V - V^{\mathrm{T}}(G+F)U$$

$$= V^{\mathrm{T}}(G+F)^{\mathrm{T}}U + U^{\mathrm{T}}(G+F)V - U^{\mathrm{T}}(G+F)^{\mathrm{T}}V - V^{\mathrm{T}}(G+F)U$$

$$= V^{\mathrm{T}}(G+F)U + U^{\mathrm{T}}(G+F)V - U^{\mathrm{T}}(G+F)V - V^{\mathrm{T}}(G+F)U = 0。$$

同样地, 可以验证有限维 Hamilton 正则方程 (5.1.20) 的辛结构和模方守恒。

至此, 我们证明了有限维 Hamilton 正则方程 (5.1.17) 和 (5.1.20) 保留了原系统固有的辛结构和模方守恒性, 应该应用模方守恒的辛格式数值求解。譬如 1.2 节列出的 2 阶 Euler 中点格式 (1.2.2)

$$z^{n+1} = z^n + \tau JH_z\left(\frac{z^{n+1}+z^n}{2}\right), \tag{5.1.23}$$

4 阶中点格式 (1.2.3)

$$z^{n+1} = z^n + \tau JH_z\left(\frac{z^{n+1}+z^n}{2}\right) - \frac{\tau^3}{24}J\nabla_z(H_z^{\mathrm{T}}JH_{zz}JH_z)\left(\frac{z^{n+1}+z^n}{2}\right), \tag{5.1.24}$$

4 阶辛 R-K 格式[18] (1.2.5)

$$z^{n+1} = z^n + \frac{\tau}{2}(f(Y_1) + f(Y_2)),$$

$$Y_1 = z^n + \tau\left(\frac{1}{4}f(Y_1) + \left(\frac{1}{4} - \frac{\sqrt{3}}{6}\right)f(Y_2)\right)$$

$$Y_2 = z^n + \tau\left(\left(\frac{1}{4} + \frac{\sqrt{3}}{6}\right)f(Y_1) + \frac{1}{4}f(Y_2)\right), \tag{5.1.25}$$

其中的 H_z 就是 $\dfrac{\partial H}{\partial z}$。2 阶 Euler 中点格式和 4 阶中点格式是**模方守恒**的**辛格式**, 4 阶辛 R-K 格式不是**模方守恒**的, 但它们都是隐格式, 每前进一个时间步都要进行迭代运算。

5.2　一维立方非线性 Schrödinger 方程的辛算法计算[19,20]

考虑一维非线性 Schrödinger 方程 (5.1.1) 的一个简单模型 —— 一维立方非线性 Schrödinger 方程 (NSE)

$$\mathrm{i}\frac{\partial\psi}{\partial t} + \frac{\partial^2\psi}{\partial x^2} + q\,|\psi|^2\,\psi = 0, \quad (0 < x < L, t > 0), \cdots, \tag{5.2.1}$$

它就是 Bose-Einstein 凝聚中的一维 (无量纲形式的)G-P 方程, 人们对它进行了大量的理论与数值研究: Moon[21] 说明了 NSE(5.2.1) 的同宿轨与模式结构之间的相关性, 并且发现了在某些条件下混沌模式的选择。Liu 等[11] 等采用数值方法研究了 NSE(5.2.1) 在不同非线性参数下的动力学行为, 并且观察到了同宿轨交叉, 准周期运动, 伪周期运动, 不规则运动以及随机运动。Zhou 和 He[6,7] 等讨论了一维与二维立方非线性 Schrödinger 方程在不同非线性项时的时空性质, 并发现了时空混沌。下面应用辛算法数值求解 NSE(5.2.1) 满足周期边界条件 (5.1.3) 的周期初值问题, 为研究这个系统的动力学性质做准备[19]。计算中取周期边值条件

$$\psi(x + L, t) = \psi(x, t) \quad \text{或} \quad \psi(x, t) = \psi(L, t), \quad \frac{\partial}{\partial x}\psi(x, t) = \frac{\partial}{\partial x}\psi(L, t) \quad (t > 0), \tag{5.2.2}$$

和初始条件

$$\psi(x, 0) = 1 + \varepsilon\mathrm{e}^{\mathrm{i}\theta}\cos\left(\frac{2\pi}{L}x\right)。 \tag{5.2.3}$$

这个初始条件描述一个调制波, 它以 L 为周期, 在 1 附近振荡, $\varepsilon\mathrm{e}^{\mathrm{i}\theta}$ 表示调制波的初振幅, 在本节的计算中选取 $\varepsilon = 0.1$。5.3 节中将数值研究这个周期初值问题描述的系统的动力学性质[19]。

如像 5.1 节中那样, 令 $\psi(x, t) = u(x, t) + \mathrm{i}v(x, t)$, $Z = (u, v)^{\mathrm{T}}$, 则一维立方非线性 Schrödinger 方程 (5.2.1) 转化成 $2 \times \infty$ 维 Hamilton 正则方程

$$\frac{\partial u}{\partial t} = -\frac{\partial^2 v}{\partial x^2} - q(u^2 + v^2)v, \quad \frac{\partial v}{\partial t} = \frac{\partial^2 u}{\partial x^2} + q(u^2 + v^2)u \quad (0 < x < L, t > 0),$$

或

$$\frac{\partial Z}{\partial t} = JAZ, \quad J = \begin{pmatrix} 0 & 1 \\ -1 & 0 \end{pmatrix}, \quad A = \begin{pmatrix} -\dfrac{\partial^2}{\partial x^2} - q(u^2 + v^2) & 0 \\ 0 & \dfrac{\partial^2}{\partial x^2} + q(u^2 + v^2) \end{pmatrix}.$$

(5.2.4)

周期边值条件 (5.2.2) 和初始条件 (5.2.3) 分别转化成

$$u(x,t) = u(x+L,t), \quad v(x,t) = v(x+L,t) \quad (t > 0) \tag{5.2.5}$$

和

$$u(x,0) = 1 + \varepsilon \cos\theta \cos\left(\frac{2\pi}{L}x\right), \quad v(x,0) = 1 + \varepsilon \sin\theta \cos\left(\frac{2\pi}{L}x\right) \quad (0 \leqslant x \leqslant L). \tag{5.2.6}$$

还是像 5.1 节中那样在 $[0, L]$ 上离散化, 再记 $U = (u_1, \cdots, u_N)^{\mathrm{T}}$, $V = (v_1, \cdots, v_N)^{\mathrm{T}}$, $Z = (U^{\mathrm{T}}, V^{\mathrm{T}})^{\mathrm{T}}$, 应用 2 阶中心差商 (5.1.16) 逼近空间变量 2 阶偏导数, $2 \times \infty$ 维 Hamilton 正则方程的周期边值问题 (5.2.4)(5.2.5) 离散成 Hamilton 函数

$$H(u,v) = \frac{1}{2}(U^{\mathrm{T}}GU + V^{\mathrm{T}}GV) + \frac{q}{4}\sum_{j=1}^{N}(u_j^2 + v_j^2)^2 \tag{5.2.7}$$

的 N 维 Hamilton 正则方程

$$\frac{\mathrm{d}U}{\mathrm{d}t} = \frac{\partial H}{\partial V} = (G + F)V, \quad \frac{\mathrm{d}V}{\mathrm{d}t} = -\frac{\partial H}{\partial U} = -(G + F)U, \tag{5.2.8}$$

$$G = -\frac{1}{h^2}\begin{pmatrix} -2 & 1 & 0 & & 0 & 0 & 1 \\ 1 & -2 & 1 & 0 & & 0 & 0 \\ 0 & 1 & -2 & & & & 0 \\ & 0 & & \ddots & & 0 & \\ 0 & & & & -2 & 1 & 0 \\ 0 & 0 & & 0 & 1 & -2 & 1 \\ 1 & 0 & 0 & & 0 & 1 & -2 \end{pmatrix},$$

$$F = -\begin{pmatrix} q(u_N^2 + v_N^2) & 0 & 0 & & O \\ 0 & q(u_{N-1}^2 + v_{N-1}^2) & 0 & & \\ 0 & 0 & \ddots & 0 & 0 \\ & O & & 0 & q(u_2^2 + v_2^2) & 0 \\ & & & 0 & 0 & q(u_1^2 + v_1^2) \end{pmatrix},$$

或

$$\frac{\mathrm{d}Z}{\mathrm{d}t} = J\frac{\partial H}{\partial Z} = BZ, \quad B = JA, \quad J = \begin{pmatrix} O & I \\ -I & O \end{pmatrix}, \quad A = \begin{pmatrix} G+F & O \\ O & G+F \end{pmatrix}.$$

注意, 与 5.1 节中不同, 矩阵 F 中的矩阵元 $f(u_j^2 + v_j^2)$ 换成了 $q(u_j^2 + v_j^2)$。

如果应用更高阶中心 (对称)差商逼近 2 阶偏导数, 则可提高辛离散的精度, 譬如, 应用 4 阶中心差商

$$\frac{\partial^2 u_j}{\partial x^2} = \frac{1}{12h^2}(-u_{j-2} + 16u_{j-1} - 30u_j + 16u_{j+1} - u_{j+2}),$$

$$\frac{\partial^2 v_j}{\partial x^2} = \frac{1}{12h^2}(-v_{j-2} + 16v_{j-1} - 30v_j + 16v_{j+1} - v_{j+2}), \tag{5.2.9}$$

辛离散的局部误差是 $O(h^4)$, 离散成的 N 维 Hamilton 正则方程 (5.2.8) 中的对称矩阵 F 与应用 2 阶中心差商时相同, 但对称矩阵 G 与应用 2 阶中心差商时不同,

$$G = -\frac{1}{12h^2}\begin{pmatrix}
-30 & 16 & -1 & 0 & \cdots & & & 0 & -1 & 16 \\
16 & -30 & 16 & -1 & 0 & \cdots & & & 0 & -1 \\
-1 & 16 & -30 & 16 & -1 & 0 & \cdots & & & 0 \\
0 & -1 & 16 & -30 & 16 & -1 & 0 & \cdots & & \vdots \\
\vdots & \vdots & \vdots & \vdots & \ddots & \vdots & \vdots & & & \vdots \\
\vdots & \vdots & 0 & -1 & 16 & -30 & 16 & -1 & 0 \\
0 & & \cdots & 0 & -1 & 16 & -30 & 16 & -1 \\
-1 & 0 & & \cdots & 0 & 1- & 16 & -30 & 16 \\
16 & -1 & 0 & & \cdots & 0 & -1 & 16 & -30
\end{pmatrix}。$$

又如应用 6 阶中心 (对称) 差商

$$\frac{\partial^2 u_j}{\partial x^2} = \frac{1}{180h^2}(2u_{j-3} - 27u_{j-2} + 270u_{j-1} - 490u_j + 270u_{j+1} - 27u_{j+2} + 2u_{j+3}),$$

$$\frac{\partial^2 v_j}{\partial x^2} = \frac{1}{180h^2}(2v_{j-3} - 27v_{j-2} + 270v_{j-1} - 490v_j + 270v_{j+1} - 27v_{j+2} + 2v_{j+3}),$$

辛离散的局部误差是 $O(h^6)$, 离散成的 N 维 Hamilton 正则方程 (5.2.8) 中的对称矩阵 F 与应用 2 阶对称差商时相同, 但对称矩阵 G 与应用 2 阶对称差商时不同,

$$G = -\frac{1}{180h^2}\begin{pmatrix}
-490 & 270 & -27 & 2 & \cdots & 0 & 2 & -27 & 270 \\
270 & -490 & 270 & -27 & 2 & \cdots & 0 & 2 & -27 \\
-27 & 270 & -490 & 270 & -27 & 2 & \cdots & 0 & 2 \\
2 & -27 & 270 & -490 & 270 & -27 & 2 & \cdots & 0 \\
\vdots & \ddots & \ddots & \ddots & \ddots & \ddots & \ddots & \ddots & \vdots \\
0 & \cdots & 2 & -27 & 270 & -490 & 270 & -27 & 2 \\
2 & 0 & \cdots & 2 & -27 & 270 & -490 & 270 & -27 \\
-27 & 2 & 0 & \cdots & 2 & -27 & 270 & -490 & 270 \\
270 & -27 & 2 & 0 & \cdots & 2 & -27 & 270 & -490
\end{pmatrix}。$$

下面应用 Euler 中点格式 (1.2.2) 数值求解 Hamilton 正则方程的初值问题 (5.2.8)(5.2.6), 对于不同的立方非线性参数 q 值, 研究守恒量的计算误差. 计算中, 选取 $\varepsilon = 0.1$, 选取 $\theta = 45.18°$ 稍稍大于 $45°$, 周期长度 $L = 2\pi$; 取 $N = 64$, 空间步长 $h = \dfrac{\pi}{32}$. 取时间步长 $\tau = 0.001$, 计算的时间从 $t = 0$ 到 $t = 10^6$, 总的计算步数为 10^9. 计算结果显示, 动力学性质的长时间演化与 $0 \leqslant t \leqslant 10^3$ 时间段内的情形基本一致, 所以下面只给出 $0 \leqslant t \leqslant 10^3$ 时间段内的结果和讨论. 选取 $q = 0.001$ 和 $q = 0.99$, 应用算得的数值波函数计算模方 (粒子数)I_1、动量 I_2 和能量 I_3 三个守恒量. 图 5.2.1 中绘制的是计算三个守恒量的误差 $\mathrm{Err}(I_1)$, $\mathrm{Err}(I_2)$, $\mathrm{Err}(I_3)$ 的时间演化. 图 5.2.1(a) 和 (a)′ 显示, 当 $q = 0.001$ 和 $q = 0.99$ 时模方的误差分别保持在 10^{-14} 和 10^{-13} 量级. 图 5.2.1(b) 和 (b)′ 显示, 当 $q = 0.001$ 和 $q = 0.99$ 时动量的误差分别保持在 10^{-15} 和 10^{-14} 量级. 图 5.2.1(c) 和 (c)′ 显示, 当 $q = 0.001$ 时能量的误差保持在 10^{-8} 量级, 并在 0 点附近做周期性振荡; 当 q 增大到 0.99 的时候, 存在一些误差很大的点离散分布在平衡位置的下方. 图 5.2.2 给出了当 $q = 0.99$ 时, "调整" 振幅 $A\left(\dfrac{L}{2}, t\right) = \left|\psi\left(\dfrac{L}{2}, t\right)\right| - 1$ 与能量误差 $\mathrm{Err}(I_3)$ 随时间演化的比较, 从中看出, 那些能量误差很大的点的离散分布与振幅随时间演化的周期是一致的, 都出现在振荡 (两端) 振幅极大值时. "调整振幅" $A\left(\dfrac{L}{2}, t\right)$ 将初始调制波 $|\psi(x, 0)|$ 在 1 附近振荡调整为在 0 附近振荡. 当采用更高阶对称差商作空间辛离散, 或采用更高阶辛格式 (如 4 阶辛 R-K 格式) 数值计算时, 结果显示出了同样的规律.

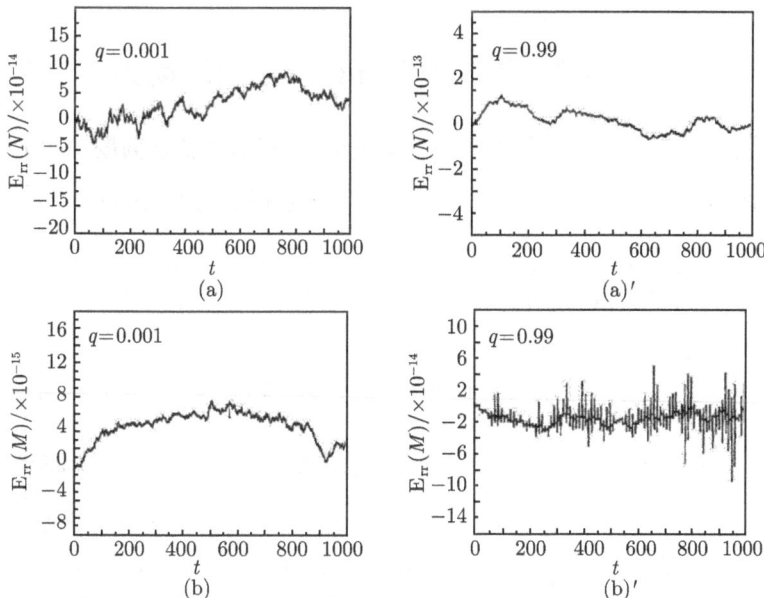

(a)

(a)′

(b)

(b)′

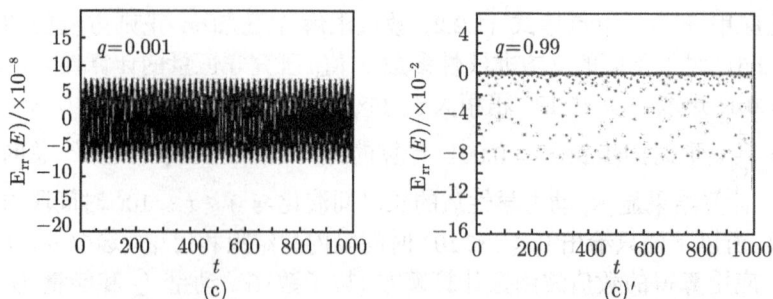

图 5.2.1   应用 2 阶对称差商辛离散和 Euler 中点格式数值计算的守恒量的误差 (a), (b) 和 (c), 取 $q = 0.001$, (a)', (b)' 和 (c)', 取 $q = 0.99$ (a) 和 (a)' 是模随时间演化的误差 Err(N); (b) 和 (b)' 是动量随时间演化的误差 Err(M); (c) 和 (c)' 是能量随时间演化的误差 Err(E)

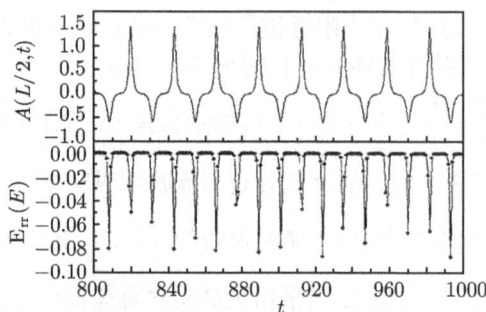

图 5.2.2 $q = 0.99$ 时振幅 $A(L/2, t)$ 与能量的误差 Err(E) 随时间演化的比较

5.3   一维立方非线性 Schrödinger 方程的动力学性质[19]

本节数值研究一维立方非线性 Schrödinger 方程周期初值问题 (5.2.1) ∼ 问题 (5.2.3) 描述的系统的动力学性质, 在点 $x = \dfrac{L}{2}$ 建立相空间 (A, A_t)[21]:

$$A = A\left(\frac{L}{2}, t\right) = \left|\psi\left(\frac{L}{2}, t\right)\right| - 1, \quad A_t = \frac{\partial}{\partial t}A\left(\frac{L}{2}, t\right) = \frac{\partial}{\partial t}\left|\psi\left(\frac{L}{2}, t\right)\right|, \quad (5.3.1)$$

这里取振幅 $A\left(\dfrac{L}{2}, t\right) = \left|\psi\left(\dfrac{L}{2}, t\right)\right| - 1$, 将初始调制波 $|\psi(x, 0)|$ 在 1 附近振荡调整为 $A\left(\dfrac{L}{2}, t\right)$ 在 0 附近振荡. 在这个周期初值问题中, 取 $\theta = 44.225°$, 周期长度 $L = 2\pi$; 应用 2 阶 Euler 中点格式 (1.2.2), 取空间步长 $h = L/64$, 时间步长 $\tau = 10^{-3}$, 计算时间从 0 到 10^6, 总的计算步数是 10^9. 图 5.3.1(a)(c)(e) 给出了不同非线性参数 q 下相空间 (A, A_t) 中的相轨道. 图 5.3.1 (a) 显示, 非线性参数 $q = 0.05$

时的相轨道是椭圆轨道, 且轨道很薄, 系统的运动是精确的周期循环运动, 相空间中的原点 $(A, A_t) = (0, 0)$ 是椭圆点。图 5.3.1 (c) 显示, 非线性参数增大到 $q = 0.5$ 时, 椭圆轨道变厚, 系统的运动变成准周期循环运动。当继续增大非线性参数数值到 $q = 0.8515$, 如图 5.3.1 (e) 所显示, 相空间中的单环轨道将沿着 $A_t(L/2, t)$ 轴 (即直线 $A(L/2, t) = 0$) 从上下向中间收缩而逐渐变成两个环 —— 同宿轨, 而相空间中的原点, $(A, A_t) = (0, 0)$, 变成鞍点, 运动仍为规则的。这些数值结果显示, 随着非线性参数 q 的增大, 系统的运动与相空间轨道呈现出如下的变化过程: 精确的周期循环运动 (相空间中的原点是椭圆点)→ 准周期循环运动 → 规则的同宿轨 (相空间中的原点变为鞍点)。

从立方非线性 Schrödinger 方程转化成的正则方程 (5.2.4) 中看到, 波函数的实部 $Re\psi$ 和虚部 $Im\psi$ 恰好组成正则方程 (5.2.4) 的正则坐标和共轭正则动量, 故而可以在点 $x = \dfrac{L}{2}$ 建立相空间 $\left(Re\psi\left(\dfrac{L}{2}, t\right), Im\psi\left(\dfrac{L}{2}, t\right)\right)$, 在这个相空间 $(Re\psi, Im\psi)$ 中讨论立方非线性 Schrödinger 方程周期初值问题的动力学行为。图 5.3.1 (b)、(d)、(f) 给出了不同非线性参数 q 下系统的运动在相空间 $(Re\psi, Im\psi)$ 中的相轨道。从图中可以看出, 当非线性参数 q 从小到大变化时, 与相空间 (A, A_t) 中的相轨道对比有很大的区别。图 5.3.1 (b) 显示, $q = 0.05$ 时的相轨道的内边沿类似于椭圆, 但外围有一些缠绕的线。图 5.3.1 (d) 显示, 当非线性参数增大到 $q = 0.5$ 时, 相轨道有两个椭圆形状的内外边沿, 两个椭圆边沿之间有一些轨道有规则地缠

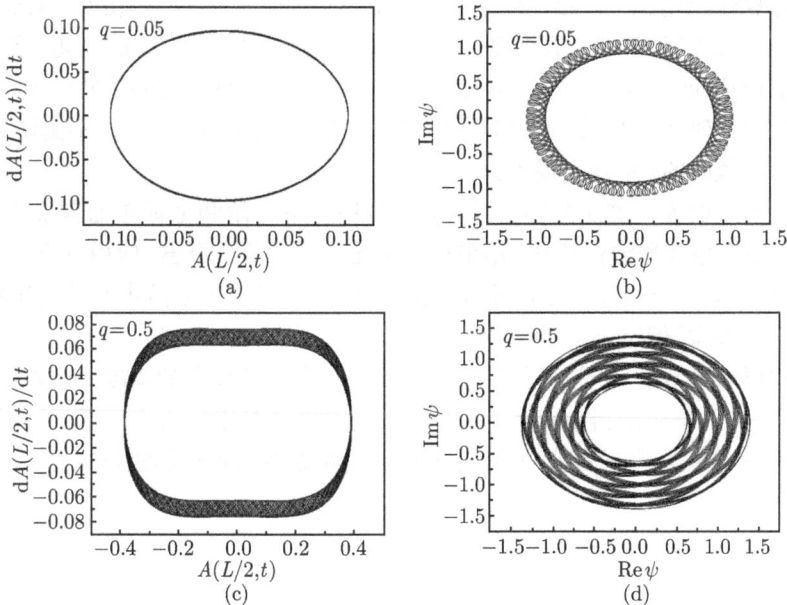

(a)

(b)

(c)

(d)

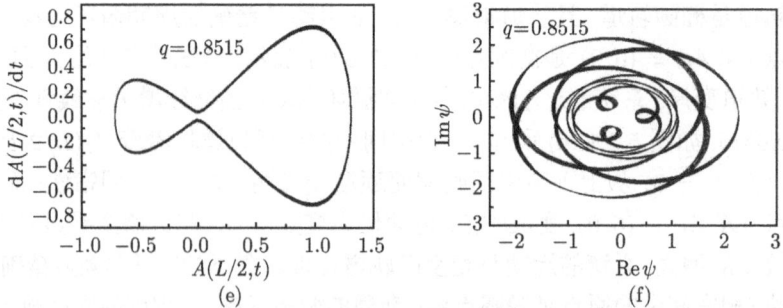

图 5.3.1　不同非线性参数 q 下的相轨道, 其中图 (a)、(c)、(e) 是相空间 (A, A_t) 中的相轨道,
图 (b)、(d)、(f) 是相空间 $(\text{Re}\psi, \text{Im}\psi)$ 中的相轨道

绕在一起。图 5.3.1 (f) 显示, 当非线性参数继续增大到 $q = 0.8515$ 时, 相轨道的 "近似椭圆性" 遭到进一步破坏, 已不能判定相轨道近似于什么形状。比较图 5.3.1 (a)、(c)、(e) 与 (b)、(d)、(f) 可见, 相空间 (A, A_t) 比相空间 $(\text{Re}\psi, \text{Im}\psi)$ 更适合于研究系统的运动。

　　下面考察空间辛离散的精度对计算结果的影响。数值计算显示出一些有趣的现象: 取 $\theta = 45.18°$, 应用 2 阶中心差商作空间辛离散和 Euler 中点格式做数值计算, 当非线性参数较小时, 如图 5.3.1 (a)、(c)、(e) 显示的那样, 随着非线性参数增大, 算得的相轨道是椭圆轨道 → 准椭圆轨道 → 同宿轨道, 运动是规则的周期运动。图 5.3.2 给出了非线性参数取 3 个较大值时分别应用 2 阶和 4 阶中心差商辛离散和 Euler 中点格式数值计算的结果, 非线性参数 q 分别取 0.9945(a), (a)′, 1.315(b), (b)′ 和 1.630(c), (c)′。从中可以看出动力学行为随着非线性参数增大的变化, 应用 2 阶中心差商作空间辛离散时 —— 规则的同宿轨交叉或不规则的同宿轨交叉, 准周期轨道或伪周期轨道, 混乱轨道; 应用 4 阶中心差商作空间辛离散时, 不出现 (2 阶中心差商辛离散时的) 不规则现象。

　　进一步选取 $\theta = 45.18°$ 和 $q = 1.684$, 分别应用 4 阶和 6 阶中心差商作辛离散和 Euler 中点格式做数值计算, 结果绘制成图 5.3.3, 从中看出, 应用 4 阶中心差商辛离散时, 相轨道已经变得很宽并且变得不规则了, 而应用 6 阶中心差商辛离散时, 轨道也变得很宽, 但基本上是规则的。

　　至此可清楚地看到, 计算结果敏感地依赖于空间辛离散的精度, 仅仅辛离散精度上的差别, 竟然可能得到截然不同的结果。这些计算结果给出启示, 立方非线性 Schrödinger 方程当空间变量 2 阶偏导数项发生微小扰动时解的稳定性 —— 值得深入研究。

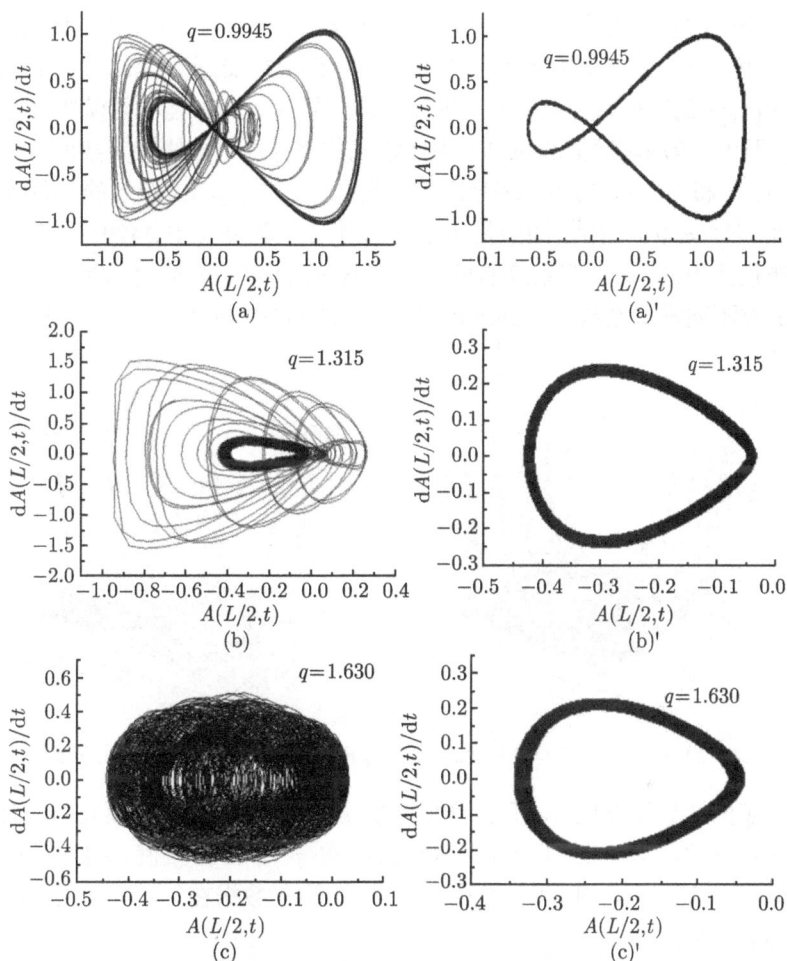

图 5.3.2 取 $\theta = 45.18°$, 分别应用 2 阶对称差商 (a) ~ (c) 和 4 阶对称差商 (a)′ ~ (c)′ 作空间辛离散计算得到的相空间 (A, A_t) 中的相轨道

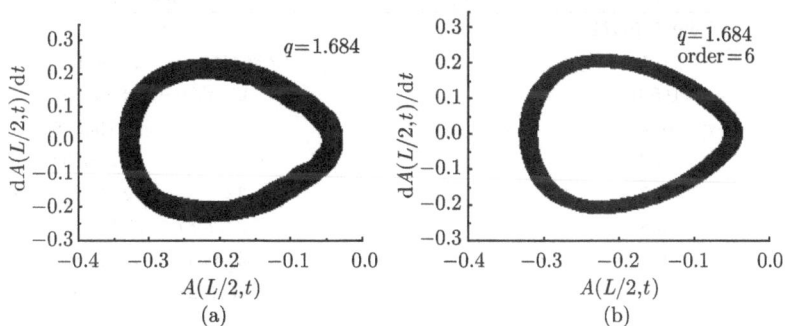

图 5.3.3 分别应用 4 阶对称差商 (a) 和 6 阶对称差商 (b) 作空间辛离散计算得到的相空间 (A, A_t) 中的相轨道

Moon[21] 数值计算和研究了一维立方非线性 Schrödinger 方程, 他指出, 取非线性参数值 $q = 1$, 当初始状态中的 θ 在 $0°$ 到 $45°$ 之间和 $45°$ 到 $90°$ 之间时, 波函数 $\psi(x, t)$ 的时间演化有不同的模式结构, 即 $\theta = 45°$ 是不同模式结构的分界值。魏佳羽[19] 应用辛离散和 Euler 中点格式数值计算了非线性参数值 $q = 1$ 以及 $\theta = 45.1428°$ 和 $\theta = 45.1429°$ 时所对应的模式结构。图 5.3.4 绘制的是系统的几率密度分布 $|E|^2 = |\psi(x, t)|^2$, 图中显示 $\theta = 45.1428°$ 和 $\theta = 45.1429°$ 时系统的几率密度分布模式不同, 这说明系统的模式结构不同。所以, 图 5.3.4 显示, 非线性参数值 $q = 1$ 时不同模式结构分界的准确 θ 值在 $45.1428°$ 与 $45.1429°$ 之间, 并不是精确的 $45°$

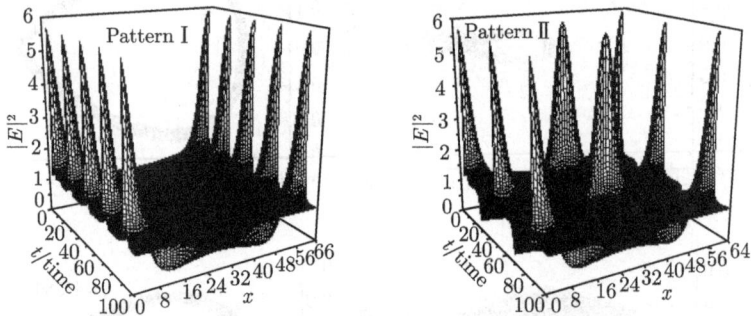

图 5.3.4　当 $q = 1$, (a) $\theta = 45.1428°$ 和 (b) $\theta = 45.1429°$ 时系统的几率密度分布

进一步的计算还发现, 对于非线性参数 q 的不同数值, 不同模式结构分界的 θ 值范围是不同的。表 5.3.1 中列出了非线性参数 q 的 14 个数值和对应的不同模式结构的分界 θ 值范围。图 5.3.5 是应用表 5.3.1 中的数据在 q-θ 平面上绘制的一条模式结构分界曲线。

表 5.3.1　非线性参数 q 值和对应的不同模式结构的分界 θ 值范围

q	θ 的临界值
0.4987546971	0
0.5	$2.86415680 \sim 2.86415690$
0.501	$3.84333060 \sim 3.84333070$
0.55	$17.7956640 \sim 17.7956650$
0.6	$24.2861530 \sim 24.2861531$
0.7	$32.4695 \sim 32.4696$
0.8	$37.9087 \sim 37.9088$
0.9	$41.9540 \sim 41.9541$
1.0	$45.1428 \sim 45.1429$
1.1	$47.7515 \sim 47.7516$

续表

q	θ 的临界值
1.2	$49.9420 \sim 49.942075$
1.3	$51.8180 \sim 51.81808$
1.4	$53.4498 \sim 53.4499$
1.5	$54.8871 \sim 54.88718$

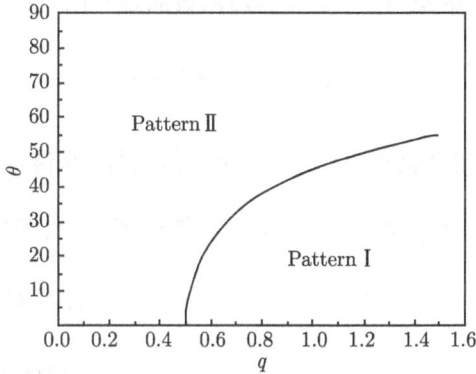

图 5.3.5 q-θ 平面上的不同模式结构分界曲线

5.4 Bose-Einstein 凝聚体干涉效应的数值研究[22]

随着激光冷却与原子囚禁等实验技术的快速发展, 经过 70 多年的不断尝试, 1995 年人们相继在实验室中实现了近理想碱金属原子铷 (^{87}Rb)、钠 (^{23}Na)、锂 (^{7}Li) 气体的 Bose-Einstein 凝聚 (BEC)[23−25]。美国麻省理工学院 (MIT) 的 Wolfgang Ketterle 和科罗拉多大学 JILA 研究所的 Carl Wieman, Eric Cornell 因实验上实现 BEC 而分享了 2001 年度诺贝尔物理学奖。BEC 的实现为物理学研究开启了一个崭新的领域, 不仅在基础研究方面具有重大意义, 而且有极为重要的应用前景, 譬如, 研制更高精度原子钟应用于太空航行的精确定位; 研制更高集成电路密度的电脑芯片, 提高电脑运算速度; 应用于量子信息的处理, 为量子计算机的研究提供另一种新途径, 等等。Bose-Einstein 凝聚体干涉效应包含了丰富的物理信息, 也引起了广泛关注和深入研究。实验研究凝聚体干涉的典型方法是先在势阱中形成一团原子云, 然后应用激光技术在势阱中间形成偶极力势垒, 排斥原子, 形成两团原子云, 经冷却形成两团独立的凝聚体, 之后撤去势垒, 凝聚体将自由膨胀, 两团凝聚体相遇、重叠后发生干涉、出现干涉条纹[26,27]。

鉴于低维 Bose-Einstein 凝聚在实验室中已经实现[28,29], 本节应用辛算法数值研究一维 Bose-Einstein 凝聚体的干涉情况, 讨论两个和三个凝聚体的干涉。

5.4.1　两个凝聚体的干涉

零温时简谐势阱中中性原子一维 Bose-Einstein 凝聚体的时间演化由一维含时 Gross-Pitaevskii(G-P) 方程[30]

$$\left[-\frac{\hbar^2}{2m}\frac{\partial^2}{\partial x^2}+\frac{1}{2}m\omega_t^2 x^2+U_0\left|\psi(x,t)\right|^2\right]\psi(x,t)=\mathrm{i}\hbar\frac{\partial\psi(x,t)}{\partial t} \tag{5.4.1}$$

描述, 若凝聚体的粒子数是 N, 则凝聚体波函数的归一化条件为

$$\int\left|\psi(x,t)\right|^2\mathrm{d}x=N,$$

其中, $U_0=\dfrac{4\pi\hbar^2 a_s}{m}$ 是原子间的低能相互作用, $\dfrac{1}{2}m\omega_t^2 x^2$ 是谐振子势, a_s 是原子 s 波的散射长度, m 是单原子质量, ω_t 是谐振子的振动频率。如果取 $a=\left(\dfrac{\hbar}{2m\omega_t}\right)^{\frac{1}{2}}$ 作为长度单位, 令 $\xi=\dfrac{x}{a}$, $\tau=\omega_t t$, $\varPhi(\xi,\tau)=\dfrac{\sqrt{a}}{\sqrt{N}}\psi(x,t)$, 含时 G-P 方程 (5.4.1) 可无量纲化为

$$\left[-\frac{\partial^2}{\partial\xi^2}+\frac{\xi^2}{4}+\alpha\left|\varPhi(\xi,\tau)\right|^2\right]\varPhi(\xi,\tau)=\mathrm{i}\frac{\partial\varPhi(\xi,\tau)}{\partial\tau}, \tag{5.4.2}$$

相应的归一化条件为

$$\int\left|\varPhi(\xi,\tau)\right|^2\mathrm{d}\xi=\frac{1}{N}\int\left|\psi(x,t)\right|^2\mathrm{d}x=1,$$

其中 $\dfrac{1}{4}\xi^2$ 是谐振子势, $\alpha=8\pi N a a_s$ 是非线性参数。

与一维含时 G-P 方程 (5.4.1) 相应的零温时简谐势阱中中性原子一维 Bose-Einstein 凝聚体的定态 G-P 方程

$$\left[-\frac{\hbar^2}{2m}\frac{\partial^2}{\partial x^2}+\frac{1}{2}m\omega_t^2 x^2+U_0\left|\psi(x)\right|^2\right]\psi(x)=E\psi(x), \tag{5.4.3}$$

可无量纲化成[31,32]

$$\left[-\frac{\mathrm{d}^2}{\mathrm{d}\xi^2}+\frac{\xi^2}{4}+\alpha\left|\varPhi(\xi)\right|^2\right]\varPhi(\xi)=\beta\varPhi(\xi), \tag{5.4.4}$$

其中 $\varPhi(\xi)=\dfrac{\sqrt{a}}{\sqrt{N}}\psi(x)$, $\beta=\dfrac{E}{\hbar\omega_t}$, E 是 Bose-Einstein 凝聚体束缚态的本征值 (能量), 其他参数如前。Bose-Einstein 凝聚体满足无穷空间零边值条件时, 归一化积分展布在 $(-\infty,+\infty)$ 上, 满足有界空间零边值条件或周期条件时展布在相应的有界空间上。

首先数值研究两个凝聚体的干涉现象。在 $\tau = 0$ 时刻撤掉谐振子 (陷俘) 势, 随着时间推移, 两个凝聚体各自独立演化, 整个体系的波函数 $\Phi(\xi, \tau)$ 由去掉谐振子势的 G-P 方程

$$\left[-\frac{\partial^2}{\partial \xi^2} + \alpha \left| \Phi(\xi, \tau) \right|^2 \right] \Phi(\xi, \tau) = \mathrm{i} \frac{\partial \Phi(\xi, \tau)}{\partial \tau} \tag{5.4.5}$$

的零边值初值问题描述[27,33], 有了 $\Phi(\xi, \tau)$ 即可研究两团凝聚体相遇、重叠后发生干涉, 观察出现的干涉条纹。

如何设置初态 (初值条件) 以描述两团独立的凝聚体? 模仿实验中形成两团凝聚体的方法, 先计算出谐振子势阱中一团关于 $\xi = 0$ 对称宽度 $2l$ 的凝聚体, 再构造对称分布在 $\xi = 0$ 两侧的两团独立的凝聚体。

(1) 计算谐振子势阱中一团关于 $\xi = 0$ 对称宽度 $2l$ 的凝聚体。这团凝聚体由含时 G-P 方程的零边值初值问题

$$\left[-\frac{\partial^2}{\partial \xi^2} + \frac{\xi^2}{4} + \alpha \left| \Phi(\xi, \tau) \right|^2 \right] \Phi(\xi, \tau) = \mathrm{i} \frac{\partial \Phi(\xi, \tau)}{\partial \tau} . \tag{5.4.6}$$

$$\Phi(-l, \tau) = 0, \quad \Phi(+l, \tau) = 0, \tag{5.4.7}$$

$$\Phi(\xi, 0) = \phi(\xi) \tag{5.4.8}$$

描述。下面采用文献[34]的思路数值解上述零边值初值问题求得这个凝聚体 $\Phi(\xi, \tau)$。取精度 $\varepsilon > 0$, 本节中取 $\varepsilon = 10^{-6}$; 取适当大的正整数 M 和 $\Delta \alpha = \dfrac{\alpha}{M}$, 记 $\alpha_m = m \Delta \alpha$, $m = 0, 1, 2, \cdots, M$; 取充分大正整数 J 和空间步长 $h = \dfrac{l}{J}$, $h_j = jh$, $j = 0, \pm 1, \pm 2, \cdots, \pm J$; 取时间步长 $\Delta \tau > 0$, $\tau_k = k \Delta \tau$, $k = 0, 1, 2, \cdots$。首先应用辛算法数值求解非线性参数值 $\alpha_0 = 0$ 的 G-P 方程的零边值初值问题

$$\left[-\frac{\partial^2}{\partial \xi^2} + \frac{\xi^2}{4} \right] \Phi(\xi, \tau) = \mathrm{i} \frac{\partial \Phi(\xi, \tau)}{\partial \tau}, \tag{5.4.6$_0$}$$

$$\Phi(-l, \tau) = 0, \quad \Phi(+l, \tau) = 0,$$

$$\Phi(\xi, 0) = \phi_0(\xi) = (2\pi)^{-\frac{1}{4}} \mathrm{e}^{-\frac{\xi^2}{4}}, \tag{5.4.8$_0$}$$

初值条件 $(5.4.8)_0$ 中的 $\phi_0(\xi) = (2\pi)^{-\frac{1}{4}} \mathrm{e}^{-\frac{\xi^2}{4}}$ 是谐振子方程本征值问题

$$\left[-\frac{\partial^2}{\partial \xi^2} + \frac{\xi^2}{4} \right] \Phi(\xi) = \beta \Phi(\xi),$$

$$\Phi(-\infty) = 0, \quad \Phi(+\infty) = 0$$

的基态, 相应的本征值 $\beta_0 = \dfrac{1}{2}$。像 5.1 节中那样, 将 G-P 方程 $(5.4.6)_0$ —— 线性方程和零边值条件 (5.4.7) 辛离散成 $2J - 1$ 维 Hamilton 正则方程, 之后再应用 Euler

中点格式数值计算一个时间步到 τ_1, 得到数值解 $\Phi(\xi_j, \tau_1)$, $j = 0, \pm1, \pm2, \cdots, \pm J$, 将它取作下一步计算的初态 $\phi_1(\xi_j) = \Phi(\xi_j, \tau_1)$。注意 G-P 方程的零边值初值问题 $(5.4.6)_0$ $(5.4.7)$ $(5.4.8)_0$ 中的方程和零边值初值条件关于 $\xi = 0$ 对称, 所以 $\Phi(\xi_j, \tau_1)$ 也是关于 $\xi = 0$ 对称的, $\Phi(-\xi_j, \tau_1) = \Phi(\xi_j, \tau_1)$。如上再应用辛算法数值求解非线性参数值 α_1 的 G-P 方程的零边值初值问题

$$\left[-\frac{\partial^2}{\partial \xi^2} + \frac{\xi^2}{4} + \alpha_1 \, |\Phi(\xi, \tau)|^2 \right] \Phi(\xi, \tau) = \mathrm{i} \frac{\partial \Phi(\xi, \tau)}{\partial \tau}, \tag{5.4.6$_1$}$$

$$\Phi(-l, \tau) = 0, \quad \Phi(+l, \tau) = 0, \tag{5.4.7}$$

$$\Phi(\xi_j, 0) = \phi_1(\xi_j), \quad j = 0, \pm1, \pm2, \cdots。 \tag{5.4.8$_1$}$$

因正则方程 $(5.4.6)_1$ 是非线性的, 数值求解采用惯用的线性化–迭代方法, 计算达到精度 ε 即停止迭代, 计算一个时间步到 τ_2, 得到数值解 $\Phi(\xi_j, \tau_2)$, $j = 0, \pm1, \pm2, \cdots$, $\pm J$, 它也是关于 $\xi = 0$ 对称的, $\Phi(-\xi_j, \tau_2) = \Phi(\xi_j, \tau_2)$。将它取作下一步计算的初态 $\phi_2(\xi_j) = \Phi(\xi_j, \tau_2)$。这样数值计算 M 个时间步到 τ_M, 得到数值解 $\Phi(\xi_j, \tau_M)$, $j = 0, \pm1, \pm2, \cdots, \pm J$, 它也是关于 $\xi = 0$ 对称的, $\Phi(-\xi_j, \tau_M) = \Phi(\xi_j, \tau_M)$, 将它取作计算谐振子势阱中一团关于 $\xi = 0$ 对称的 Bose-Einstein 凝聚体的初态 $\phi_M(\xi_j) = \Phi(\xi_j, \tau_M)$。最后应用辛算法数值求解非线性参数 $\alpha_M = \alpha$ 的 G-P 方程的零边值初值问题

$$\left[-\frac{\partial^2}{\partial \xi^2} + \frac{\xi^2}{4} + \alpha \, |\Phi(\xi, \tau)|^2 \right] \Phi(\xi, \tau) = \mathrm{i} \frac{\partial \Phi(\xi, \tau)}{\partial \tau},$$

$$\Phi(-l, \tau) = 0, \quad \Phi(+l, \tau) = 0,$$

$$\Phi(\xi_j, 0) = \phi_M(\xi_j), \quad j = 0, \pm1, \pm2, \cdots。 \tag{5.4.8$_M$}$$

计算重新从 $\tau = 0$ 算起, 计算到满足判据 $\underset{j}{\mathrm{Max}} |\Phi(\xi_j, \tau_K) - \Phi(\xi_j, \tau_{K+1})| < \varepsilon$ 时即停止计算, 得到数值解 $\Phi(\xi_j, \tau_K)$, $j = 0, \pm1, \pm2, \cdots, \pm J$, 它也是关于 $\xi = 0$ 对称的, $\Phi(-\xi_j, \tau_K) = \Phi(\xi_j, \tau_K)$。$\Phi(\xi_j, \tau_K)(j = 0, \pm1, \pm2, \cdots, \pm J)$ 描述谐振子势阱中一团关于 $\xi = 0$ 对称且宽度为 $2l$ 的 Bose-Einstein 凝聚体。

(2) 构造对称分布在 $\xi = 0$ 两侧的两团独立的凝聚体。设想 $\Phi(\xi, \tau)$ 是 G-P 方程的零边值初值问题 $(5.4.2)(5.4.7)(5.4.8)_M$ 的解析解, $\Phi(\xi_j, \tau_K)$ 是 $\Phi(\xi, \tau)$ 在节点 (ξ_j, τ_K) 上的数值, $j = 0, \pm1, \pm2, \cdots, \pm J$。取 $\xi_0 > l$, $\xi_0 - l = nh$, n 是一个正整数。令 $\Phi_{\mathrm{L}}(\xi) = \Phi(\xi + \xi_0, \tau_K)$, $\Phi_{\mathrm{R}}(\xi) = \Phi(\xi - \xi_0, \tau_K)\mathrm{e}^{\mathrm{i}\theta}$, 它们分别描述谐振子势阱中关于 $-\xi_0$ 对称和关于 $+\xi_0$ 对称且宽度为 $2l$ 的 Bose-Einstein 凝聚体, θ 是这两团凝聚体的相位差, 本节中取 $\theta = 0$, $\Phi_{\mathrm{R}}(\xi) = \Phi(\xi - \xi_0, \tau_K)$, $\Phi_{\mathrm{L}}(\xi)$ 与 $\Phi_{\mathrm{R}}(\xi)$ 描述两个独立

的互不接触的凝聚体. 取充分大有限空间 $[-X, +X]$, 令

$$\Phi_0(\xi) = \begin{cases} \Phi_{\mathrm{R}}(\xi), & \xi_0 - l \leqslant \xi \leqslant \xi_0 + l, \\ 0, & -X \leqslant \xi < -\xi_0 - l, \; -\xi_0 + l < \xi < \xi_0 - l, \; \xi_0 + l < \xi \leqslant +X, \\ \Phi_{\mathrm{L}}(\xi), & -\xi_0 - l \leqslant \xi \leqslant -\xi_0 + l, \end{cases}$$

则 $\Phi_0(\xi)$ 描述对称分布在 $\xi = 0$ 两侧的两团独立的凝聚体, 它就可取作去掉谐振子势的 G-P 方程有限空间零边值初值问题

$$\left[-\frac{\partial^2}{\partial \xi^2} + \alpha \left| \Phi(\xi, \tau) \right|^2 \right] \Phi(\xi, \tau) = \mathrm{i} \frac{\partial \Phi(\xi, \tau)}{\partial \tau} \quad (-X < \xi < +X, \tau > 0), \quad (5.4.5)$$

$$\Phi(-X, \tau) = 0, \quad \Phi(+X, \tau) = 0 \quad (\tau > 0), \tag{5.4.9}$$

$$\Phi(\xi, 0) = \Phi_0(\xi) \quad (-X < \xi < +X) \tag{5.4.10}$$

的初态. 应用辛算法数值求解上面这个 G-P 方程的零边值初值问题 —— 先将有限空间零边值初值问题转化成 Hamilton 正则方程的零边值初值问题, 而后应用中心差商辛离散成有限维 Hamilton 正则方程的初值问题, 再应用辛格式譬如 Euler 中点格式数值求解, 得到波函数和粒子数几率密度在节点上的数值 $\Phi(\xi_j, \tau_k)$ 和 $\rho(\xi_j, \tau_k) = \left| \Phi(\xi_j, \tau_k) \right|^2$, $j = 0, \pm 1, \pm 2, \cdots$, $k = 0, 1, 2, \cdots$, 即可数值研究两团凝聚体的时间演化与接触、重叠和干涉. 计算中, 取单原子质量 $m = 2.2 \times 10^{-25} \mathrm{kg}$, 谐振子势的振荡周期 $\omega_t = 2\pi \times 10 \mathrm{Hz}$, $N = 10^3$, 已知 Planck 常量 $\hbar = \frac{h}{2\pi} = 1.054 \times 10^{-27} \mathrm{erg \cdot s}$ ($1 \mathrm{erg} = 10^{-7} \mathrm{J}$), 即可算得无量纲化参数 $a = \sqrt{\frac{\hbar}{2m\omega_t}} = 1.95 \times 10^{-4} \mathrm{cm} (=1.95 \mu \mathrm{m})$, $\alpha = 8\pi$; 再取 $\xi_0 = 20a$, 半宽度 $l = 5a$, $X = 400a$, (图中仅画到 $X = 100a$,) 两个凝聚体的中心分别位于 $-\xi_0 = -20a$ 和 $+\xi_0 = 20a$, 计算到 6~8 个谐振子势的振荡周期 ω_t. 图 5.4.1 给出了不同演化时刻凝聚体粒子数几率密度的空间分布, 从中可以看出两个凝聚体迅速膨胀扩张, 沿 ξ 轴传播, 重叠后产生干涉条纹, 干涉条纹的间距随着时间的演化变宽, 结果与文献 [27] 一致. 图 5.4.2 给出了凝聚体时间演化中粒子数几率密度的等高线图, 可以看到等高线的分布关于直线 $\xi = 0$ 对称. 图 5.4.3 给出了 $\xi = 0$ 处凝聚体的粒子数几率密度随时间的演化图, 从中看出, 两个凝聚体在 $\tau = 3$ 时刻开始重叠; $\xi = 0$ 处的粒子数几率密度由于两个凝聚体的重叠干涉逐渐增加, 之后缓慢降低, 整个演化曲线比较平滑规整. 这些结果与文献 [27] 略有不同, 文献 [27] 中 $\xi = 0$ 处的几率密度演化曲线有少许振荡, 那可能是因为所用数值方法的差异造成的. 这里的计算中, 由于撤掉了谐振子势, 两个凝聚体是自由演化的, 所以特别注意选取足够大的边界 $\pm X$ 并取零边界条件, 以避免在计算过程中因为边界太小而在边界处产生反射影响计算结果.

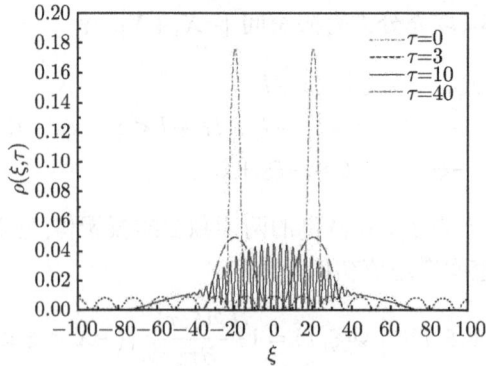

图 5.4.1　两个凝聚体干涉时不同时刻的粒子数几率密度, $\alpha = 8\pi$

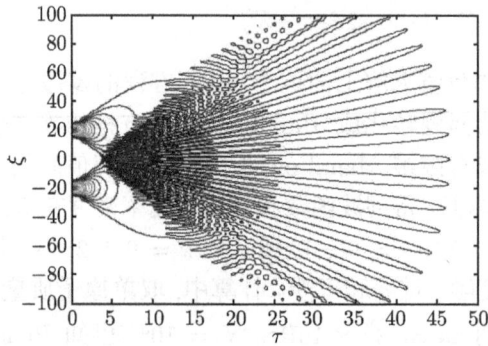

图 5.4.2　两个凝聚体干涉时粒子数几率密度的等高线图

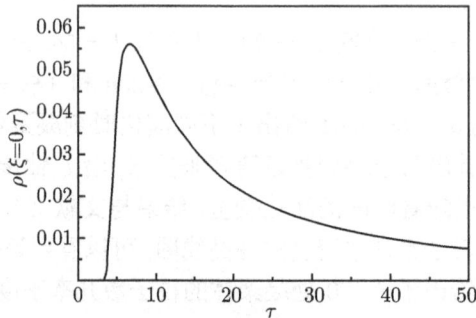

图 5.4.3　两个凝聚体干涉时 $\xi = 0$ 处粒子数几率密度随时间的演化

5.4.2　三个凝聚体间的干涉

5.4.1 节中, 首先算得 $\Phi(\xi_j, \tau_K)(j = 0, \pm1, \pm2, \cdots, \pm J)$, 它描述谐振子势阱中一个关于 $\xi = 0$ 对称且宽度为 $2l$ 的 Bose-Einstein 凝聚体, 而后应用它构造谐振子势阱中对称分布在 $\xi = 0$ 两侧且宽度为 $2l$ 的两个独立的 Bose-Einstein 凝聚体,

取之为初态建立撤除谐振子势的 G-P 方程的零边值初值问题, 应用辛算法数值求解计算两个凝聚体粒子数几率密度的时间演化, 数值研究两个凝聚体的接触、重叠和干涉。本节沿着同样的思路研究三个凝聚体的接触、重叠、干涉。如像 5.4.1 节中, 设想 $\Phi(\xi, \tau)$ 是 G-P 方程的零边值初值问题 (5.4.2) (5.4.7) (5.4.8)$_M$ 的解析解, $\Phi(\xi_j, \tau_K)$ 是 $\Phi(\xi, \tau)$ 在节点 (ξ_j, τ_K) 上的数值, $j = 0, \pm 1, \pm 2, \cdots, \pm J$。首先构造关于 $\xi = 0$ 对称分布的三团独立的凝聚体。取 $\xi_0 = 40a > 2l$, 令 $\Phi_M(\xi) = \Phi(\xi, \tau_K)$, $\Phi_L(\xi) = \Phi(\xi + \xi_0, \tau_K)\mathrm{e}^{\mathrm{i}\theta_1}$ $\Phi_R(\xi) = \Phi(\xi - \xi_0, \tau_K)\mathrm{e}^{\mathrm{i}\theta_2}$, 它们分别描述谐振子势阱中关于 0 对称, 关于 $-\xi_0$ 对称和关于 $+\xi_0$ 对称且宽度为 $2l$ 的三个 Bose-Einstein 凝聚体, θ_1 和 θ_2 分别是左侧与中间和右侧与中间凝聚体的相位差, 本节中取 $\theta_1 = 0$, $\theta_2 = 0$, $\Phi_L(\xi) = \Phi(\xi + \xi_0, \tau_K)$ 与 $\Phi_R(\xi) = \Phi(\xi - \xi_0, \tau_K)$ 关于 $\xi = 0$ 对称分布, $\Phi_M(\xi)$, $\Phi_L(\xi)$ 与 $\Phi_R(\xi)$ 描述三个独立的互不接触的凝聚体。取充分大有限空间 $[-X, +X]$, 令

$$\Phi_0(\xi) = \begin{cases} \Phi_M(\xi), & -l < \xi < +l, \\ \Phi_R(\xi), & \xi_0 - l \leqslant \xi \leqslant \xi_0 + l, \\ \Phi_L(\xi), & -\xi_0 - l \leqslant \xi \leqslant -\xi_0 + l, \\ 0, & -X \leqslant \xi < -\xi_0 - l, \ -\xi_0 + l < \xi < -l, +l < \xi < \xi_0 - l, \ \xi_0 + l < \xi \leqslant +X, \end{cases}$$

则 $\Phi_0(\xi)$ 描述对称分布在 $\xi = 0$ 两侧的三团独立的凝聚体, 取之为初态构造去掉谐振子势的 G-P 方程有限空间零边值初值问题

$$\left[-\frac{\partial^2}{\partial \xi^2} + \alpha |\Phi(\xi, \tau)|^2 \right] \Phi(\xi, \tau) = \mathrm{i} \frac{\partial \Phi(\xi, \tau)}{\partial \tau} \quad (-X < \xi < +X, \tau > 0). \tag{5.4.5}$$

$$\Phi(-X, \tau) = 0, \quad \Phi(+X, \tau) = 0 \quad (\tau > 0) \tag{5.4.11}$$

$$\Phi(\xi, 0) = \Phi_0(\xi) \quad (-X < \xi < +X)。 \tag{5.4.12}$$

应用辛算法数值求解上面这个 G-P 方程的零边值初值问题, 得到波函数和粒子数几率密度在节点上的数值 $\Phi(\xi_j, \tau_k)$ 和 $\rho(\xi_j, \tau_k) = |\Phi(\xi_j, \tau_k)|^2$, $j = 0, \pm 1, \pm 2, \cdots$, $k = 0, 1, 2, \cdots$, 即可数值研究三团凝聚体的时间演化与接触、重叠和干涉。计算中除了取 $\xi_0 = 40a$, 其他参数的取值和计算停止时间同 5.4.1 节。计算结果显示, 三个凝聚体间的干涉包含更丰富的信息。

图 5.4.4 给出了三个凝聚体干涉时粒子数几率密度的等高线图。从中可以粗略看出, 在 $\tau = 3$ 时刻, 左右两个凝聚体分别与中间的凝聚体开始接触, 之后逐渐重叠出现干涉, 形成两组干涉条纹; 之后在 $\tau = 7$ 时刻, 左侧与右侧两个凝聚体开始接触并逐渐重叠, 原有的两组干涉条纹进一步干涉。因为撤除谐振子势的初始时刻三个凝聚体关于 $\xi = 0$ 是对称分布的且有相同的粒子数分布, 所以三个凝聚体的干涉过程和干涉条纹依然关于 $\xi = 0$ 对称。

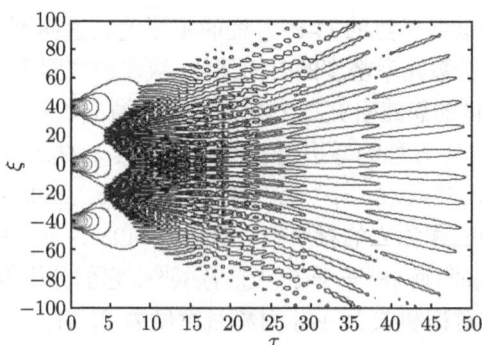

图 5.4.4   三个凝聚体干涉时粒子数几率密度的等高线图

图 5.4.5 给出了三个凝聚体干涉时 $\xi = 0$ 处粒子数几率密度的时间演化图。从中看出, 在 $\tau = 7$ 时刻开始几率密度出现振荡, 并且振荡由密集逐渐稀疏。

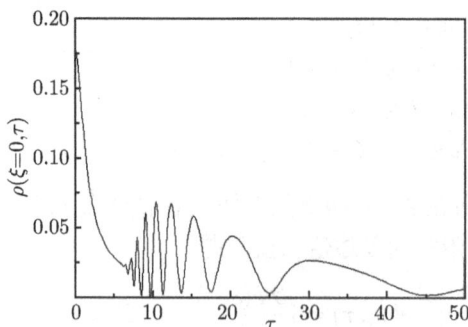

图 5.4.5   三个凝聚体干涉时 $\xi = 0$ 处粒子数几率密度随时间的演化

5.4.1 节中数值研究两个凝聚体干涉时曾经看到, $\xi = 0$ 处粒子数几率密度的时间演化曲线是平滑的。图 5.4.5 显示, 当三个凝聚体干涉时, $\xi = 0$ 处粒子数几率密度的时间演化却出现了振荡现象, 这是由于数值计算引起的, 还是第三个凝聚体参与干涉导致的呢? 图 5.4.6 给出了不同时刻三个凝聚体干涉的粒子数几率密度分布图, 还给出了三个凝聚体各自独立演化的粒子数几率密度分布, 它们是分别数值求解以 $\Phi_M(\xi)$, $\Phi_L(\xi)$ 与 $\Phi_R(\xi)$ 为初态的 G-P 方程有限空间零边值初值问题 (5.4.5) (5.4.11) (5.4.12) 算得的。图 5.4.6(a) 显示在 $\tau = 3$ 之前, 三个凝聚体各自独立演化, 没有发生重叠, 所以未出现干涉现象。图 5.4.6(b) 显示从 $\tau = 3$ 到 $\tau = 7$ 这段时间, 左侧与中间凝聚体发生重叠, 右侧与中间凝聚体也发生重叠, 出现两组干涉条纹, 每组干涉条纹的形状与图 5.4.1 中的类似, 都是两个凝聚体间干涉产生的; 由图中三个凝聚体独立演化情况可见, 此时左侧与右侧两个凝聚体尚未发生重叠, 这可以称为三个凝聚体干涉的第一阶段。图 5.4.6(c) 和 (d) 显示, 当三个凝聚体间发生重叠 (即左侧与右侧两个凝聚体发生重叠) 后, 两组干涉条纹进一步干涉, 形成新的干涉条纹, $\xi = 0$ 处的粒子数几率密度出现振荡 —— 主要是第三个凝聚体的加入使得非线性作用增强的结果, 这可称为三个凝聚体干涉的第二阶段. 可以预见, 当三个凝聚体间的重叠区域越来越大时, $\xi = 0$ 处的粒子数几率密度可能出现更多的振荡; 但是由于撤除了谐振子势的 "约束", 凝聚体将逐渐向外扩散, 振荡振幅逐渐减小, 一段时间后振荡将逐渐消退.

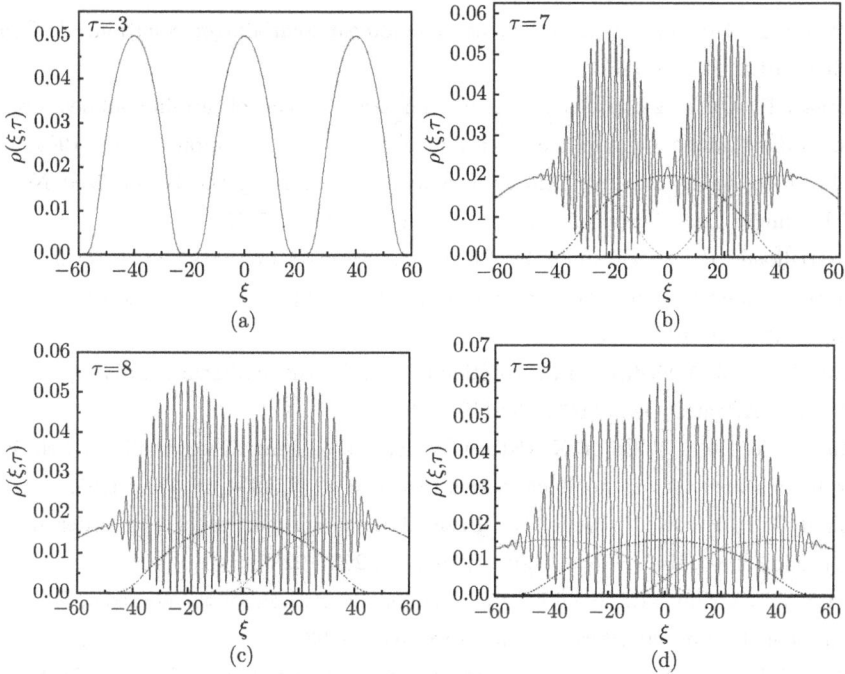

图 5.4.6 三个凝聚体干涉时不同时刻的粒子数几率密度分布图, $\alpha = 8\pi$

附: 一维 G-P 方程 (5.4.1) 的无量纲化.

将 $\xi = \dfrac{x}{a}$, $\tau = \omega_t t$, $\Phi(\xi, \tau) = \dfrac{\sqrt{a}}{\sqrt{N}} \psi(x, t)$ 代入 G-P 方程 (5.4.1) 中, 得到

$$\left[-\frac{\hbar^2}{2ma^2} \frac{\partial^2}{\partial \xi^2} + \frac{m\omega_t^2 a^2}{2} \xi^2 + \frac{4\pi N \hbar^2 a_s}{ma} |\Phi(\xi, \tau)|^2 \right] \Phi(\xi, \tau) = \mathrm{i}\hbar\omega_t \frac{\partial \Phi(\xi, \tau)}{\partial \tau},$$

两端除以 $\hbar\omega_t$, 便得

$$\left[-\frac{\hbar}{2m\omega_t a^2} \frac{\partial^2}{\partial \xi^2} + \frac{m\omega_t a^2}{2\hbar} \xi^2 + \frac{4\pi N \hbar a_s}{m\omega_t a} |\Phi(\xi, \tau)|^2 \right] \Phi(\xi, \tau) = \mathrm{i}\frac{\partial \Phi(\xi, \tau)}{\partial \tau},$$

取 $a^2 = \dfrac{\hbar}{2m\omega_t}$, 上式成为

$$\left[-\frac{\partial^2}{\partial \xi^2} + \frac{\xi^2}{4} + 8\pi N a a_s |\Phi(\xi, \tau)|^2 \right] \Phi(\xi, \tau) = \mathrm{i}\frac{\partial \Phi(\xi, \tau)}{\partial \tau},$$

记非线性参数 $\alpha = 8\pi Naa_s$，G-P 方程 (5.4.1) 无量纲化成

$$\left[-\frac{\partial^2}{\partial \xi^2} + \frac{\xi^2}{4} + \alpha \left| \Phi(\xi, \tau) \right|^2 \right] \Phi(\xi, \tau) = \mathrm{i} \frac{\partial \Phi(\xi, \tau)}{\partial \tau}.$$

参 考 文 献

[1] Pathria D. Pseudo-spectral solutions of nonlinear Schrödinger equation. J. Comput. Phys., 1990, 87:108–125.

[2] Taha T R, Ablowitz M J. Analytical and numerical aspects of certain nonlinear evolution equations II numerical, nonlinear Schrödinger equation. J. Comput. Phys., 1984, 55:203.

[3] Chang Q, Jia E, Sun W. Difference Schemes for Solving the Generalized Nonlinear Schrödinger Equation. J. Comput. Phys., 1999, 148: 397–415.

[4] Castiglioney P, Jona-Lasinioz G, Presilla C. Spectral properties of quantum N-body systems versus chaotic properties of their mean-field approximations. J. Phys. A: Math. Gen., 1996, 29: 6169–6182.

[5] Tan Y, Mao J M. Drifting of the solution pattern for the nonlinear Schrödinger equation. J. Phys. A:Math. Gen., 2000, 33:9119–9130.

[6] Zhou C T, He X T, Cai T X. Pattern structures on generalized nonlinear Schrödinger equations with various nonlinear terms. Phys. Rev. E, 1994, 50:4136–4155.

[7] Zhou C T, He X T, Chen S G. Basic dynamic properties of high-order nonlinear Schrödinger equation. Phys. Rev. A, 1992, 46:2277–2285.

[8] Tang Y F, Vázquez L, Zhang F, et al. Symplectic method for the nonlinear Schrodinger equation. Computers Phys. Applic., 1996, 32: 73–83.

[9] Hong J, Kong L. Novel multisymplectic integrators for nonlinear fourth-order Schrödinger equation with trapped term. Commun. Comput. Phys., 2010, 7 : 613–630.

[10] Huang M Y, Qu R, Gong C C. A Structure-preserving discretization of nonlinear Schrödinger equation. J. Comput. Math., 1999, 17(5): 553–560.

[11] Liu X S, Ding P Z. Dynamic properties of cubic nonlinear Schrödinger equation with varying nonlinear parameters. J. Phys. A, 2004, 37:1589–1602.

[12] Liu X S, Wei J Y, Ding P Z. Dynamic properties of the cubic nonlinear Schrödinger equation by symplectic method. Chinese Physics, 2005, 14: 231–237.

[13] Pethick C J, Smith H. Bose-Einstein Condensation in Dilute Gases. Press Syndicate of the University of Cambridge, 2002: 111–114; 146–149.

[14] Kelley P L. Self-focusing of optical beams. Phys. Rev. Lett., 1965, 15: 1005–1008.

[15] He X T. Non-linear effect on the large amplitude waves interaction with particles of low frequency oscillation in plasma. Acta Physica Sinica (in Chinese), 1982, 31: 1317–1336// 贺贤土. 等离子体中大幅波与低频振荡粒子非线性相互作用效应. 物理学报, 1982, 31:1317–1336.

[16] Kartashov Y V, Malomed B A, Torner L. Solitons in nonlinear lattices. Review of Modern Physics, 2011, 83: 247–305.

[17] Ablowitz M J, Clarkson P A. Solitons, Nonlinear Evolution Equations and Inverse Scattering. Cambridge: Cambridge University Press, 1991.

[18] Sanz-Serna J M, Calvo M P. Numerical Hamiltonian Problem. London: Chapman and Hall, 1994.

[19] 魏佳羽. 非线性 Schrödinger 方程的保结构算法与动力学性质研究. 吉林大学硕士学位论文, 2006.

[20] 罗香怡. 非线性 Schrödinger 方程动力学性质及玻色-爱因斯坦凝聚理论研究. 吉林大学硕士学位论文, 2007.

[21] Moon H T. Homoclinic crossing and pattern selection. Phys. Rev. Lett, 1990, 64:412–414.

[22] 花巍. 玻色 - 爱因斯坦凝聚动力学性质的数值研究. 吉林大学博士学位论文, 2011.

[23] Anderson M H, Enscher J R, Methews M R, et al. Observation of Bose-Einstein condensation in a dilute atomic vapor. Science, 1995, 269: 198–201.

[24] Davis K B, Mewes M O, Anderson M R, et al. Bose-Einstein condensation in a gas of sodium atoms. Phys, Rev. Lett., 1995, 75: 3969–3974.

[25] Bradley C C, Sacket C A, Tollent J J, et al. Evidence of Bose-Einstein condensation in an atomic gas with attractive interactions. Phys. Rev. Lett., 1995, 75: 1687–1691.

[26] Röhrl A, Naraschewski M, Schenzle A, et al. Transition from phase locking to the interference of independent Bose Condensates: Theory versus Experiment. Phys. Rev. Lett., 1997, 78:4143.

[27] Hoston W, You L. Interference of two condensates. Phys. Rev. A, 1996, 53: 4254–4256.

[28] Görlitz A, Vogels J M, Leanhardt A E, et al. Realization of Bose-Einstein condensates in lower dimensions. Phys. Rev. Lett., 2001, 87:130402.

[29] Dettmer S, Hellweg D, Ryytty P, et al. Observation of phase fluctuations in elongated Bose-Einstein condensates. Phys. Rev. Lett., 2001, 87:160406.

[30] Pethick C J, Smith H. Bose-Einstein Condensation in Dilute Gases. Cambridge: Press Syndicate of the University of Cambridge, 2002: 111–114.

[31] Bao W, Jaksch D, Markowich P A. Numerical solution of the Gross-Pitaevskii equation for Bose–Einstein condensation. Journal of Computational Physics, 2003, 187 : 318–342.

[32] Lee C, Hai W, Luo X, et al. Quasispin model for macroscopic quantum tunneling between two coupled Bose-Einstein condensates. Phys. Rev. A, 2003, 68:053614.

[33] Zhang S, Wang F. Interference effect of three Bose-Einstein condensates. Modern Physics Letters B, 2002, 16 :519.

[34] Ruprecht P A, Holland M J, Burnett K, et al. Time-dependent solution of the nonlinear Schrödinger equation for Bose-condensed trapped neutral atoms. Phys. Rev. A, 1995, 51:4704–4711.

第 6 章 数值求解含时 Schrödinger 方程的对称分裂算符-快速 Fourier 变换方法

如前所述, 理论研究强激光与原子分子相互作用, 由于激光强度已接近甚至超过原子 Coulomb 势, 惯用的微扰法不适用了, 人们发展了 Floquet 方法[1]、对称分裂算符法[2,3]、直接数值求解含时 Schrödinger 方程方法[4,5] 等非微扰方法。量子系统的时间演化, 譬如强激光与原子分子相互作用, 由含时 Schrödinger 方程描述, 含时 Schrödinger 方程的解的时间演化具有酉群对称性, 保持酉积守恒。本章将说明二阶对称分裂算符-Fourier 变换方法保持酉积守恒, 是数值求解含时 Schrödinger 方程的 "保结构" 方法, 这种方法将数值微分运算转化成数值积分运算, 提高了计算精度, 所以二阶对称分裂算符-Fourier 变换方法是理论研究量子系统时间演化的好方法。本章 6.1 节介绍二阶对称分裂算符-Fourier 变换方法, 说明对称分裂算符-Fourier 变换方法保持酉积守恒, 是保 "酉结构" 的理论方法; 6.2 节介绍离散 Fourier 变换和快速 Fourier 变换 —— 离散 Fourier 变换的快速算法; 6.3 节应用二阶对称分裂算符-快速 Fourier 变换方法计算和数值研究了双色激光场中一维氢原子的高次谐波。

6.1 对称分裂算符-Fourier 变换法[2,3]

6.1.1 二阶对称分裂算符法

考虑含时 Schrödinger 方程 (在原子单位下)

$$i\frac{\partial}{\partial t}\psi(\vec{r},t) = H(t)\psi(\vec{r},t), \tag{6.1.1}$$

其中 Hamilton 算符 $H(t) = \dfrac{\vec{p}^2}{2} + V(\vec{r},t)$, $\vec{p} = -i\nabla$ 为动量算符, $T = \dfrac{\vec{p}^2}{2} = -\dfrac{1}{2}\nabla^2 = -\dfrac{1}{2}\Delta$ 为动能算符, $V(\vec{r},t)$ 为势能算符, $\vec{r} = (r_1,\cdots,r_n)^{\mathrm{T}}$ 和 $\vec{p} = (p_1,\cdots,p_n)^{\mathrm{T}}$ 是 n 维空间中的向量。于是含时 Schrödinger 方程可写成

$$i\frac{\partial}{\partial t}\psi(\vec{r},t) = \left(\frac{\vec{p}^2}{2} + V(\vec{r},t)\right)\psi(\vec{r},t),$$

或

$$i\frac{\partial}{\partial t}\psi(\vec{r},t) = \left(-\frac{1}{2}\Delta + V(\vec{r},t)\right)\psi(\vec{r},t)。$$

含时 Schrödinger 方程 (6.1.1) 的解由时间演化算符 $e^{-i\int_{t_0}^{t}H(t)dt}$ 生成

$$\psi(\vec{r},t) = e^{-i\int_{t_0}^{t}H(t)dt}\psi(\vec{r},t_0)。 \tag{6.1.2}$$

时间演化算符 $e^{-i\int_{t_0}^{t}H(t)dt}$ 是酉算符, 它只与始末时刻 t_0 和 t 有关, 而与初始状态无关。事实上, 若 $\varphi(\vec{r},t)$ 是含时 Schrödinger 方程 (6.1.1) 的另一个解, 则 $\varphi(\vec{r},t) = e^{-i\int_{t_0}^{t}H(t)dt}\varphi(\vec{r},t_0)$。从而有

$$\begin{aligned}
(\psi(\vec{r},t),\varphi(\vec{r},t)) &= \int_{-\infty}^{\infty}\psi^{*}(\vec{r},t)\varphi(\vec{r},t)\mathrm{d}\vec{r}\\
&= \int_{-\infty}^{\infty}e^{i\int_{t_0}^{t}H(t)dt}\psi^{*}(\vec{r},t_0)e^{-i\int_{t_0}^{t}H(t)dt}\varphi(\vec{r},t_0)\mathrm{d}\vec{r}\\
&= \int_{-\infty}^{\infty}\psi^{*}(\vec{r},t_0)\varphi(\vec{r},t_0)\mathrm{d}\vec{r} = (\psi(\vec{r},t_0),\varphi(\vec{r},t_0))。
\end{aligned}$$

这里及下面对 $\vec{r}$ 和对 $\vec{p}$ 的积分是展布在 n 维空间上的 n 重积分。所以, 量子系统的时间演化是酉变换的演化, 具有酉群对称性, 保持酉积守恒, 称为具有酉结构; 保持酉结构的方法是理论研究量子系统时间演化的合理的方法。

设时间步长 $\Delta t > 0$, 于是

$$\psi(\vec{r},t+\Delta t) = e^{-i\int_{t}^{t+\Delta t}H(t)dt}\psi(\vec{r},t) = e^{-i\int_{t}^{t+\Delta t}\left\{\frac{\vec{p}^2}{2}+V(\vec{r},t)\right\}dt}\psi(\vec{r},t)。 \tag{6.1.3}$$

容易验证,

$$\begin{aligned}
\psi(\vec{r},t+\Delta t) &= e^{-i\int_{t}^{t+\Delta t}H(t)dt}\psi(\vec{r},t) = e^{-i\left\{\int_{t}^{t+\Delta t}\frac{\vec{p}^2}{2}dt+\int_{t}^{t+\Delta t}V(\vec{r},t)dt\right\}}\psi(\vec{r},t)\\
&= e^{-\frac{i}{2}\int_{t}^{t+\Delta t}V(\vec{r},t)dt}e^{-i\int_{t}^{t+\Delta t}\frac{\vec{p}^2}{2}dt}e^{-\frac{i}{2}\int_{t}^{t+\Delta t}V(\vec{r},t)dt}\psi(\vec{r},t)+O(\Delta t^3),
\end{aligned} \tag{6.1.4}$$

这说明, 用三个酉算符 $e^{-\frac{i}{2}\int_{t}^{t+\Delta t}V(\vec{r},t)dt}$, $e^{-i\int_{t}^{t+\Delta t}\frac{\vec{p}^2}{2}dt}$, $e^{-\frac{i}{2}\int_{t}^{t+\Delta t}V(\vec{r},t)dt}$ 相继进行代替一个酉算符 $e^{-i\int_{t}^{t+\Delta t}H(t)dt}$ 来计算含时 Schrödinger 方程 (6.1.1) 的解, 它的局部精度是 2 阶的 (局部误差是 3 阶的, $O(\Delta t^3)$)。将一个时间演化算符分解成关于中间算符对称的若干个算符相继进行, 这样的方法称为对称分裂算符方法[2,3] (symmetry split operator, SSO)。显然, 对称分裂算符方法保持波函数时间演化的酉群变换性, 是保持酉结构的理论方法[6]。上面的方法 (6.1.4), 时间演化算符分解成关于中间算符对称的三个算符相继进行, 局部精度是二阶的, 称为二阶对称分裂算符方法[2,3]。

6.1.2　二阶对称分裂算符-Fourier 变换方法

将二阶对称分裂算符法应用于理论研究时需要将 $\vec{p}$ 换成 $-\mathrm{i}\nabla$, 将 $\dfrac{\vec{p}^2}{2}$ 换成 $-\dfrac{1}{2}\nabla^2$, (6.1.4) 成为

$$\psi(\vec{r},t+\Delta t) = \mathrm{e}^{-\frac{\mathrm{i}}{2}\int_t^{t+\Delta t} V(\vec{r},t)\mathrm{d}t}\mathrm{e}^{\mathrm{i}\int_t^{t+\Delta t}\frac{\nabla^2}{2}\mathrm{d}t}\mathrm{e}^{-\frac{\mathrm{i}}{2}\int_t^{t+\Delta t} V(\vec{r},t)\mathrm{d}t}\psi(\vec{r},t)\text{。} \tag{6.1.5}$$

每前进一个时间步需要作二次微分运算, 但是, 数值微分的误差远大于数值积分。所以, 人们发展了二阶对称分裂算符-Fourier 变换方法 (SSO-FT)。在对称分裂算符中插入 Fourier 变换

$$F(p,t) = F[f] = (2\pi)^{-\frac{n}{2}}\int_{-\infty}^{\infty} f(\vec{r},t)\mathrm{e}^{-\mathrm{i}\vec{p}\cdot\vec{r}}\mathrm{d}\vec{r}$$

和 Fourier 逆变换

$$G(\vec{r},t) = F^{-1}[g] = (2\pi)^{-\frac{n}{2}}\int_{-\infty}^{\infty} g(p,t)\mathrm{e}^{\mathrm{i}\vec{p}\cdot\vec{r}}\mathrm{d}\vec{p},$$

并注意 Fourier 变换 F 是对 $\vec{r}$ 积分, 可与算符 $\mathrm{e}^{-\mathrm{i}\int_t^{t+\Delta t}\frac{\vec{p}^2}{2}\mathrm{d}t}$ 交换, 于是

$$\begin{aligned}\psi(\vec{r},t+\Delta t) &= \mathrm{e}^{-\frac{\mathrm{i}}{2}\int_t^{t+\Delta t} V(\vec{r},t)\mathrm{d}t}F^{-1}F\mathrm{e}^{-\mathrm{i}\int_t^{t+\Delta t}\frac{\vec{p}^2}{2}\mathrm{d}t}\mathrm{e}^{-\frac{\mathrm{i}}{2}\int_t^{t+\Delta t} V(\vec{r},t)\mathrm{d}t}\psi(\vec{r},t) \\ &= \mathrm{e}^{-\frac{\mathrm{i}}{2}\int_t^{t+\Delta t} V(\vec{r},t)\mathrm{d}t}F^{-1}\mathrm{e}^{-\mathrm{i}\int_t^{t+\Delta t}\frac{\vec{p}^2}{2}\mathrm{d}t}F\mathrm{e}^{-\frac{\mathrm{i}}{2}\int_t^{t+\Delta t} V(\vec{r},t)\mathrm{d}t}\psi(\vec{r},t)\text{。}\end{aligned} \tag{6.1.6}$$

在式 (6.1.6) 中 Fourier 变换 F 将位置 $\vec{r}$ 空间的函数 $\mathrm{e}^{-\frac{\mathrm{i}}{2}\int_t^{t+\frac{\Delta t}{2}} V(\vec{r},t)\mathrm{d}t}\psi(\vec{r},t)$ 变成动量 $\vec{p}$ 空间的函数 $F(\vec{p},t) = F\mathrm{e}^{-\frac{\mathrm{i}}{2}\int_t^{t+\frac{\Delta t}{2}} V(\vec{r},t)\mathrm{d}t}\psi(\vec{r},t)$, 乘上算子 $\mathrm{e}^{-\mathrm{i}\int_t^{t+\Delta t}\frac{\vec{p}^2}{2}\mathrm{d}t}$ 仍然是动量 $\vec{p}$ 空间中的函数 $g(\vec{p},t) = \mathrm{e}^{-\mathrm{i}\int_t^{t+\Delta t}\frac{\vec{p}^2}{2}\mathrm{d}t}F(\vec{p},t)$, 之后再作 Fourier 逆变换 F^{-1}, 又将动量 $\vec{p}$ 空间中的函数 $g(\vec{p},t)$ 变回位置空间成为 $\vec{r}$ 的函数, $G(\vec{r},t) = F^{-1}[g(\vec{p},t)]$, 再乘上算子 $\mathrm{e}^{-\frac{\mathrm{i}}{2}\int_t^{t+\frac{\Delta t}{2}} V(\vec{r},t)\mathrm{d}t}$ 就得到 $t+\Delta t$ 时刻的近似波函数 $\psi(\vec{r},t+\Delta t) = \mathrm{e}^{-\frac{\mathrm{i}}{2}\int_t^{t+\frac{\Delta t}{2}} V(\vec{r},t)\mathrm{d}t}G(\vec{r},t)$。这样的从 t 时刻的波函数计算 $t+\Delta t$ 时刻的波函数的 2 阶分裂算符-Fourier 变换方法有下列优点[7], ① 只包含乘法和积分, 没有微分运算, 计算精度高; ② 如前所述, 分裂后的算子 $\mathrm{e}^{-\frac{\mathrm{i}}{2}\int_t^{t+\Delta t} V(\vec{r},t)\mathrm{d}t}$, $\mathrm{e}^{-\mathrm{i}\int_t^{t+\Delta t}\frac{\vec{p}^2}{2}\mathrm{d}t}$, $\mathrm{e}^{-\frac{\mathrm{i}}{2}\int_t^{t+\Delta t} V(\vec{r},t)\mathrm{d}t}$ 都是酉算符, 还可以证明 Fourier 变换 F 和 Fourier 逆变换 F^{-1} 也是酉算符, 所以这种 2 阶分裂算符-Fourier 变换方法仍然保持波函数时间演化的酉群变换性, 是保 "酉结构" 的理论方法。③ 可以应用于高空间维数, 譬如, 强激光场中的二维、三维氢原子, 只是 Fourier 变换和 Fourier 逆变换中的积分是二重、三重积分。

(1) 证明 Fourier 变换保酉积守恒, 是酉算符。事实上,

$$F(\vec{p},t) = F[f] = (2\pi)^{-\frac{n}{2}}\int_{-\infty}^{\infty} f(\vec{r},t)\mathrm{e}^{-\mathrm{i}\vec{p}\cdot\vec{r}}\mathrm{d}\vec{r},$$

$$G(\vec{p}, t) = F[g] = (2\pi)^{-\frac{n}{2}} \int_{-\infty}^{\infty} g(\vec{r}, t) \mathrm{e}^{-\mathrm{i}\vec{p}.\vec{r}} \mathrm{d}\vec{r},$$

$$(F, G) = \int_{-\infty}^{\infty} F^*(\vec{p}, t) G(\vec{p}, t) \mathrm{d}\vec{p}$$

$$= (2\pi)^{-n} \int_{-\infty}^{\infty} \left(\int_{-\infty}^{\infty} f^*(\vec{x}, t) \mathrm{e}^{\mathrm{i}\vec{p}.\vec{x}} \mathrm{d}\vec{x} \right) \left(\int_{-\infty}^{\infty} g(\vec{y}, t) \mathrm{e}^{-\mathrm{i}\vec{p}.\vec{y}} \mathrm{d}\vec{y} \right) \mathrm{d}\vec{p}$$

$$= \int_{-\infty}^{\infty} f^*(\vec{x}, t) \left(\int_{-\infty}^{\infty} g(\vec{y}, t) \mathrm{d}\vec{y} \right) \mathrm{d}\vec{x} (2\pi)^{-n} \int_{-\infty}^{\infty} \mathrm{e}^{\mathrm{i}\vec{p}.(\vec{x}-\vec{y})} \mathrm{d}\vec{p}$$

$$= \int_{-\infty}^{\infty} f^*(\vec{x}, t) \left(\int_{-\infty}^{\infty} g(\vec{y}, t) \delta(\vec{x} - \vec{y}) \mathrm{d}\vec{y} \right) \mathrm{d}\vec{x}^{[6-7]}$$

$$= \int_{-\infty}^{\infty} f^*(\vec{x}, t) g(\vec{x}, t) \mathrm{d}\vec{x} = (f, g)。$$

(2) 同样可证, Fourier 逆变换也是酉算符。

还有更高阶精度的分裂算符方法, 譬如, 三阶分裂算符方法[8-9]

$$\psi(\vec{r}, t + \Delta t) = \mathrm{e}^{-\mathrm{i} \int_t^{t+\Delta t} H(t)\mathrm{d}t} \psi(\vec{r}, t) = \mathrm{e}^{-\mathrm{i} \left\{ \int_t^{t+\Delta t} \frac{\vec{p}^2}{2} \mathrm{d}t + \int_t^{t+\Delta t} V(\vec{r},t)\mathrm{d}t \right\}} \psi(\vec{r}, t)$$

$$= \mathrm{e}^{-\mathrm{i}\xi \int_t^{t+\Delta t} V(\vec{r},t)\mathrm{d}t} \mathrm{e}^{-\mathrm{i}\xi \int_t^{t+\Delta t} \frac{\vec{p}^2}{2}\mathrm{d}t} \mathrm{e}^{-\mathrm{i}(1-\xi) \int_t^{t+\Delta t} V(\vec{r},t)\mathrm{d}t} \mathrm{e}^{-\mathrm{i}(1-2\xi) \int_t^{t+\Delta t} \frac{\vec{p}^2}{2}\mathrm{d}t}$$

$$\times \mathrm{e}^{-\mathrm{i}(1-\xi) \int_t^{t+\Delta t} V(\vec{r},t)\mathrm{d}t} \mathrm{e}^{-\mathrm{i}\xi \int_t^{t+\Delta t} \frac{\vec{p}^2}{2}\mathrm{d}t} \mathrm{e}^{-\mathrm{i}\xi \int_t^{t+\Delta t} V(\vec{r},t)\mathrm{d}t} \psi(\vec{r}, t) + O(\Delta t^4),$$

其中 $\xi = 1/(2 - 2^{1/3})$。与 2 阶分裂算符相比, 3 阶分裂算符精度提高了一阶。但是相应的 3 阶对称分裂算符-Fourier 变换方法需要插入三个 Fourier 变换与三个 Fourier 逆变换, 计算量增加很大。所以人们通常都是采用 2 阶对称分裂算符-Fourier 变换方法。

6.1.3　Fourier 积分的数值计算

如上所述, 2 阶分裂算符-Fourier 变换方法保持波函数时间演化的酉群变换性, 是求解含时 Schrödinger 方程的保 "酉结构" 的理论方法, 对理论研究许多物理问题, 如强激光场中原子分子系统的动力学, 有重要意义。应用 2 阶分裂算符-Fourier 变换方法给出的式 (6.1.6), 可从时刻 t 的含时波函数计算时刻 $t + \Delta t$ 的含时波函数, 为进行数值研究提供了一条有效可行的途径。但是, 这就需要计算式 (6.1.6) 中的 Fourier 变换和 Fourier 逆变换中的 Fourier 积分。

为简单, 就 1 个空间变量情况说明 Fourier 积分的数值计算。这时式 (6.1.6) 简化成

$$\psi(x, t + \Delta t) = \mathrm{e}^{-\frac{\mathrm{i}}{2} \int_t^{t+\Delta t} V(x,t)\mathrm{d}t} F^{-1} \mathrm{e}^{-\mathrm{i} \int_t^{t+\Delta t} \frac{p^2}{2}\mathrm{d}t} F \mathrm{e}^{-\frac{\mathrm{i}}{2} \int_t^{t+\Delta t} V(x,t)\mathrm{d}t} \psi(x, t)。 \quad (6.1.7)$$

记 $f(x,t) = e^{-\frac{1}{2}\int_t^{t+\Delta t} V(x,t)dt}\psi(x,t)$, 式 (6.1.7) 中的 Fourier 变换

$$Fe^{-\frac{1}{2}\int_t^{t+\Delta t} V(x,t)dt}\psi(x,t) = \frac{1}{\sqrt{2\pi}}\int_{-\infty}^{+\infty} e^{-ipx}f(x,t)dx,$$

再记 $g(p,t) = e^{-i\int_t^{t+\Delta t}\frac{p^2}{2}dt}\int_{-\infty}^{+\infty} e^{-ipx}f(x,t)dx$, 式 (6.1.7) 中的 Fourier 逆变换成为

$$F^{-1}e^{-i\int_t^{t+\Delta t}\frac{p^2}{2}dt}\frac{1}{\sqrt{2\pi}}\int_{-\infty}^{+\infty} e^{-ipx}f(x,t)dx = \frac{1}{2\pi}\int_{-\infty}^{+\infty} e^{ixp}g(p,t)dp。$$

这样, 应用 2 阶分裂算符-Fourier 变换方法 (6.1.7) 即可从时刻 t 的数值波函数 $\psi(x,t)$ 计算时刻 $t+\Delta t$ 的数值波函数

$$\psi(x,t+\Delta t)$$
$$= e^{-\frac{1}{2}\int_t^{t+\Delta t} V(x,t)dt}F^{-1}e^{-i\int_t^{t+\Delta t}\frac{p^2}{2}dt}Fe^{-\frac{1}{2}\int_t^{t+\Delta t} V(x,t)dt}\psi(x,t)$$
$$= e^{-\frac{1}{2}\int_t^{t+\Delta t} V(x,t)dt}F^{-1}e^{-i\int_t^{t+\Delta t}\frac{p^2}{2}dt}\frac{1}{\sqrt{2\pi}}\int_{-\infty}^{+\infty} e^{-ipx}e^{-\frac{1}{2}\int_t^{t+\Delta t} V(x,t)dt}\psi(x,t)dx$$
$$= e^{-\frac{1}{2}\int_t^{t+\Delta t} V(x,t)dt}F^{-1}e^{-i\int_t^{t+\Delta t}\frac{p^2}{2}dt}\frac{1}{\sqrt{2\pi}}\int_{-\infty}^{+\infty} e^{-ipx}f(x,t)dx$$
$$= \frac{1}{2\pi}e^{-\frac{1}{2}\int_t^{t+\Delta t} V(x,t)dt}\int_{-\infty}^{+\infty} e^{ixp}g(p,t)dp,$$

其中要数值计算 Fourier 变换和 Fourier 逆变换中的 Fourier 积分 $\int_{-\infty}^{+\infty} e^{-ipx}f(x,t)dx$ 和 $\int_{-\infty}^{+\infty} e^{ixp}g(p,t)dp$。这两个积分都是无穷积分, 需要截断成有限空间上的定积分, 再离散化并应用求积公式做数值逼近, 才能从一个时刻的数值波函数计算下一个时刻的数值波函数。这种方法 —— 先应用 2 阶分裂算符方法并插入 Fourier 变换和 Fourier 逆变换, 再将其中的 Fourier 积分截断成有限空间上的定积分, 最后将这些定积分离散化并应用求积公式做数值计算 —— 称为 2 阶分裂算符-Fourier 变换方法。6.2 节将介绍 Fourier 积分的截断、离散化和数值计算以及 Fourier 积分的快速算法 —— 快速 Fourier 变换方法。

6.2   快速 Fourier 变换方法[10,11]①

数学中已知, 若函数 $f(x)$ 和它的 Fourier 变换 $F(x)$ 在 $(-\infty,+\infty)$ 上绝对可积, 即 $\int_{-\infty}^{+\infty} |f(x)|dx < +\infty$, $\int_{-\infty}^{+\infty} |F(x)|dx < +\infty$, 则 $f(x)$ 的 Fourier 变换和 Fourier

---

① 感谢吉林大学数学学院马富明教授、吴柏生教授仔细审阅了 6.2 节的内容。

逆变换

$$F(p) = \frac{1}{\sqrt{2\pi}}\int_{-\infty}^{+\infty} \mathrm{e}^{-\mathrm{i}px}f(x)\mathrm{d}x \quad \text{和} \quad f(x) = \frac{1}{\sqrt{2\pi}}\int_{-\infty}^{+\infty} \mathrm{e}^{\mathrm{i}px}F(p)\mathrm{d}p$$

都存在。在自然科学、技术科学甚至社会科学中都广泛应用 Fourier 变换, 常常需要计算 Fourier 变换中的 Fourier 积分, 像在 6.1 节中应用 2 阶对称分裂算符-Fourier 变换方法数值求解含时 Schrödinger 方程那样。下面先将 Fourier 变换和 Fourier 逆变换转换成更加简洁的形式。将 Fourier 变换写成

$$F\left(\sqrt{2\pi}\frac{p}{\sqrt{2\pi}}\right) = \int_{-\infty}^{+\infty} \mathrm{e}^{-\mathrm{i}2\pi\frac{p}{\sqrt{2\pi}}\frac{x}{\sqrt{2\pi}}}f\left(\sqrt{2\pi}\frac{x}{\sqrt{2\pi}}\right)\mathrm{d}\frac{x}{\sqrt{2\pi}},$$

再令

$$y = \frac{x}{\sqrt{2\pi}}, \quad q = \frac{p}{\sqrt{2\pi}}, \quad f(\sqrt{2\pi}y) = g(y), \quad F(\sqrt{2\pi}q) = G(q),$$

则 Fourier 变换转换成

$$G(q) = \int_{-\infty}^{+\infty} \mathrm{e}^{-\mathrm{i}2\pi qy}g(y)\mathrm{d}y。$$

再回到习惯的符号, Fourier 变换转换成

$$F(p) = \int_{-\infty}^{+\infty} \mathrm{e}^{-\mathrm{i}2\pi px}f(x)\mathrm{d}x; \tag{6.2.1}$$

同样地, Fourier 逆变换转换成

$$f(x) = \int_{-\infty}^{+\infty} \mathrm{e}^{\mathrm{i}2\pi px}F(p)\mathrm{d}p。 \tag{6.2.2}$$

顺便指出, Fourier 逆变换 (6.2.2) 可看成无穷多个不同频率的复振动 $[F(p)\mathrm{d}p]\,\mathrm{e}^{\mathrm{i}2\pi px}$ 的叠加, 故而将 Fourier 逆变换 (6.2.2) 称为 $f(x)$ 的谱表示, 将 $F(p)$ 称为谱密度。

Fourier 变换和 Fourier 逆变换中的积分都是无穷积分 $\int_{-\infty}^{+\infty} K(x,p)\mathrm{d}x$。为了计算这个无穷积分的数值, 先在充分远处截断成有界空间上的定积分, 再将这个定积分离散化并作数值逼近。对给定的精度要求 $\varepsilon > 0$, 取充分大的 $L > 0$, 使得 $\left|\int_{L}^{+\infty} K(x,p)\mathrm{d}x\right| < \frac{\varepsilon}{2}$, $\left|\int_{-\infty}^{-L} K(x,p)\mathrm{d}x\right| < \frac{\varepsilon}{2}$, 于是 $\left|\int_{-\infty}^{+\infty} K(x,p)\mathrm{d}x - \int_{-L}^{+L} K(x,p)\mathrm{d}x\right| < \varepsilon$, 在给定的精度范围内 $\int_{-\infty}^{+\infty} K(x,p)\mathrm{d}x = \int_{-L}^{+L} K(x,p)\mathrm{d}x$, 计算无穷积分 $\int_{-\infty}^{+\infty} K(x,p)\mathrm{d}x$ 转化成计算充分远空间 $[-L,+L]$ 上的定积分 $\int_{-L}^{+L} K(x,p)\mathrm{d}x$。取

充分大正整数 N, 记 $\Delta = \dfrac{L}{N}$, $x_j = j\Delta$, $j = 0, \pm 1, \pm 2, \cdots, \pm N$, 于是

$$\int_{-L}^{+L} K(x,p)\mathrm{d}x = \sum_{j=-N+1}^{N} \int_{x_{j-1}}^{x_j} K(x,p)\mathrm{d}x = \sum_{j=1}^{N} \int_{x-N+2(j-1)}^{x-N+2j} K(x,p)\mathrm{d}x, \quad (6.2.3)$$

计算充分远空间上的定积分 $\displaystyle\int_{-L}^{+L} K(x,p)\mathrm{d}x$ 又归结为计算 $2N$ 个长度为 Δ 的小区间上的定积分 $\displaystyle\int_{x_{j-1}}^{x_j} K(x,p)\mathrm{d}x$, 或者归结为计算 N 个长度为 2Δ 的小区间上的定积分 $\displaystyle\int_{x-N+2(j-1)}^{x-N+2j} K(x,p)\mathrm{d}x$。将计算方法中常用的[11,12]①

矩形求积公式

$$\int_a^b f(x,p)\mathrm{d}x = (b-a)f(a,p) + O((b-a)^2)$$
$$= (b-a)f(b,p) + O((b-a)^2),$$

梯形求积公式

$$\int_a^b f(x,p)\mathrm{d}x = \frac{b-a}{2}\{f(a,p) + f(b,p)\} + O((b-a)^3)。$$

Simpson(抛物形) 求积公式

$$\int_a^b f(x,p)\mathrm{d}x = \frac{b-a}{6}\left\{ f(a,p) + 4f\left(\frac{a+b}{2}\right) + f(b,p) \right\} + O\left(\left(\frac{b-a}{2}\right)^5\right),$$

应用于式 (6.2.3), 便得到

$$\int_{-L}^{+L} K(x,p)\mathrm{d}x = \Delta \sum_{j=-N}^{N-1} K(x_j,p) + O(\Delta) = \Delta \sum_{j=-N+1}^{N} K(x_j,p) + O(\Delta), \quad (6.2.4)$$

$$\int_{-L}^{+L} K(x,p)\mathrm{d}x = \frac{\Delta}{2}\left\{ K(x_{-N},p) + 2\sum_{j=-N+1}^{N-1} K(x_j,p) + K(x_N,p) \right\} + O(\Delta^2), \quad (6.2.5)$$

$$\int_{-L}^{+L} K(x,p)\mathrm{d}x = \frac{\Delta}{3}\{ K(x_{-N},p) + K(x_N,p)$$
$$+ 2\sum_{j=1}^{N-1} K(x_{-N+2j},p) + 4\sum_{j=1}^{N} K(x_{-N+2j-1},p)\} + O(\Delta^4)。 \quad (6.2.6)$$

---

① 应用 Taylor 展开式可直接推导出矩形和梯形求积公式, 应用 Taylor 展开式的适当组合可推导出 Simpson(抛物形) 求积公式。

下面用 (6.2.4) 中的左矩形求和公式介绍离散 Fourier 变换和 Fourier 变换快速算法。在本节的最后指出, 引进适当的辅助函数, 式 (6.2.5) 和式 (6.2.6) 中的求和都可以转化成式 (6.2.4) 中的左矩形求和形式, 进行 Fourier 变换的快速计算。

将 Fourier 变换 (6.2.1) 中的无穷空间积分截断、离散并应用求积公式 (6.2.4), 得到

$$y = F(p) = \Delta \sum_{k=-N}^{N-1} f(x_k) e^{-2\pi i p k \Delta}。$$

令 $p_j = \dfrac{j}{2N\Delta}$, $j = -N, -N+1, \cdots, -1, 0, 1, \cdots, N-1$, $f_k = f(x_k)$, 上式进一步离散成

$$y_j = F\left(\frac{j}{2N\Delta}\right) = \Delta \sum_{k=-N}^{N-1} f_k e^{-i\frac{\pi}{N}jk}, \quad j = -N, \cdots, -1, 0, 1, \cdots, N-1。$$

在上式两端乘上 $e^{i\frac{\pi}{N}jl}$, $l = -N, \cdots, -1, 0, 1, \cdots, N-1$, 对 j 从 $-N$ 到 $N-1$ 求和,

$$\sum_{j=-N}^{N-1} y_j e^{i\frac{\pi}{N}jl} = \Delta \sum_{j=-N}^{N-1} \sum_{k=-N}^{N-1} f_k e^{-i\frac{\pi}{N}jk} e^{i\frac{\pi}{N}jl} = \Delta \sum_{k=-N}^{N-1} f_k \sum_{j=-N}^{N-1} (e^{i\frac{\pi}{N}(l-k)})^j,$$

记 $g = e^{i\frac{\pi}{N}(l-k)}$, 则 $g_{kl} = \sum_{j=-N}^{N-1} (e^{i\frac{\pi}{N}(l-k)})^j = \sum_{j=-N}^{N-1} g^j$。当 $k = l$ 时, $g = 1$, $g_{kk} = 2N$。

当 $k \neq l$ 时, 若 $k > l$, 则 $-2N < l - k < 0$, $-2 < \dfrac{l-k}{N} < 0$; 若 $k < l$, 则 $0 < l - k < 2N$, $0 < \dfrac{l-k}{N} < +2$; 故而 $g \neq 1$ 时, $|g| < 1$, $g_{kl} = g^{-N}\dfrac{1 - g^{2N}}{1 - g} = 0$。于是 $g_{kl} = \sum_{j=-N}^{N-1} g^j = 2N\delta_{kl}$, 这里 δ_{kl} 是 δ 符号: $k = l$ 时 $\delta_{kk} = 1$, $k \neq l$ 时 $\delta_{kl} = 0$。

所以有 $\sum_{j=-N}^{N-1} y_j e^{i\frac{2\pi}{N}jl} = 2N\Delta \sum_{k=0}^{N-1} f_k \delta_{kl} = 2N\Delta f_l$,

$$y_j = \Delta \sum_{k=-N}^{N-1} f_k e^{-i\frac{\pi}{N}jk}, \quad j = -N, \cdots, -1, 0, 1, \cdots, N-1, \tag{6.2.7}$$

$$f_k = \frac{1}{2N\Delta} \sum_{j=-N}^{N-1} y_j e^{i\frac{\pi}{N}jk}, \quad k = -N, \cdots, -1, 0, 1, \cdots, N-1。 \tag{6.2.8}$$

相应于 Fourier 变换 (6.2.1) 和 Fourier 逆变换 (6.2.2), 将 (6.2.7) 和 (6.2.8) 分别称为离散 Fourier 变换和离散 Fourier 逆变换。可以说明, 离散 Fourier 逆变换 (6.2.8) 也可由 Fourier 逆变换 (6.2.2) 经截断、离散而得到。对 Fourier 逆变换 (6.2.2), 用

$\Delta_p = \dfrac{1}{2N\Delta}$ 作为步长, 取 $L_p = N\Delta_p = \dfrac{1}{2\Delta}$ 作截断, $2N+1$ 个节点 $p_j = j\Delta_p = \dfrac{j}{2N\Delta}$, $j = 0, \pm 1, \pm 2, \cdots, \pm N$, 再应用矩形求积公式后得到

$$f(x) = \frac{1}{2N\Delta} \sum_{j=-N}^{N-1} F\left(\frac{j}{2N\Delta}\right) \mathrm{e}^{-\mathrm{i}\frac{\pi}{N\Delta}jx},$$

上式中取 $x_k = k\Delta$, $k = -N, \cdots, -1, 0, 1, \cdots, N-1$, 便得

$$f(x_k) = \frac{1}{2N\Delta} \sum_{k=-N}^{N-1} F\left(\frac{j}{2N\Delta}\right) \mathrm{e}^{-\mathrm{i}\frac{\pi}{N}jk},$$

这就是离散 Fourier 逆变换 (6.2.8)。从上面 Fourier 积分的离散化过程可以看出, 离散 Fourier 变换和离散 Fourier 逆变换中的等距节点数 N 相同, 但截断空间的大小 $2L$ 与 $2L_p$ 可能不同, 步长 $\Delta = \dfrac{L}{N}$ 与 $\Delta_p = \dfrac{L_p}{N}$ 也可能不同, 详细讨论见本节的最后。

记 $F = \{f_{-N}, \cdots, f_{-1}, f_0, f_1, \cdots, f_{N-1}\}$, $Y = \{y_{-N}, \cdots, y_{-1}, y_0, y_1, \cdots, y_{N-1}\}$, 以上式 (6.2.7) 和式 (6.2.8) 两式给出了数组 F 与数组 Y 之间的变换, 这两个变换是 Fourier 积分经离散化得到的, 故称为离散 Fourier 变换, 详言之, 前者称为离散 Fourier 变换, 后者称为离散 Fourier 逆变换。将一个复数乘法运算连同一个复数加法运算合起来称为一个复数运算, 于是按照离散 Fourier 变换 (6.2.7) 计算一个 y_j 的数值需要 $2N$ 个复数运算, 计算出 $2N$ 个数值 $y_{-N}, \cdots, y_{-1}, y_0, y_1, \cdots, y_{N-1}$ 需要 $(2N)^2 = 4N^2$ 个复数运算。当 N 很大时, 完成 $4N^2$ 个复数运算需要极大的计算量 —— 计算时间和存储空间, 故而人们不断地探索快速算法以减少计算量。1965 年 Cooley 和 Tukey 提出了快速 Fourier 变换 (Fast Fourier Transformation, FFT) 算法[10], 使上述计算中复数运算的数量减少到 $4N\log_2(2N)$, 计算效率较按照离散 Fourier 变换 (6.2.7) 和 (6.2.8) 直接计算提高 $N(\log_2(2N))^{-1}$ 倍。下面介绍 Fourier 变换的快速算法。

为了对离散 Fourier 变换进行快速计算, 先将离散 Fourier 变换改写成另一种形式。在上面 Fourier 变换 (6.2.1) 的截断和离散中, 重新标记节点 $x_0 = -L$, $x_1 = -L + \Delta, \cdots, x_k = -L + k\Delta, \cdots, x_{2N-1} = -L + (2N-1)\Delta = L - \Delta$, $x_{2N} = -L + 2N\Delta = +L$, 应用矩形求积公式, Fourier 变换 (6.2.1) 截断、离散成

$$y = F(p) = \Delta \sum_{k=0}^{2N-1} f(x_k) \mathrm{e}^{-2\pi \mathrm{i} p k \Delta}。$$

在上式中取 p 空间的步长 $\Delta_p = \dfrac{1}{2N\Delta}$, 重新标记节点 $p_0 = -L_p = -N\Delta_p = -\dfrac{1}{2\Delta}$, $p_1 = -L_p + \Delta_p, \cdots, p_j = -L_p + j\Delta_p, \cdots, p_{2N-1} = -L_p + (2N-1)\Delta_p = L_p - \Delta_p$, $p_{2N} = -L_p + 2N\Delta_p = +L_p$, 便得到离散 Fourier 变换

$$y_j = F(p_j) = \Delta \sum_{k=0}^{2N-1} f(x_k) e^{-2\pi i p_j k \Delta} = \Delta \sum_{k=0}^{2N-1} f_k e^{-i\frac{\pi}{N}jk}; \qquad (6.2.9)$$

将 Fourier 逆变换 (6.2.2) 中的 Fourier 积分截断成 $[-L_p, +L_p]$ 上的积分, 再应用上面的节点和矩形求积公式, 便得到离散 Fourier 逆变换

$$f_k = f(x_k) = \frac{1}{2N\Delta} \sum_{k=0}^{2N-1} F(\frac{j}{2N\Delta}) e^{-i\frac{\pi}{N\Delta}jx_k} = \frac{1}{2N\Delta} \sum_{k=0}^{2N-1} y_j e^{-i\frac{\pi}{N}jk}. \qquad (6.2.10)$$

记 $W_N = e^{-i\frac{\pi}{N}}$, 则 $e^{-i\frac{\pi}{N}k} = W_N^k = (W_N)^k$, $e^{-i\frac{\pi}{N}jk} = W_N^{jk} = (W_N^k)^j$, 离散 Fourier 变换 (6.2.9) 成为 $y_j = \Delta \sum_{k=0}^{2N-1} f_k W_N^{jk}$. 设 $2N = rs$, r 和 s 是正整数, $1 < r, s < 2N$. 记

$$j = j_1 r + j_0, \quad j_1 = 0, 1, \cdots, s-1, \quad j_0 = 0, 1, \cdots, r-1;$$
$$k = k_1 s + k_0, \quad k_1 = 0, 1, \cdots, r-1, \quad k_0 = 0, 1, \cdots, s-1;$$
$$y_j = y(j_1, j_0), \quad f_k = f(k_1, k_0).$$

注意 $W_N^{2N} = 1$, 对任何正整数 m, n, $W_N^{m+n} = W_N^m W_N^n$. 于是

$$W_N^{jk} = W_N^{(j_1 r + j_0)(k_1 s + k_0)} = W_N^{j_1 k_1 rs} W_N^{j_1 k_0 r} W_N^{j_0 k_1 s} W_N^{j_0 k_0} = W_N^{j_1 k_0 r} W_N^{j_0 k_1 s} W_N^{j_0 k_0},$$

$$W_N^{j_1 k_0 r} = W_N^{-i\frac{\pi}{N}j_1 k_0 \frac{2N}{s}} = W_s^{2j_1 k_0}, \quad W_N^{j_0 k_1 s} = W_r^{2j_0 k_1},$$

$$y(j_1, j_0) = \Delta \sum_{k=0}^{2N-1} f(k_1, k_0) W_N^{jk} = \Delta \sum_{k_0=0}^{s-1} W_s^{2j_1 k_0} \left(\sum_{k_1=0}^{r-1} f(k_1, k_0) W_r^{2j_0 k_1} \right) W_N^{j_0 k_0},$$

在上式右端中, 记

$$f_1(j_0, k_0) = W_N^{j_0 k_0} \sum_{k_1=0}^{r-1} f(k_1, k_0) W_r^{2j_0 k_1}, \quad k_0 = 0, 1, \cdots, s-1, \quad j_0 = 0, 1, \cdots, r-1, \qquad (6.2.11)$$

于是得到

$$y(j_1, j_0) = \Delta \sum_{k_0=0}^{s-1} f_1(j_0, k_0) W_s^{2j_1 k_0}, \quad j_0 = 0, 1, \cdots, r-1, \quad j_1 = 0, 1, \cdots, s-1. \qquad (6.2.12)$$

联合式 (6.2.11) 和式 (6.2.12) 即可从 $2N$ 个函数值 $f_0, f_1, f_2, \cdots, f_{2N-1}$ 计算 $2N$ 个 Fourier 变换值 $y_0, y_1, y_2, \cdots, y_{2N-1}$. 对于固定的 j_0, k_0, 按照式 (6.2.11) 计算 $f_1(j_0, k_0)$ 需要 r 个复数运算, 计算所有 $2N$ 个 $f_1(j_0, k_0)$ 需要 $2Nr = r^2 s$ 个复数运

算。类似地, 按照式 (6.2.12) 计算所有 $2N$ 个 $y(j_1, j_0)$ 需要 $2Ns = rs^2$ 个复数运算。所以, 应用上述方法从 $2N$ 个函数值计算 $2N$ 个 Fourier 变换值, 需要 $2N(r+s)$ 个复数运算。如果 $2N$ 可以分成 m 个正整数的乘积 $N = r_1 \times r_2 \times \cdots \times r_m$, 重复上述讨论可见, 从 $2N$ 个函数值计算 $2N$ 个 Fourier 变换值需要 $2N(r_1 + r_2 + \cdots + r_m)$ 个复数运算。特别地, 如果离散 Fourier 积分时取 $2N = \overbrace{2 \times \cdots \times 2}^{m} = 2^m$, 则应用上述方法从 $2N$ 个函数值 $f_0, f_1, f_2, \cdots, f_{2N-1}$ 计算 $2N$ 个 Fourier 变换值 $y_0, y_1, y_2, \cdots, y_{2N-1}$ 需要的复数运算数是 $T = 4mN = 4N(1 + \log_2 N)$, 较按照离散 Fourier 变换直接计算提高效率 $\dfrac{(2N)^2}{4N(1 + \log_2 N)} \approx \dfrac{N}{\log_2 N}$ 倍, 因为 $N \to +\infty$ 时 $\dfrac{N}{\log_2 N} \approx N$, 故当 $2N$ 充分大时计算效率近似提高 N 倍。可见上述方法极大地提高了计算离散 Fourier 变换的效率, 所以将这种方法称为快速 Fourier 变换方法。

快速 Fourier 变换 —— 离散 Fourier 变换的快速算法 —— 将如下进行。

设离散 Fourier 变换

$$y_j = \Delta \sum_{k=0}^{2N-1} f_k \mathrm{e}^{-\mathrm{i}\frac{\pi}{N}jk}, \quad j = 0, 1, \cdots, 2N-2, 2N-1 \tag{6.2.9}$$

中的离散节点数 $2N = 2^m$, m 是正整数。采用二进制记数法

$$k = k_{m-1}2^{m-1} + k_{m-2}2^{m-2} + + k_1 2^1 + k_0,$$
$$j = j_{m-1}2^{m-1} + j_{m-2}2^{m-2} + + j_1 2^1 + j_0,$$
$$k_\nu, j_\nu = 0, 1, \quad \nu = 0, 1, 2, \cdots, m-1;$$
$$f_k = F(k_{m-1}, k_{m-2}, \cdots, k_1, k_0), \quad y_j = Y(j_{m-1}, j_{m-2}, \cdots, j_1, j_0)。$$

离散 Fourier 变换 (6.2.9) 成为

$$Y(j_{m-1}, j_{m-2}, \cdots, j_1, j_0) = \Delta \sum_{k_0=0}^{1} \sum_{k_1=0}^{1} \cdots \sum_{k_{m-2}=0}^{1} \sum_{k_{m-1}=0}^{1} F(k_{m-1}, k_{m-2}, \cdots, k_1, k_0) W_N^{jk},$$

其中

$$W_N^{jk} = W_N^{(j_{m-1}2^{m-1}+j_{m-2}2^{m-2}+\cdots+j_1 2^1+j_0)(k_{m-1}2^{m-1}+k_{m-2}2^{m-2}+\cdots+k_1 2^1+k_0)}$$
$$= W_N^{j_0 k_{m-1}2^{m-1}} W_N^{(j_{m-1}2^{m-1}+j_{m-2}2^{m-2}+\cdots+j_1 2^1+j_0)(k_{m-2}2^{m-2}+\cdots+k_1 2^1+k_0)},$$

$$Y(j_{m-1}, \cdots, j_1, j_0) = \Delta \sum_{k_0=0}^{1} \cdots \sum_{k_{m-2}=0}^{1} \left(\sum_{k_{m-1}=0}^{1} F(k_{m-1}, \cdots, k_1, k_0) W_N^{j_0 k_{m-1}2^{m-1}} \right)$$
$$W_N^{j(k_{m-2}2^{m-2}+\cdots+k_1 2^1+k_0)},$$

在上式中记

$$F_1(j_0, k_{m-2}, \cdots, k_1, k_0) = \sum_{k_{m-1}=0}^{1} F(k_{m-1}, \cdots, k_1, k_0) W_N^{j_0 k_{m-1} 2^{m-1}},$$

则有

$$Y(j_{m-1}, \cdots, j_1, j_0)$$

$$=_\Delta \sum_{k_0=0}^{1} \cdots \sum_{k_{m-2}=0}^{1} F_1(j_0, k_{m-2}, \cdots, k_1, k_0) W_N^{j(k_{m-2} 2^{m-2} + \cdots + k_1 2^1 + k_0)}$$

$$=_\Delta \sum_{k_0=0}^{1} \cdots \sum_{k_{m-3}=0}^{1} \left(\sum_{k_{m-2}=0}^{1} F_1(j_0, k_{m-2}, \cdots, k_1, k_0) W_N^{(j_1 2 + j_0) k_{m-2} 2^{m-2}} \right)$$

$$W_N^{j(k_{m-3} 2^{m-3} + \cdots + k_1 2^1 + k_0)},$$

再记

$$F_2(j_0, j_1, k_{m-3}, \cdots, k_1, k_0) = \sum_{k_{m-2}=0}^{1} F_1(j_0, k_{m-2}, \cdots, k_1, k_0) W_N^{(j_1 2 + j_0) k_{m-2} 2^{m-2}},$$

又有

$$Y(j_{m-1}, \cdots, j_1, j_0)$$

$$=_\Delta \sum_{k_0=0}^{1} \cdots \sum_{k_{m-4}=0}^{1} \left(\sum_{k_{m-3}=0}^{1} F_2(j_0, j_1, k_{m-3}, \cdots, k_1, k_0) W_N^{(j_2 2^2 + j_1 2 + j_0) k_{m-3} 2^{m-3}} \right)$$

$$W_N^{j(k_{m-4} 2^{m-4} + \cdots + k_1 2^1 + k_0)},$$

$$\cdots \cdots$$

最后得到

$$F_{m-1}(j_0, j_1, \cdots, j_{m-2}, k_0) = \sum_{k_1=0}^{1} F_{m-2}(j_0, j_1, \cdots, j_{m-3}, k_1, k_0) W_N^{(j_{m-2} 2^{m-2} + \cdots + j_1 2 + j_0) k_1 2},$$

$$Y(j_{m-1}, j_{m-2}, \cdots, j_1, j_0) = F_m(j_0, j_1, \cdots, j_{m-2}, j_{m-1})$$

$$= _\Delta \sum_{k_0=0}^{1} F_{m-1}(j_0, j_1, \cdots, j_{m-2}, k_0) W_N^{(j_{m-1} 2^{m-1} + \cdots + j_1 2 + j_0) k_0}。$$

注意观察 F_1, F_2, $\cdots$ 的计算式可见, 从 $2N = 2^m$ 个函数值 f_k 计算 $2N$ 个 $F_1(j_0$,

$k_{m-2}, \cdots, k_1, k_0)$ 需要 $2 \times \overbrace{2 \times \cdots \times 2}^{m} = 2^{m+1}$ 个复数运算, 从 $2N$ 个 $F_1(j_0, k_{m-2}, \cdots,$

$k_1, k_0)$ 计算 $2N$ 个 $F_2(j_0, j_1, k_{m-3}, \cdots, k_1, k_0)$ 需要 $2 \times \overbrace{2 \times \cdots \times 2}^{m} = 2^{m+1}$ 个复数运

算, $\cdots$, 从 $2N$ 个 $F_{m-1}(j_0, j_1, \cdots, j_{m-2}, k_0)$ 计算 $2N$ 个 $Y(j_{m-1}, j_{m-2}, \cdots, j_1, j_0) =$

$F_m(j_0, j_1, \cdots, j_{m-2}, j_{m-1})$ 需要 $2 \times \overbrace{2 \times \cdots \times 2}^{m} = 2^{m+1}$ 个复数运算, 总合起来, 从

$2N$ 个函数值 $f_0, f_1, f_2, \cdots, f_{2N-1}$ 计算 $2N$ 个 Fourier 变换值 $y_0, y_1, y_2, \cdots, y_{2N-1}$

需要 $\overbrace{2^{m+1} + 2^{m+1} + \cdots + 2^{m+1}}^{m} = 2^{m+1} m = 4N(1 + \log_2 N)$ 个复数运算。又一次得

到前面曾经得到的结论。

离散 Fourier 逆变换的快速计算也这样进行。

本节的最后指出两点:

(1) 在上述离散 Fourier 变换和相继进行的离散 Fourier 逆变换快速计算中, 离散点数相同, 都是 $2N + 1$, $2N = 2^m$, 但截断的有限空间 $[-L, +L]$ 和 $[-L_p, +L_p]$ 的长度可能不同, 步长 Δ 和 Δ_p 也不同。譬如, $L = 100$, $N = 1000$, $\Delta = 0.1$, $\Delta_p = \dfrac{1}{2N\Delta} = 0.005$, $L_p = N\Delta_p = 5$, 截断成的两个有限空间和两个步长都相差很大。能否使得截断的有限空间长度和步长相同? 在 Fourier 变换的截断、离散和快速计算中, Fourier 积分截断成有限空间 $[-L, +L]$ 上的积分, 等距离散成 $2N = 2^m$ 段, 步长 $\Delta = \dfrac{L}{N}$; Fourier 逆变换 $F(p)$ 的 $2N + 1$ 个等距节点 $p_j = \dfrac{j}{2N\Delta} = \dfrac{j}{2L}$, $j = 0, 1, 2, \cdots, 2N - 1, 2N$, 步长 $\Delta_p = \dfrac{1}{2L}$, Fourier 积分截断成有限空间 $[-L_p, +L_p]$ 上的积分, $L_p = \dfrac{N}{2L} = \dfrac{N}{2N\Delta} = \dfrac{1}{2\Delta}$。欲使得 $L_p = L$, 应有 $\dfrac{N}{2L} = L$, 这时步长也相同, $\Delta_p = \dfrac{1}{2L} = \dfrac{L}{N} = \Delta$。所以, 要想 Fourier 变换和 Fourier 逆变换进行快速计算时 Fourier 积分截断成相同的有限空间, 有相同的步长, 则必须满足 $N = 2L^2$。譬如, $L = 100$, $N = 2L^2 = 20000$, $\Delta = \dfrac{L}{N} = 0.005$, $L_p = \dfrac{1}{2\Delta} = 100 = L$, $\Delta_p = \dfrac{1}{2L} = 0.005 = \Delta$。

(2) 上面的离散 Fourier 变换 (6.2.9) 是应用矩形数值积分公式 (6.2.4) 推导出来的, 但是, 矩形求积公式 (6.2.4) 的局部误差是 $O(\Delta^2)$。已知 Simpson 求积公式 (6.2.6) 的局部误差是 $O(\Delta^5)$, 精度较矩形求积公式高 3 级。在截断、离散、数值逼近 Fourier 积分时应用 Simpson 求积公式 (6.2.6)

$$\int_a^b f(x, p)\mathrm{d}x = \frac{b - a}{6}\left\{f(a, p) + 4f\left(\frac{a + b}{2}\right) + f(b, p)\right\} + O\left(\left(\frac{b - a}{2}\right)^5\right),$$

得到

$$
y = F(p) = \frac{\Delta}{3} \left\{ f(x_0)\mathrm{e}^{-2\pi\mathrm{i}px_0} + f(x_{2N})\mathrm{e}^{-2\pi\mathrm{i}px_{2N}} \right.
$$

$$
\left. + 2\sum_{k=1}^{N-1} f(x_{2k})\mathrm{e}^{-2\pi\mathrm{i}px_{2k}} + 4\sum_{k=1}^{N} f(x_{2k-1})\mathrm{e}^{-2\pi\mathrm{i}px_{2k-1}} \right\}。 \tag{6.2.13}
$$

引进辅助函数

$$
g(x_k) = \begin{cases} f(x_k), & k = 0, 2N, \\ 2f(x_{2k}), & k = 1, 2, \cdots, N-1, \\ 4f(x_{2k-1}), & 1, 2, \cdots, N, \end{cases} \tag{6.2.14}
$$

式 (6.2.13) 成为

$$
y = F(p) = \frac{\Delta}{3} \left\{ \sum_{k=0}^{2N} g(x_k)\mathrm{e}^{-2\pi\mathrm{i}px_k} \right\}。
$$

再在上式中令 $x_k = (k-N)\Delta$, $k = 0, 1, 2, \cdots, 2N$; $p_j = \dfrac{j-N}{2N\Delta}$, $j = 0, 1, 2, \cdots, 2N$; 便得到离散 Fourier 变换

$$
y_j = F(p_j) = \frac{\Delta}{3} \left\{ \sum_{k=0}^{2N} g(x_k)\mathrm{e}^{-\mathrm{i}\frac{\pi}{N}jk} \right\}, \quad j = 0, 1, 2, \cdots, 2N。
$$

这与前面的离散 Fourier 变换 (6.2.9) 形式相同, 只是求和上限 $2N-1$ 改变为 $2N$, 故而可以同样快速计算, 但是必须牢记函数值 $g(x_k)$ 与函数值 $f(x_k)$ 的关系 (6.2.14)。

6.3 双色激光场中一维氢原子的高次谐波[13-19]

本节研究双色激光场中氢原子的高次谐波, 因为电子在激光场电场方向上受到的作用远大于其他方向, 一维模型是很好的近似。在电偶极近似和长度规范下, 采用原子单位, 激光场中单电子原子的时间演化由一维含时 Schrödinger 方程的无穷空间初值问题

$$
\mathrm{i}\frac{\partial}{\partial t}\psi(x,t) = -\frac{1}{2}\frac{\partial^2}{\partial x^2}\psi(x,t) + \{V_0(x) + \varepsilon(t)x\}\psi(x,t) \quad (-\infty < x < +\infty, t > 0),
$$

$$
\psi(x,0) = \varphi_0(x) \quad (-\infty < x < +\infty)
$$

描述, 其中一维模型氢原子势函数采用软核势 $V_0(x) = \dfrac{-1}{\sqrt{x^2+2}}$; 双色激光场

$$
\varepsilon(t) = \varepsilon_0 f(t)\{\sin(\omega_0 t) + r\sin(n\omega_0 t)\},
$$

激光场强 $\varepsilon_0 = 0.03\mathrm{a.u.}(0.32 \times 10^{14}\mathrm{W/cm}^2)$, r 为添加的 n 倍频光与基频光的强度比, $\omega_0 = 0.057\mathrm{a.u.}(800\mathrm{nm})$ 为基频光频率, 激光脉冲包络

$$f(t) = \begin{cases} \sin^2 \dfrac{\pi t}{6T_0}, & 0 < t \leqslant 3T_0, \\ 1, & 3T_0 < t < T_{\max}, \end{cases}$$

$T_0 = \dfrac{2\pi}{\omega_0}$ 为光学周期；初态 $\varphi_0(x)$ 为一维模型原子的基态。在计算中, 空间在 -600a.u. 和 600a.u. 处截断并取吸收函数[13]

$$g(x) = \begin{cases} 1, & |x| < x_0, \\ \cos^{\frac{1}{2}} \left(\dfrac{\pi |x - x_0|}{2(x_{\max} - x_0)} \right), & x_0 \leqslant |x| \leqslant x_{\max} \end{cases}$$

为边界条件, 式中 $x_0 = 400$a.u., $x_{\max} = 600$a.u.；取空间步长 $\Delta x = 0.15$a.u., 时间步长 $\Delta t = 0.1$a.u., 计算了 $T_{\max} = 12$ 个光学周期 (32.5fs)；基态 $\varphi_0(x)$ 和激发态采用辛–打靶法计算得到。本书应用 SSO-FFT 法计算了单色场 ($r = 0$) 和添加强度比 $r = 0.2$ 的 2, 4, 6 倍频光的双色场中一维模型氢原子的数值含时波函数, 应用辛–打靶法算得的束缚态数值波函数计算了高次谐波, 激光场中氢原子的电离几率、各束缚态的布居几率的时间演化和电子位移平均值。图 6.3.1 给出了单色场和添加 4 倍频光双色场的谐波谱, 结果显示, 添加 4 倍频光使谐波平台提高了 2~3 个数量级, 而且还出现了偶次谐波。图 6.3.2 是添加强度比 $r = 0.2$, $n = 2, 4, 6$ 倍频光的谐波谱在 $\omega/\omega_0 = 1 \sim 14$ 的放大图, 结果显示, 添加 2, 4, 6 倍频光的双色场都使得谐波平台提高, 但添加 4 倍频光使平台提高得最多。图 6.3.3 ~ 图 6.3.7 是单色场和添加 2, 4, 6 倍频光的双色场中一维模型氢原子的基态, 第一、第二、第三、第四激发态布居几率的时间演化, 图 6.3.8 是电离几率的时间演化, 结果显示, 添加 2, 4, 6 倍频光使基态布居几率减小, 激发态布居增大, 电离几率增大, 电子跃迁到连续态而后再返回束缚态发射高次谐波 (高能光子) 的几率增加。图 6.3.9 是单色场与双色场中电子的位移平均值曲线, 结果显示, 添加 2, 4, 6 倍频光使电子振荡的振幅增大, 振荡频率加快, 依据高次谐波产生的半经典三步模型[20–23], 添加 2, 4, 6 倍频光将使发射的高能光子数大大增多。这些图中特别显示, 添加 4 倍频光使基态布居几率减小更快, 使第一、第二、第三、第四激发态布居几率和电离几率增大更多, 使电子振荡振幅增大更明显, 频率加快更剧烈, 使得高次谐波产生效率远大于单色场和添加 2, 6 倍频光的双色场。这是因为, 4 倍频光的单光子能量 0.224a.u. 非常接近第一激发态的电离能 0.232a.u., 这恰好使得处在第一激发态的电子极易发生单光子电离, 即处在第一激发态的电子从添加 4 倍频光的双色场中吸收一个光子而电离, 而单光子电离几率远远大于别的电离方式, 所以在添加 4 倍频光的双色场中第一激发态的布居增加不多, 但是电子从基态吸收 5 个基频光子跃迁到第一激发态而后再经第一激发态单光子电离的电离几率增大, 由连续态返回第二、第三、第四激发态的几率增加, 第二、第三、第四激发态布居几率增大。

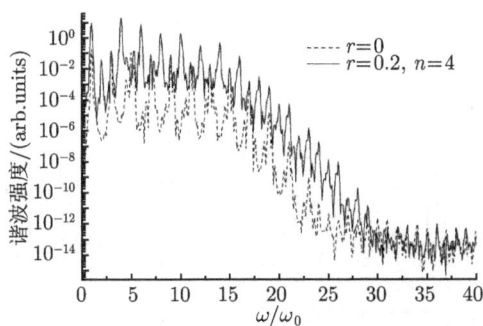

图 6.3.1 单色场与双色场中的高次谐波谱

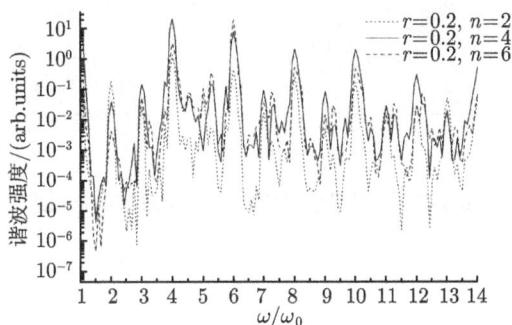

图 6.3.2 不同双色场中的高次谐波谱

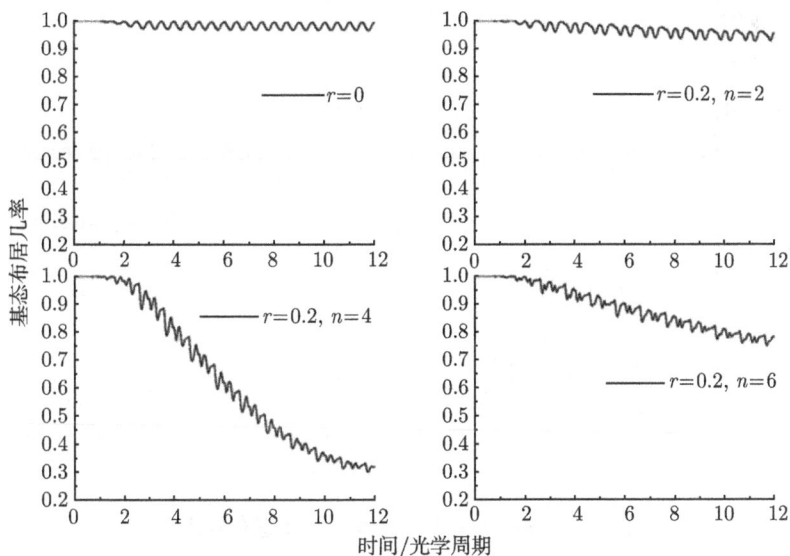

图 6.3.3 不同双色场中的基态布居几率

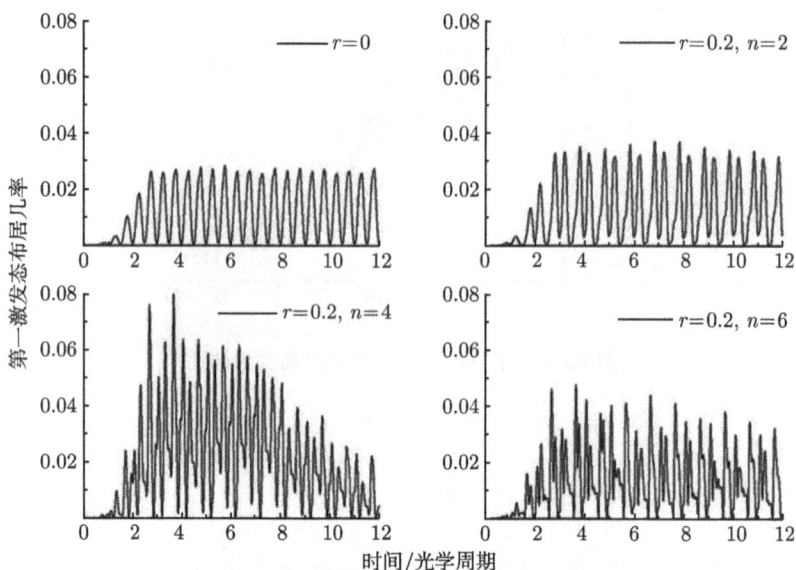

图 6.3.4   不同双色场中的第一激发态布居几率

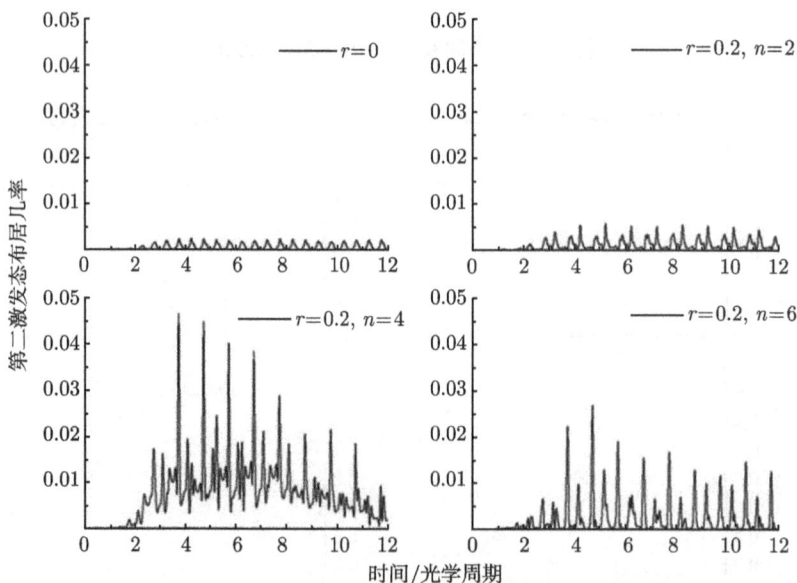

图 6.3.5   不同双色场中的第二激发态布居几率

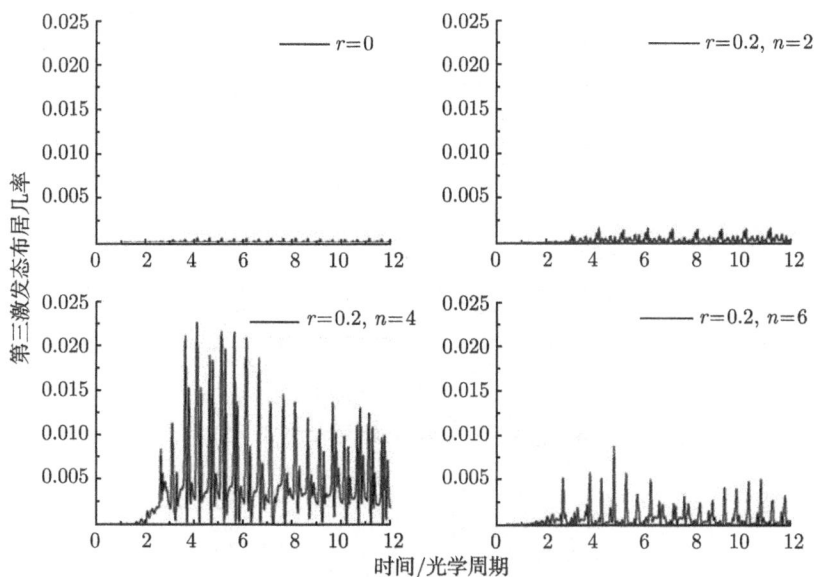

图 6.3.6 不同双色场中的第三激发态布居几率

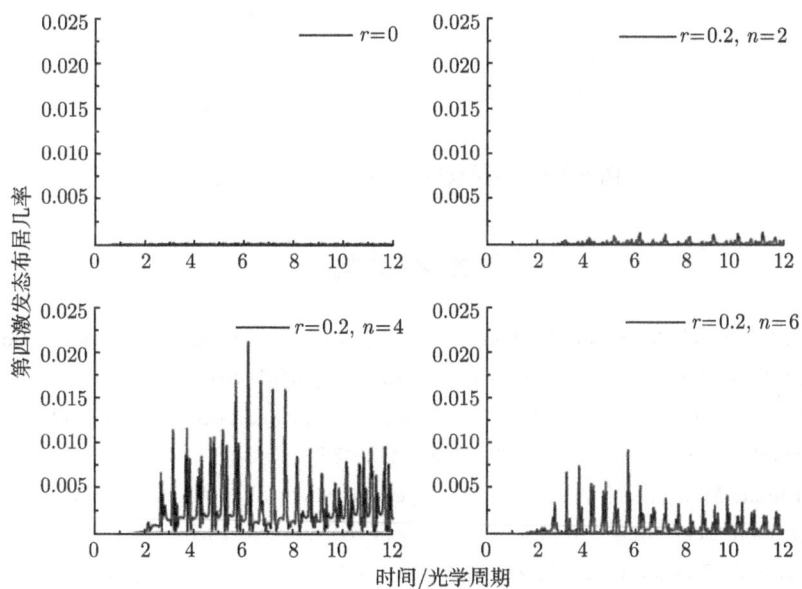

图 6.3.7 不同双色场中的第四激发态布居几率

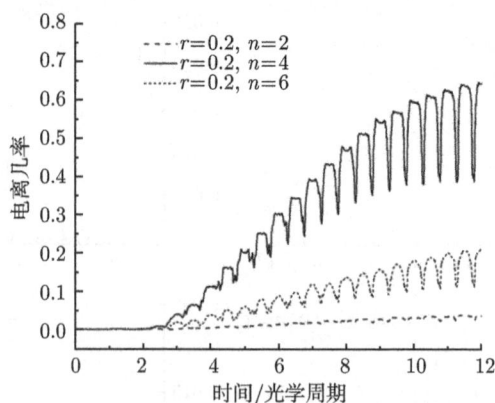

图 6.3.8　不同双色场中的电离几率

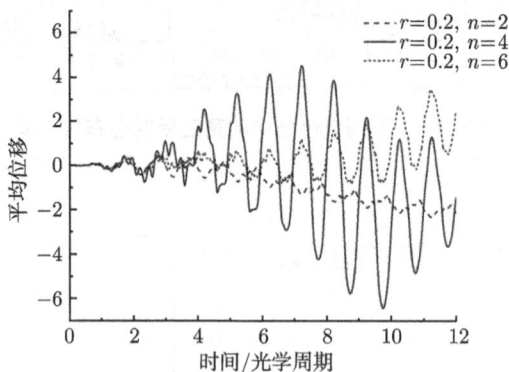

图 6.3.9　不同双色场中电子位移的平均值

参 考 文 献

[1] Potvlige R M, Shakeshaft R. Time-independent theory of multiphoton ionization of an atom by an intense field. Phys. Rev. A, 1988, 38: 4597–4621.

[2] Feit M D, Fleck J A, Jr and Steiger A. Solution of the Schrödinger equation by a spectral method. J. Comput. Phys., 1982, 47(3): 412–433.

[3] Hermann M R, Fleck J A Jr. Split-operator spectral method for solving the time-dependent Schrödinger equation in spherical coordinates. Phys. Rev. A, 1988, 38:6000.

[4] Kosloff R, Talezer H. A direct relaxation method for calculating eigenfunctions and eigenvalues of the Schrödinger equation on a gird. Chem. Lett, 1986: 127–223.

[5] Cooney P J, Kanter E P, Vager Z. Convenient numerical technique for solving the one-dimensional Schrödinger equation for bound state. Am. J. Phys., 1981, 49(1): 76–77.

[6] 曾谨言. 量子力学 (卷 I). 3 版. 北京: 科学出版社, 2005: 722–730.

[7] 杨慧. 强激光与一维 H 原子的相互作用及高次谐波转化效率的提高. 吉林大学硕士学位论文, 2008.

[8] Bandrauka A D, Shenb H. Improved exponential split operator methods for solving time-dependent Schrödinger equations. Chem. Phys. Lett., 1991, 176(5):428–432.

[9] Bandrauka A D, Shenb H. Exponential split operator methods for solving coupled time-dependent Schrödinger equations. J. Chem. Phys., 1993, 99(2):1185–1193.

[10] Cooley J W, Tukey J W. An algorithm for the machine calculation of complex Fourier series. Mathematics of Computation, 1965, 19: 297–301.

[11] 李岳生, 黄友谦. 数值逼近. 北京: 人民教育出版社, 1978: 143–153.

[12] 黄明游, 梁振珊. 计算方法. 长春: 吉林大学出版社, 1994: 137–141.

[13] Zhang G T, Wu J, Xia C L, et al. Enhanced high-order harmonics and an isolated short attosecond pulse by using a two-color laser and an extreme ultraviolet attosecond pulse. Phys. Rev. A, 2009, 80: 055404.

[14] 张刚台. 强场作用下氦离子高次谐波发射及孤立阿秒脉冲的产生. 吉林大学博士学位论文, 2011.

[15] 李娜娜. 强激光与 He$^+$ 的相互作用研究及高次谐波平台的展宽和提高. 吉林大学硕士学位论文, 2008.

[16] 翟振. 双色场辐照下原子的高次谐波发射和孤立阿秒脉冲产生. 吉林大学硕士学位论文, 2008.

[17] 伍杰. 强激光与 He$^+$ 作用下的高次谐波发射和孤立阿秒脉冲的产生. 吉林大学硕士学位论文, 2010.

[18] Li N N, Zhai Z, Liu X S. High-order harmonic generation from a model of Ar$^+$ ionized clusters. Chin. Phys. Lett., 2008, 25: 2508–2510.

[19] Zhai Z, Yu R F, Liu X S, Yang Y J. Enhancement of high-order harmonic emission and intense sub-50 as pulse generation. Phys. Rev. A, 2008, 78: 041402(R).

[20] Corkum P B. Plasma perspective on strong field multiphonton ionization. Phys. Rev. Lett., 1993, 71: 1994–1997.

[21] Krause J L, Schafer K J, Kulander K C. High-order harmonic generation from atoms and ions in the high intensity regime. Phys. Rev. Lett., 1992, 68: 3535.

[22] Schafer K J, Yang B, DiMauro L F, et al. Above threshold ionization beyond the high harmonic cutoff. Phy. Rev. Lett., 1993, 70: 1599.

[23] Kulander K C, Schafer K J, Krause J L. Superintense Laser-Atom Physics, NATO Advanced Study Institute Series Physics. Piraux B, L'Huillier A, Rzazewski K. ed. New York: Plenum, 1993, 316: 95.

第7章 Heisenberg 方程的保等时交换关系-辛算法 [1]

在 Heisenberg 图景下, 量子系统的坐标算符 $q(t)$ 和动量算符 $p(t)$ 满足 Heisenberg 方程

$$\frac{\mathrm{d}}{\mathrm{d}t}q = \frac{1}{\mathrm{i}\hbar}\left[q(t), H\right], \quad \frac{\mathrm{d}}{\mathrm{d}t}p = \frac{1}{\mathrm{i}\hbar}\left[p(t), H\right] \tag{7.0.1}$$

和等时交换关系 (the equal time commutation relation, ETCR):

$$[q(t), p(t)] = \mathrm{i}\hbar, \tag{7.0.2}$$

其中 $\hbar = \dfrac{h}{2\pi}$, h 是 Planck (普朗克) 常量, $H = H(p, q)$ 是 Hamilton 函数, $[A, B]$ 是算符的对易子 (交换子) 运算, $[A, B]\, f(\vec{r}) = (AB - BA)f(\vec{r})$。1986 年, Vazquez[2] 最早将经典可分 Hamilton 系统的一阶显式辛格式移植到量子系统的 Heisenberg 方程。例如, 对于 Hamilton 算符 $H(p, q) = \dfrac{p^2}{2m} + V(q)$ 的量子系统,

$$\frac{1}{\mathrm{i}\hbar}\left[q(t), H\right] = \frac{p(t)}{m} = H_p(p, q), \quad \frac{1}{\mathrm{i}\hbar}\left[p(t), H\right] = -V'(q) = -H_q(p, q),$$

Heisenberg 方程为

$$\frac{\mathrm{d}q}{\mathrm{d}t} = \frac{\partial H}{\partial p} = \frac{p}{m} = g(p), \quad \frac{\mathrm{d}p}{\mathrm{d}t} = -\frac{\partial H}{\partial q} = -\frac{\mathrm{d}V(q)}{\mathrm{d}q} = -f(q)\text{。} \tag{7.0.3}$$

Heisenberg 方程 (7.0.3) 形式上就是一个经典 Hamilton 系统的正则方程。Vazquez 和秦孟兆等[2-4] 最先构造了量子 Heisenberg 方程的保等时交换关系的辛格式。但是, Heisenberg 方程是算符方程, Vazquez 和秦孟兆等的辛格式中的 p_n 和 q_n 是算符, 不能直接做数值计算。文献 [1] 和 [5] 将 Heisenberg 方程和 ETCR 转化成矩阵形式, 给出了矩阵元的保 ETCR 辛格式, 提出了 Heisenberg 图景下计算量子系统时间演化, 如激光场与原子相互作用的保结构算法。

在量子系统的状态 Hilbert 空间中选取正交归一完备基 $\Phi = \{\phi_k | k = 1, 2, \cdots\}$, $(\phi_j, \phi_k) = \delta_{jk}$, 将算符 $q(t), p(t), g(p(t)) = \dfrac{p(t)}{m}$, $f(q(t))$ 按完备基 Φ 展开, 得到

$$q(t)\phi_j = \sum_k q_{jk}(t)\phi_k, \quad p(t)\phi_j = \sum_k p_{jk}(t)\phi_k,$$

$$f(q(t))\phi_j = \sum_k f(q(t))_{jk}\phi_k, \tag{7.0.4}$$

其中矩阵元 $q_{jk}(t) = (\phi_k, q(t)\phi_j)$, $p_{jk}(t) = (\phi_k, p(t)\phi_j)$, $f(q(t))_{jk} = (\phi_k, f(q(t))\phi_j)$, 容易看出, $f(q(t))_{jk}$ 与势函数 $V(q)$ 有关。将展开式 (7.0.4) 代入 Heisenberg 方程 (7.0.3) 和 ETCR (7.0.2) 中, 取充分大的 N 作截断, 便得矩阵元 Heisenberg 方程和 ETCR

$$\frac{\mathrm{d}q_{jk}(t)}{\mathrm{d}t} = \frac{1}{m}p_{jk}(t) = g(t)_{jk}, \quad \frac{\mathrm{d}p_{jk}(t)}{\mathrm{d}t} = -f(q(t))_{jk}, \quad j,k = 1,2,\cdots,N, \tag{7.0.5}$$

$$\sum_{l=1}^N \{q_{jl}(t)p_{lk}(t) - p_{jl}(t)q_{lk}(t)\} = \mathrm{i}\hbar\delta_{jk}, \quad j,k = 1,2,\cdots,N \tag{7.0.6}$$

或矩阵形式的 Heisenberg 方程和 ETCR

$$\begin{cases} \dfrac{\mathrm{d}}{\mathrm{d}t}[q_{jk}(t)] = \dfrac{1}{m}[p_{jk}(t)] = [g_{jk}(t)], \\ \dfrac{\mathrm{d}}{\mathrm{d}t}[p_{jk}(t)] = -[f(q(t))_{jk}], \end{cases} \tag{7.0.7}$$

$$[[q_{jk}(t)],[p_{jk}(t)]] = \mathrm{i}\hbar I, \tag{7.0.8}$$

其中 I 是 $N \times N$ 阶单位矩阵。矩阵元 Heisenberg 方程 (7.0.5) 是一个经典可分 Hamilton 系统的正则方程组, 它的解从一个时刻到下一时刻是一个辛变换, 辛算法是合理的数值方法。可以应用经典 Hamilton 系统的显式辛格式数值求解矩阵元 Heisenberg 方程 (7.0.5)。应用数学归纳法可以证明显式辛格式保持 ETCR(7.0.6)。

考虑一维非线性振子

$$H = \frac{p^2}{2} + \frac{q^2}{2} + \frac{1}{4}Aq^4, \tag{7.0.9}$$

其中 $A=0.01$, 它的 Heisenberg 方程是

$$\frac{\mathrm{d}q}{\mathrm{d}t} = p, \quad \frac{\mathrm{d}p}{\mathrm{d}t} = -(q + Aq^3) = -f(q), \tag{7.0.10}$$

选取一维谐振子 $H_0 = \dfrac{p^2}{2} + \dfrac{q^2}{2}$ 的本征值问题 $H_0 y_n = E y_n$ 的本征值和本征函数

$$E_n = n + \frac{1}{2} \quad \text{和} \quad y_n = \pi^{-(1/4)}(2^n n!)^{1/2}\left[\exp\left(-\frac{q^2}{2}\right)\right]h_n(q), \quad n = 0,1,2,\cdots,$$

其中 $h_n(q)$ 是 Hermite 多项式, $Y = \{y_n | n = 0,1,2,\cdots\}$ 是正交归一完备基。将算符 $q(t)$, $p(t)$ 和 $f(q(t))$ 以及初始坐标算符 $q^0 = q(0) = q$ 和初始动量算符 $p^0 = p(0) = -\mathrm{i}\dfrac{\partial}{\partial q}$ 按正交归一完备基 $Y = \{y_n | n = 0,1,2,\cdots\}$ 展开, 并取充分大的 N 作截断,

便得到矩阵元 Heisenberg 方程 (7.0.5) 和 ETRC (7.0.6) 以及坐标和动量算符的初始值 q_{jk}^0 和 p_{jk}^0, 其中 $f(q)_{jk} = q_{jk} + A \sum\limits_{r=1}^{N} \sum\limits_{s=1}^{N} q_{jr} q_{rs} q_{sk}$, 再利用 Hermite 多项式的递推关系得到

$$q_{jk}^0 = \sqrt{\frac{k+1}{2}} \delta_{j,k+1} + \sqrt{\frac{k}{2}} \delta_{j,k-1}, \quad p_{jk}^0 = \sqrt{\frac{k+1}{2}} \delta_{j,k+1} - \sqrt{\frac{k}{2}} \delta_{j,k-1}.$$

选取量子系统的初始态 $\psi = a_0 y_0 + a_1 y_1 + a_2 y_2$, 式中, $a_0 = 0.5345225$, $a_1 = 0.8017837$, $a_2 = 0.2672612$。设 $T = 2\pi$ 是相应线性谐振子的周期。采用 2 阶显式辛格式 (1.2.16) 计算了坐标算符和动量算符的矩阵元 q_{jk}^n 和 p_{jk}^n, 进一步可以计算动能的时间演化

$$T^n = \frac{1}{2} \sum\limits_{j=1}^{N} \sum\limits_{k=1}^{N} \sum\limits_{r=1}^{N} |p_{jr}^n p_{rk}^n|,$$

势能的时间演化

$$V^n = \frac{1}{2} \sum\limits_{j=1}^{N} \sum\limits_{k=1}^{N} \sum\limits_{r=1}^{N} |q_{jr}^n q_{rk}^n| + \frac{1}{4} A \sum\limits_{j=1}^{N} \sum\limits_{k=1}^{N} \sum\limits_{r=1}^{N} \sum\limits_{s=1}^{N} \sum\limits_{t=1}^{N} |q_{jr}^n q_{rs}^n q_{st}^n q_{tk}^n|$$

和总能量的时间演化

$$H^n = T^n + V^n.$$

计算结果如图 7.0.1、图 7.0.2 所示。图 7.0.1 显示, 2 阶辛格式算得的动能和势能周期振荡, 当动能增大时势能减少, 动能达到最大值时势能达到最小值, 而后动能减小势能增大, 这与理论和实验一致。图 7.0.2 是 2 阶辛格式算得的总能量随时间的演化, 虽然辛格式不能严格地保持总能量守恒, 但算得的总能量在精确值附近振荡, 并且振幅随步长的减小而趋于零。所以, 对给定的精度要求, 只要选取的步长适当小, 辛格式在给定精度要求下保持总能量守恒。

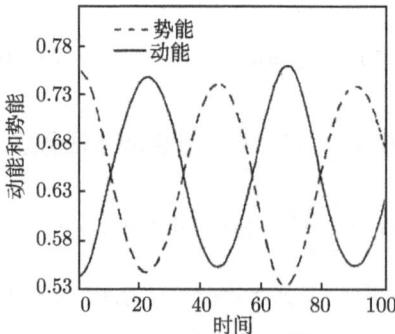

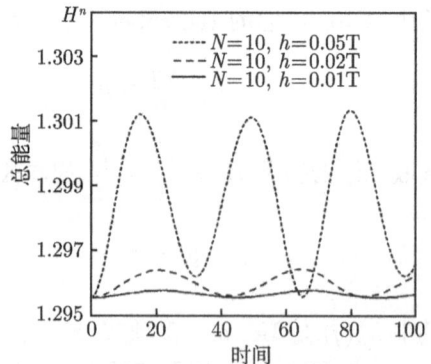

图 7.0.1　动能和势能随时间的演化　　　　图 7.0.2　总能量随时间的演化

上面将经典 Hamilton 系统正则方程的辛格式移植成了矩阵元 Heisenberg 方程的辛格式, 它还保持等时交换关系, 这为 Heisenberg 图景下计算量子系统 (特别是时间相关外场中的原子) 的时间演化提供了保结构算法。以往人们都是在 Schrödinger 图景下数值研究量子系统的时间演化, 量子系统 Heisenberg 方程的保等时交换关系–辛算法给出了 Heisenberg 图景下数值研究量子系统时间演化的另一条途径, 值得深入探索和发展应用。

参 考 文 献

[1] Yi H W, Zhou Z Y, Ding P Z, et al. Computation of quantum system by second-order matrix symplectic scheme. International Journal of Quantum Chemistry, 2003, 91: 591–596.

[2] Vazquez L. On the discretization of certain operator field equations. Z. Naturforsch, 1986, 41a: 788–790.

[3] Qin M Z, Zhang M Q. Explicit Runge-Kutta-like schemes to solve certain quantum operator equations of motion. J. Statistical Physics, 1990, 60(5/6) : 839–844.

[4] Zhang M Q. Explicit unitary schemes to solve quantum operator equation of motion. J. Statistical Physics, 1991, 65(3/4): 793–799.

[5] 衣汉威, 丁培柱. Heisenberg 方程的保结构计算. 原子与分子物理学报, 2002, 19:351–354.

索　引

致　　谢

我自 1990 年开始探索量子系统的辛算法。本书取材于我和我们研究组的老师与研究生们的研究结果。我们在开展研究、撰写书稿和编辑出版过程中得到了很多大学和科研单位的专家学者、同事朋友、领导和工作人员的热情鼓励、无私帮助和大力支持，得到了国家攀登计划项目、973 项目和国家自然科学基金的经费资助，编辑出版过程中还得到了中国科学院科学出版基金和吉林大学研究生院的经费资助，在本书即将付印出版之际，我们在此表示衷心感谢!

我们特别感谢冯康院士和孙家钟院士。1991 年年初，孙先生向冯先生介绍了我们最初的研究工作，冯先生立即吸纳我们参加攀登计划项目《大规模科学与工程计算的方法和理论》，安排我们到项目学术会上做报告，冯先生对我们的研究方向表现出极高的热情，与我们一起讨论研究内容和长远研究计划，给予我们极大的鼓励、帮助和支持，他为我们量子系统辛算法与应用研究的不断深入、扩展，提供了重要的原始动力。

感谢国家攀登计划项目《大规模科学与工程计算的方法和理论》和 973 项目《大规模科学计算研究》首席专家冯康院士、石钟慈院士和杜强教授，以及专家组诸位成员，项目组长黎乐民院士和张平文教授。他们对我们的量子系统辛算法与应用研究给予了大力支持与帮助；感谢这两个重大项目的诸位同事，他们与我们亲密合作并交流，对我们的研究工作给予了很大的鼓励、帮助和有力的支持。

我们特别感谢秦孟兆研究员。秦先生是冯康院士的长期合作者，是冯先生研究组的主要成员。冯先生仙逝后他领导研究组继续开展保结构算法研究。秦先生于 1991 年专程到吉林大学为我们系统地讲授了 Hamilton 力学的数学基础和经典 Hamilton 系统的辛算法，帮助我们为量子系统辛算法与应用的研究奠定了坚实的基础；秦先生长期关心、帮助和支持我们的研究工作，与我们保持密切联系，不断及时地向我们介绍辛算法研究的新进展，安排和帮助我们研究组参加在北京和外地举行的相关学术活动，极大地活跃了我们的研究思路，扩展了学术交流，特别是密切了我们与中国科学院计算数学研究所、中国科学院物理研究所相关学者和研究生的学术联系，这些成为我们的研究工作不断取得进步的经常性推动力。

我们还要感谢冯康院士研究组的诸位研究人员和研究生。多年来他们与我们研究组经常在一起开展学术研讨与交流，让我们研究组的青年教师和研究生们开阔了视野、活跃了学术思想，这些扩大了我们之间的学术联系、拔高了自身的奋斗目标，对青年教师和研究生们的学术成长起到了极好的促进作用。

吉林大学原子与分子物理研究所的潘守甫教授是我国量子物理和原子分子物理领域的著名学者。潘老师与我自 20 世纪 70 年代开始合作进行计算原子分子物理的研究,他是我亲密无间的老同事、老朋友。我深深的感谢潘老师多年来在教学、科研和培养研究生工作中的无私帮助和亲密合作,感谢潘老师多年来一直关心和支持我们的量子系统辛算法与应用的研究,关心和支持我撰写本书。我原打算请潘老师以量子物理和原子分子物理学者的眼光写序言,但是很遗憾,潘老师在春节前夕因病仙逝了,我深感惋惜,并深深地怀念潘老师!

我非常感谢老合作者李延欣教授、吴承埌教授、金明星教授、周忠源教授和衣汉威教授,由于他们的热情参与和亲密合作,我们在 20 世纪 90 年代初开始的量子系统辛算法与应用的研究很快就取得了初步成果,并持续得到了逐步的深入和发展,为后期的研究做了很好的铺垫。我深深地怀念那些年我们一起度过的紧张、充实而又愉快的时光。现在吴老师和衣老师已经退休,李老师、金老师、周老师各自在国内外的工作岗位上拼搏,我衷心地祝福他们快乐、安康、幸福、成功!

感谢吉林大学原子与分子物理研究所、超硬材料国家重点实验室和物理学院诸位老师多年来对我在教学、科研和生活上的关心和帮助,对我们研究组工作的关心和支持;感谢所长丁大军教授,丁老师多年来一直鼓励、支持我编写、出版一本专著,记录和介绍我们关于量子系统辛算法与应用的研究工作。丁老师曾多次与科学出版社联系,询问出版基金和有关事项,还为本书的出版向吉林大学研究生院申请了经费资助。

感谢吉林大学原子与分子物理研究所的刘学深教授。本书第 3 章主要取材于他的研究工作;他在我退休后引领和组织我们研究组继续深入和扩展对量子系统辛算法与应用的研究,在经典轨迹的辛算法计算和强激光场中分子系统动力学的数值研究方面,对称分裂算符方法和超短脉冲强激光场原子物理的数值研究方面,立方非线性 Schrödinger 方程的辛算法与动力学性质方面和 Bose-Einstein 凝聚体干涉效应的数值研究方面取得了新的很好很深刻的成果,为本书相关章节提供了丰富的素材。在我撰写书稿时,刘学深教授给予我很多帮助,特别在书稿编辑和审校期间,他联系为书稿各章节提供素材的研究组中的新老研究生审校书稿,进行修改、补充和更新。感谢我们研究组的新老研究生们,感谢他们在量子系统辛算法与应用研究中的努力工作和取得的良好成果,感谢他们在书稿撰写、审校、修改中给予我的大力支持和帮助。

最后,也感谢科学出版社和科学出版基金对本书出版的支持,钱俊编辑几年来一直鼓励我出版本书,为本书出版做了大量细致的工作,在此一并表示感谢。

《现代物理基础丛书》已出版书目

(按出版时间排序)